엑셀을 이용한

천체물리학의 이해

최승언 저

북스힐

머리말

이 책에서는 1992년 발행된 《천문학의 이해》, 2008년 발행된 《우주의 메시지》, 그리고 우리나라 천문학 교육에서 마치 바이블처럼 사용되고 있는 《천문학 및 천체물리학》을 가지고 천문학 공부를 하면서 조금 더 알고 싶어하는 부분을 보완하였다. 저자가 집필한 책들이 모두 수학을 많이 사용하였기에 독자들이 읽어 나가기에는 쉽지 않으리라 생각된다. 그러나 수학이라는 언어를 사용하는 가장 큰 이유는 자연 현상을 묘사함에 있어서 독자에게 오개념을 줄일 수 있는 가장 좋은 방법이라 생각하기 때문이다. 수학이라는 언어에 그리 익숙하지 않은 독자에게는 이 책이 매우 어려울 수밖에 없다.

그래서 저자는 2009년, 수학과 컴퓨터의 엑셀 프로그램을 이용하여 과학에서 주로 쓰이는 수학식들을 그래프로 표현하는 방법을 담은 《수학과 컴퓨터를 이용한 과학 이해하기》를 펴낸 바 있다. 그리고 이 책 또한 수학식으로 표현된 대부분을, 엑셀을 이용하여 그래프로 그렸다. 독자들에게도 엑셀 파일 CD를 제공하니, 관심이 있는 독자라면 다시 계산을 해 보면 좋을 것이다.

이 책은 되도록 앞에서 소개한 책들의 내용과 중복되지 않도록 토픽별로 정리하였다. 때문에 천문학을 공부하는 독자들은 앞서 언급한 모든 책들을 참고하였으면 한다. 2012년 현재 천문학계에서는 관측의 발달로 우주에 대한 많은 정보들이 홍수같이 쏟아져 나오고 있다. 이 모든 것들을 다 다루기에는 저자의 능력이 미치지도 않거니와 천문학을 교육하는 입장에서도 알려진 모든 천문 현상을 다 다룰 수는 없다. 그래도 천문학 교육에 있어 이미 소개한 책들에 실은 내용들 이상으로 우주의 비밀에 대하여 더 이해하기를 원하는 독자들을 위하여 필요하다고 생각되는 것들을 더 다루고자 힘썼다. 그러나 이 책의 내용들은 천문학 연구들이 더 진행되면 조금씩 변화가 있을 수 있기에, 현재로는 다룬 내용이 주가 될 수 있지만 미래에는 하나의 설명으로 남을 수 있다. 독자는 이를 감안해 주었으면 한다.

책을 준비하는 과정에서 파일을 정리하고, 수학식에 번호를 붙여주고, 편집을 도와준 김도경 조교에게 고마움을 보내며, 집필하는 데 격려를 아끼지 않았던 아내 노희방 박사에게도 감사를 표한다. 또한 책의 출판을 위하여 수고해 준 북스힐 출판사에도 감사를 전한다. 끝으로 김친종 교수와 나의 합동 연구실 Aphese의 모든 대학원 연구원들이 격려를 해 주지 않았다면 이 책은 나오지 못했을 것이다. 책을 읽는 모든 독자들이 이 책을 통하여 천문학의 이해가 더 살아나기를 기대해 본다.

2012년 8월 1일

서달산 기슭에서 **최 승 언**

차례

Chapter 01 태양계

Chapter 02 항성계

Chapter 03

우리 은하계

Chapter 04

외부 은하계

Chapter 05

우주

Chapter 06

자기유체계

ASTROPHYSICS

CHAPTER

01 태양계

1-1 암석의 나이 측정

1-2 원뿔 곡선 궤도

1-3 라플라스-룽게-렌츠 벡터

1-4 차등 중력

1-5 일반 상대론에 의한 수성 궤도의 세차운동

1-6 태양계 성운 원반구조 및 미행성체 형성

1-7 태양계 성운 먼지 원반의 중력 불안정 및 행성 형성

1-1 암석의 나이 측정

달의 표면을 관측해보면 우리는 상대적으로 표면의 여러 운석구덩이와 편평한 바다 부분들을 보면서 어떤 부분들은 다른 부분에 비해 더 젊다거나 더 오래되었다고 말할 수 있다. 즉 상대적인 나이를 말할 수 있다. 그렇지만 어떻게 우리는 절대적인 나이를 얻을 수 있을까?

방사성 동위원소 나이 측정(Radioactive Dating)

많은 원소들이 방사성 동위원소들을 가지고 있다. 우리는 이러한 원소들을 이용하여 절대나이를 측정하게 된다. 방사성 동위원소들은 불안정하기에 방사능 붕괴를 하여 다른 원소로 변한다. 예를 들어 루비디윰(Rubidium)은 스트론티윰(Strontium)으로 다음과 같이 붕괴한다. 즉

$$^{87}\mathrm{Rb} \rightarrow {}^{87}\mathrm{Sr} + e^{-} + \nu \qquad (1\text{-}1\text{-}1)$$

이다. 원자의 붕괴율을 $\lambda\ \mathrm{sec}^{-1}$이라 하면, 원소의 함량변화는

$$\frac{dN}{dt} = -N\lambda \qquad (1\text{-}1\text{-}2)$$

가 된다. 이제 $t=0$일 때의 함량을 N_o라 하면, $\frac{dN}{N} = -\lambda dt$로부터

$$\int_{N_o}^{N} \frac{dN}{N} = -\lambda \int_0^t dt \qquad (1\text{-}1\text{-}3)$$

가 된다. 따라서 $\ln N - \ln N_o = -\lambda t$로부터 우리는

$$N(t) = N_o e^{-\lambda t} \qquad (1\text{-}1\text{-}4)$$

를 얻는다. 이제 이러한 원소가 반으로 줄어드는 시간을 반감기 $t_{1/2}$라 하는데,

$$\frac{N(t)}{N_o} = \frac{1}{2} = e^{-\lambda t_{1/2}} \qquad (1\text{-}1\text{-}5)$$

▶ **표 1-1-1** 원소들의 방사성 붕괴와 반감기

방사성 붕괴	반감기($t_{1/2}$)
(129)Iodine → (129)Xenon	16×10^6년
(235)Uranium → (207)Lead	700×10^6년
(40)Krypton → (40)Argon	1.28×10^9년
(238)Uranium → (206)Lead	4.47×10^9년
(232)Thorium → (208)Lead	14.0×10^9년
(87)Rubidium → (87)Strontium	47.5×10^9년

로부터,

$$t_{1/2} = \frac{\ln 2}{\lambda} \tag{1-1-6}$$

가 된다. 표 1-1-1에 각 원소들의 방사성 붕괴와 반감기를 정리하였다.

이제 우리는 지구나 달의 암석에 포함되어 있는 루비디움 87 원소를 가지고 절대나이를 측정한다고 하자. ${}^{87}\mathrm{Rb} \to {}^{87}\mathrm{Sr} + e^- + \nu$식에서 ${}^{87}\mathrm{Rb}$은 부모동위원소(parent isotope), ${}^{87}\mathrm{Sr}$은 딸동위원소(daughter isotope)라 부른다. 그런데 $N(t) = N_o e^{-\lambda t}$ 식에서 N_o의 값을 알 수가 없다. 그러나 ${}^{87}\mathrm{Rb} + {}^{87}\mathrm{Sr}$의 총량은 일정하다. 따라서

$$N_{o,\,\mathrm{Rb}} + N_{o,\,\mathrm{Sr}} = N_{\mathrm{Rb}} + N_{\mathrm{Sr}} \tag{1-1-7}$$

이 된다. 그런데 $N_{\mathrm{Rb}} = N_{o,\,\mathrm{Rb}}\, e^{-\lambda t}$이기에

$$N_{\mathrm{Rb}}\left(e^{\lambda t} - 1\right) = N_{\mathrm{Sr}} - N_{o,\,\mathrm{Sr}} \tag{1-1-8}$$

이 된다. 만약 이 양들을 방사성에 매우 안정된 원소인 ${}^{86}\mathrm{Sr}$의 양과 비교하면

$$\frac{{}^{87}\mathrm{Sr}}{{}^{86}\mathrm{Sr}} = \left(e^{\lambda t} - 1\right)\frac{{}^{87}\mathrm{Rb}}{{}^{86}\mathrm{Sr}} + \frac{{}^{87}\mathrm{Sr}_o}{{}^{86}\mathrm{Sr}} \tag{1-1-9}$$

을 얻는다. 여기서 우리는 모르는 변수가 두 개 있다. 하나는 시간 t이고 다른 하나는 $\frac{{}^{87}\mathrm{Sr}_o}{{}^{86}\mathrm{Sr}}$의 양이다. 그러나 우리가 여러 지역의 암석 샘플을 이용하여 $\frac{{}^{87}\mathrm{Rb}}{{}^{86}\mathrm{Sr}}$와 $\frac{{}^{87}\mathrm{Sr}}{{}^{86}\mathrm{Sr}}$의 그래프를 그림 1-1-1과 같이 그리면

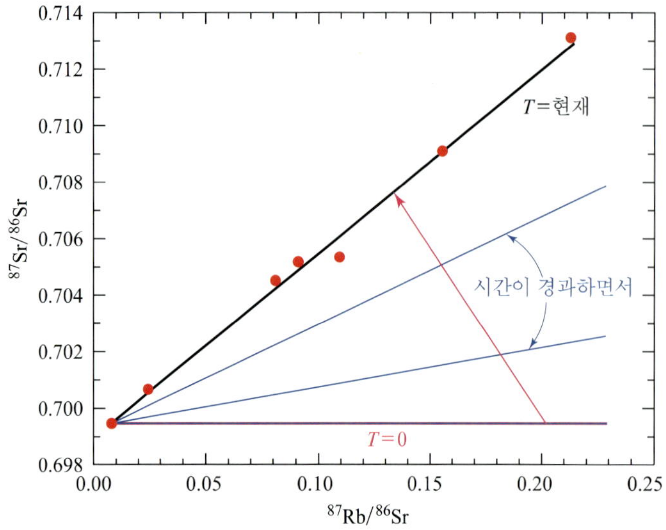

▶ **그림 1-1-1**

$$\text{기울기} = \left(e^{\lambda t} - 1\right) \tag{1-1-10}$$

$$y\text{절편} = \frac{^{87}\mathrm{Sr}_o}{^{86}\mathrm{Sr}} \tag{1-1-11}$$

이 된다. 따라서 우리는 암석의 절대시간을 측정하게 된다.

NASA는 최근에 두 암석의 샘플에서 표 1-1-2와 같은 자료를 얻었다.

▶ **표 1-1-2**

암석 1		**암석** 2	
^{147}Sm/^{144}Nd	^{143}Nd/^{144}Nd	^{87}Rb/^{86}Sr	^{87}Sr/^{86}Sr
0.1847	0.511721	0.008	0.6994
0.1963	0.511998	0.025	0.7005
0.1980	0.512035	0.082	0.7043
0.2061	0.512238	0.090	0.7048
0.2715	0.513788	0.110	0.7050
0.2879	0.514154	0.155	0.7088
		0.214	0.7122

▶ 표 1-1-3

방사성 붕괴	반감기($t_{1/2}$)
$^{147}Sm \rightarrow {}^{143}Nd$	106×10^9년
$^{87}Rb \rightarrow {}^{87}Sr$	47.5×10^9년

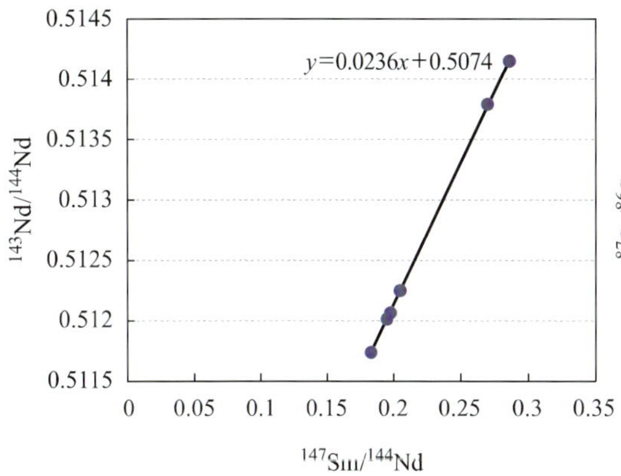

▶ 그림 1-1-2

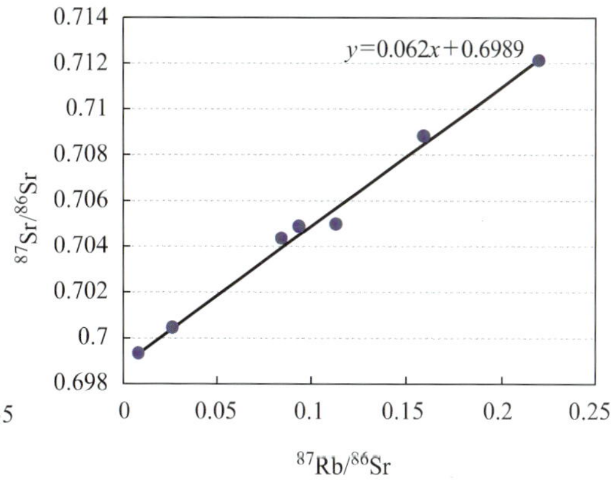

▶ 그림 1-1-3

암석 1에 대하여 $^{143}Nd/^{144}Nd$ vs $^{147}Sm/^{144}Nd$에 대한 그래프를 그려보면 그림 1-1-2와 같고, 암석 2에 대하여 $^{87}Sr/^{86}Sr$ vs $^{87}Rb/^{86}Sr$에 대한 그래프를 그리면 그림 1-1-3과 같다. 기울기를 이용하여 두 암석의 절대나이를 구해보면 암석 1은 35.7억 년, 암석 2는 41.2억 년이 나온다. 즉 암석 1은 비교적 최근에 생성된 달의 바다(mare) 부근에서, 암석 2는 달의 고원(high land) 지역에서 온 것 같다.

1-2 원뿔 곡선 궤도

태양계 내의 천체인 행성, 위성, 혜성, 유성 등은 모두 태양 혹은 모행성을 하나의 초점으로 하는 원뿔 곡선 궤도를 가지며 운동한다. 이러한 궤도의 단위 질량당 에너지 ε은 다음 식과 같다. 즉,

$$\varepsilon = \frac{v^2}{2} - \frac{\mu}{r} \tag{1-2-1}$$

$$\varepsilon = -\frac{1}{2}\frac{\mu^2}{h^2}(1-e^2) \tag{1-2-2}$$

여기서 $\mu = GM$, 즉 중력 파라미터(만유인력 상수 X 태양 혹은 모행성의 질량), $h = rv_\theta$ 즉 그 궤도를 도는 천체의 각운동량, $e = \sqrt{1+\frac{2\varepsilon h^2}{\mu^2}}$ 는 이심률, $v = \sqrt{v_r^2 + v_\theta^2}$ 는 궤도 속도, r은 천체와 초점 사이의 거리이다.

원운동의 경우에는 만유인력과 원심력이 평형을 이루기에 $v^2 = \frac{\mu}{r}$이 된다. 따라서 $\varepsilon = -\frac{\mu}{2r}$이다. 그런데 $h^2 = r^2v^2 = r\mu$이기에 $e = \sqrt{1+\frac{2\varepsilon h^2}{\mu^2}} = 0$이 된다. 그런데 그림 1-2-1과 같은 타원 궤도의 경우에는 $\overline{FP} = a(1-e)$, $\overline{FA} = a(1+e)$이다. 여기서 a는 타원 궤도의 긴반지름이다. 그리고 식 (1-2-1)은

$$\varepsilon = \frac{v^2}{2} - \frac{\mu}{r} = -\frac{\mu}{2a} \tag{1-2-3}$$

로 바뀐다. 타원의 궤도 방정식은 $r = \frac{a(1-e^2)}{1+e\cos\theta}$인데, $p = \overline{FP} = a(1-e)$라 하면,

$$r = \frac{p(1+e)}{1+e\cos\theta} \tag{1-2-4}$$

가 된다. 따라서

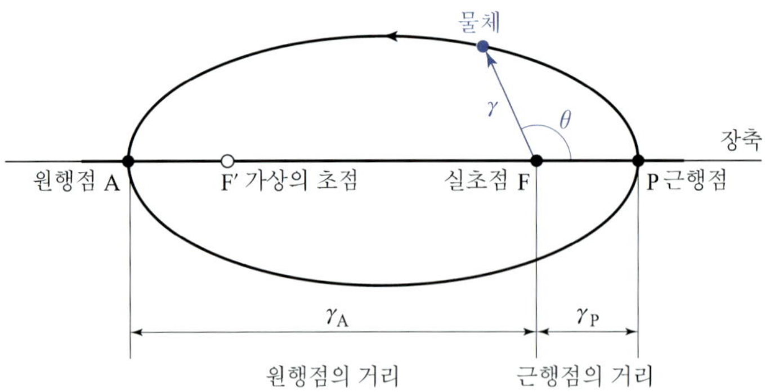

▶ **그림 1-2-1** 타원 궤도

$$v_r = \dot{r} = \frac{p(1+e)e\sin\theta}{(1+e\cos\theta)^2}\dot{\theta} = \frac{e\sin\theta}{1+e\cos\theta}r\dot{\theta} = \frac{e\sin\theta}{1+e\cos\theta}v_\theta \tag{1-2-5}$$

$$v_\theta = r\dot{\theta} \tag{1-2-6}$$

이다. 그런데 $h = rv_\theta = r^2\dot{\theta} = \frac{2\pi ab}{P} = \frac{2\pi a^2\sqrt{1-e^2}}{P} = a(1-e)v_p$이기에 근행점 속도는 $v_p = \frac{2\pi a}{P}\sqrt{\frac{1+e}{1-e}}$ 이다. 같은 방법으로 원행점 속도는 $v_a = \frac{2\pi a}{P}\sqrt{\frac{1-e}{1+e}}$ 이다. 그런데 $\varepsilon_p = \varepsilon_a$이기에

$$\frac{v_p^2}{2} - \frac{\mu}{r_p} = \frac{1}{2}\left(\frac{2\pi a}{P}\right)^2\frac{1+e}{1-e} - \frac{\mu}{a(1-e)} = \frac{1}{2}\left(\frac{2\pi a}{P}\right)^2\frac{1-e}{1+e} - \frac{\mu}{a(1+e)} = \frac{v_a^2}{2} - \frac{\mu}{r_a} \tag{1-2-7}$$

이 되고, 이를 정리하면 $e \neq 1$이기에

$$\mu P^2 = 4\pi^2 a^3 \tag{1-2-8}$$

인 케플러 제3법칙을 유도할 수 있다. 이제 식 (1-2-8)을 이용하면, 식 (1-2-3)이 유도된다.

$$\varepsilon = \varepsilon_p = \frac{v_p^2}{2} - \frac{\mu}{r_p} = \frac{1}{2}\left(\frac{2\pi a}{P}\right)^2\frac{1+e}{1-e} - \frac{\mu}{a(1-e)} = -\frac{\mu}{2a} \tag{1-2-9}$$

이다. 따라서

$$v^2 = \mu\left(\frac{2}{r} - \frac{1}{a}\right) \tag{1-2-10}$$

이다. 그림 1-2-1에서 물체의 속도는 물체와 F 사이의 거리인 r을 알면 a와 e를 알기에 식 (1-2-10)을 이용하여 v를 구하고, 이때의 θ값을 알기에 식 (1-2-5), (1-2-6)을 이용하면

$$v^2 = v_r^2 + v_\theta^2 = \frac{1+e^2+2e\cos\theta}{(1+e\cos\theta)^2}v_\theta^2 \tag{1-2-11}$$

이기에 v_θ를 구하고, 식 (1-2-5)로 v_r을 구하게 된다.

타원 궤도에 대한 예로 그림 1-2-2와 같은 우주선의 호만궤도(Hohmann orbit)를 들 수 있다. 화성까지의 거리는 대략 1.5 AU이기에 이 궤도의 긴반지름 $a = \frac{1.5+1}{2} = 1.25$ AU

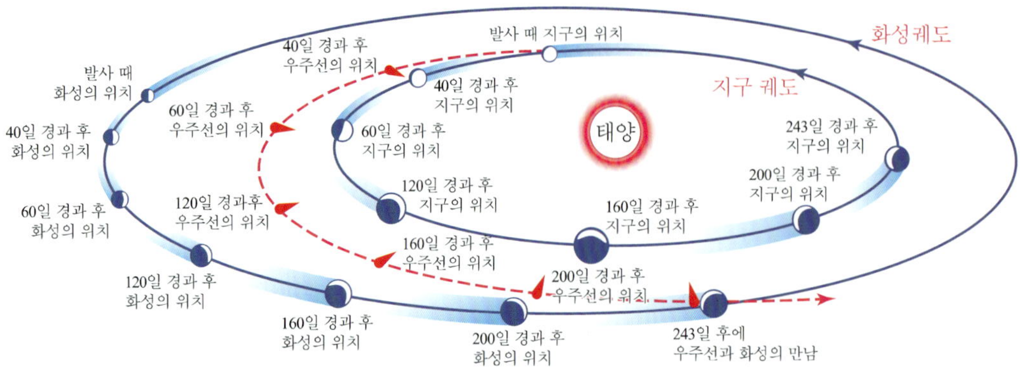

▶ **그림 1-2-2** 화성까지의 우주선의 호만궤도

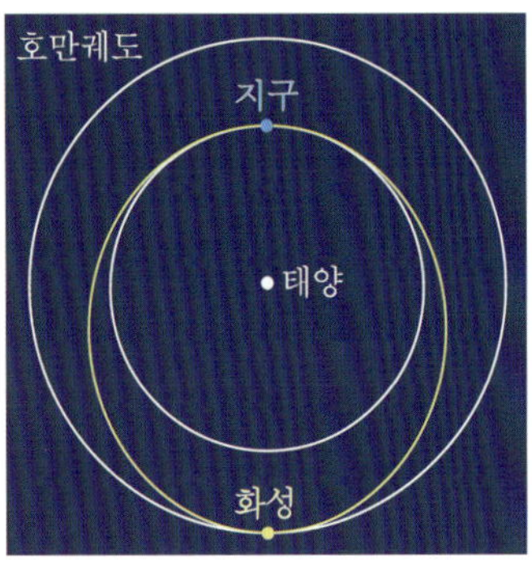

▶ **그림 1-2-3**

이다. 따라서 $a(1-e)=1$, $a(1+e)=1.5$이기에 $e=\frac{1.5-1}{1.5+1}=\frac{0.5}{2.5}=0.2$가 된다. 이제 우주선이 이 궤도를 따라 한 번 공전하는 데 걸리는 시간은 $P=a^{\frac{3}{2}}=a\sqrt{a}=1.25\sqrt{1.25}=1.397542$년이다. 따라서 지구에서 화성으로 가는 데 걸리는 시간은 $\frac{P}{2}=0.698771$년이 된다. 이 궤도에서 지구 위치에서의 속도는 AU/년(1 AU/년 = 4.75 km/s)을 단위로 하면,

$$v_p=\frac{2\pi a}{P}\sqrt{\frac{1+e}{1-e}}=\frac{2\pi}{\sqrt{a}}\sqrt{\frac{1+e}{1-e}}=\frac{2\pi}{\sqrt{1.25}}\sqrt{1.5}=2\pi\sqrt{1.2}\ \text{AU/년} \quad (1\text{-}2\text{-}12)$$

이다. 그러나 화성 위치에서는

$$v_a=\frac{2\pi a}{P}\sqrt{\frac{1-e}{1+e}}=\frac{2\pi}{\sqrt{a}}\sqrt{\frac{1-e}{1+e}}=\frac{2\pi}{\sqrt{1.25}}\frac{1}{\sqrt{1.5}}\ \text{AU/년} \quad (1\text{-}2\text{-}13)$$

이 된다. 지구의 공전 속도는 2π AU/년이기에 $\sqrt{1.2}=1.095445$배만큼 가속시켜야 한다. 그러나 우주선이 화성에 도착하면 화성의 공전 속도가 $\frac{2\pi}{\sqrt{1.5}}$ AU/년이기에 우주선은 자신의 속도에서 $\sqrt{1.25}=1.118034$배만큼 가속시켜야 화성을 따라잡을 수 있다.

이제 식 (1-2-8)에서 질량을 태양질량, 긴반지름을 AU, 공전 주기를 년을 단위로 하면 $\mu=4\pi^2$이 된다. 따라서 케플러의 제3법칙이 $P^2=a^3$이 된다. 화성의 공전 주기는

$1.5^{1.5} = 1.837117$년이기에 궤도의 원일점에서 $\dfrac{0.698771}{1.837117} \times 360 = 136.9306°$만큼 떨어져 있어야 한다. 따라서 우주선이 떠나기 전의 화성의 위치-태양-지구 사이의 각은 $43.06936°$가 된다. 그런데 이때 화성-지구 사이의 거리는

$$r' = \sqrt{1.5^2 + 1^2 - 2 \times 1.5 \cos(43.06936°)} = 1.028794 \text{ AU}$$

가 된다. 따라서 이때의 화성-지구-태양의 이각 E는 $\dfrac{\sin E}{1.5} = \dfrac{\sin(43.06936°)}{1.028794}$로부터 $E = 84.65743°$를 얻는다. 새벽에 화성을 볼 수 있기에 서방이각이다.

이제 포물선 궤도를 살펴보자. 포물선 궤도의 경우에는 $\varepsilon = 0$이기에 식 (1-2-1)과 (1-2-2)에서

$$v = \sqrt{\frac{2\mu}{r}} = \sqrt{2}\sqrt{\frac{\mu}{r}} = \sqrt{2}\, v_c(r) = \sqrt{2}\sqrt{\frac{p}{r}}\, v_c(p) = \sqrt{1 + \cos\theta}\, v_c(p) \quad (1\text{-}2\text{-}14)$$

$$e = 1 \quad (1\text{-}2\text{-}15)$$

이다. 즉 태양에서 물체까지의 거리에 해당하는 원 궤도 속력의 $\sqrt{2}$이고, 이때의 이심률은 1이나. 또한 $p\sqrt{2}\, v_c(p) - rv_\theta$이기에 $v_\theta = \dfrac{1 + \cos\theta}{\sqrt{2}} v_c(p)$가 된다. 따라서 $v_r = \dfrac{\sin\theta}{\sqrt{2}} v_c(p)$이 된다. 또한 $r = \dfrac{2p}{1 + \cos\theta}$이다. 혜성의 궤도는 주기 혜성의 경우에 이심률이 0과 1 사이의 타원 궤도이나, 비주기 혜성의 경우는 거의 포물선 궤도를 이룬다. 그러나 아주 드물게 쌍곡선 궤도를 가지기도 한다. 쌍곡선 궤도의 경우에도 방정식은 식 (1-2-4)를 쓸 수 있고, 속도는 식 (1-2-5), (1-2-6)을 이용하면 된다. 그러나 $e > 1$이기에 $\varepsilon > 0$이다. 따라서 $v > \sqrt{\dfrac{2\mu}{r}} = \sqrt{2}\, v_c(r) = \sqrt{2}\sqrt{\dfrac{p}{r}}\, v_c(p)$이 된다. 이를 모두 정리하면 그림 1-2-6과 같은 원뿔 곡선 궤도를 구할 수 있게 된다.

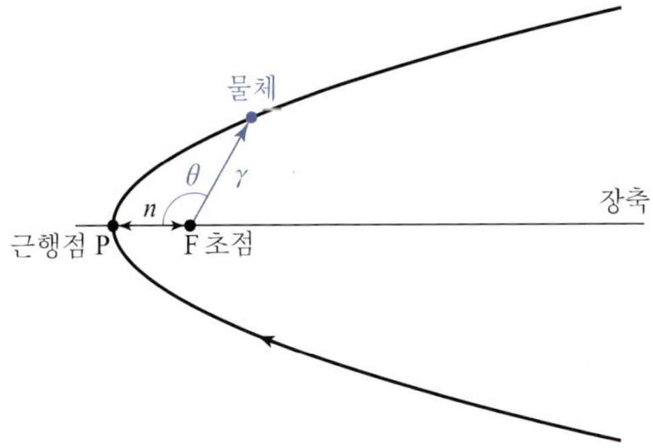

▶ **그림 1-2-4** 포물선 궤도

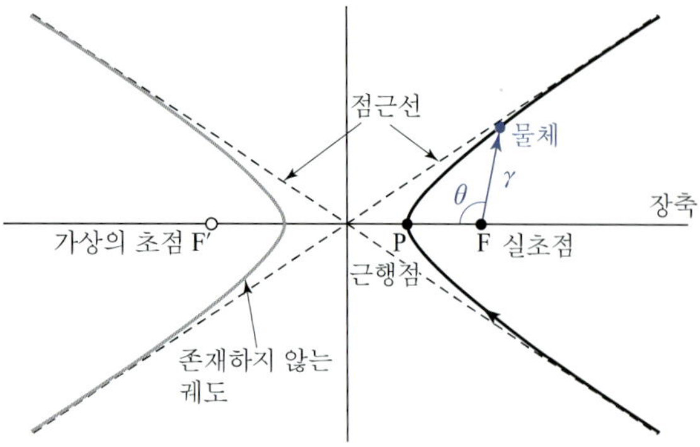

▶ 그림 1-2-5 쌍곡선 궤도

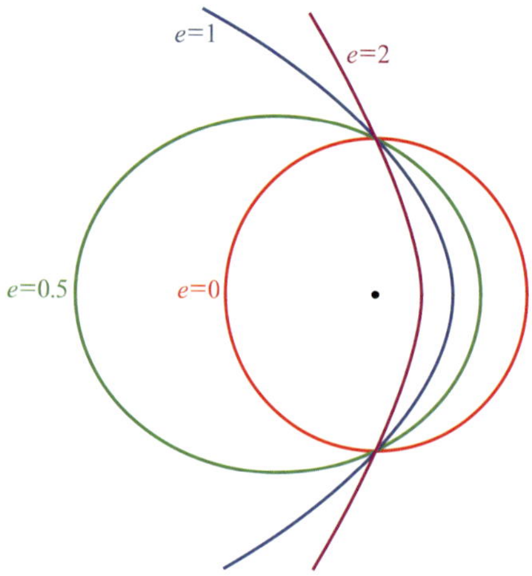

▶ 그림 1-2-6 원뿔 곡선 궤도

기상위성과 같은 정지위성의 경우에는 공전 주기가 지구의 항성자전주기와 같은 86164.09053초(= 23.9344695916667시간)이다. 그런데 $GM_{\oplus} = \dfrac{4\pi^2 a^3}{P^2}$이다. 따라서 $a = 42,167.4961087376$ km가 된다.

지구 반지름이 6,378 km이기에 35,789.4961087376 km 고도에서 이 정지위성은 공전하게 된다. 이 위성의 속력은 3.07490266956077 km/s가 되고, 각속도는 7.2921159×10^{-5} rad/s = 15.0410686404073″/s이다.

만약 인공위성의 공전 주기가 그림 1-2-8의 GPS 위성과 같이 공전 주기가 항성자전주

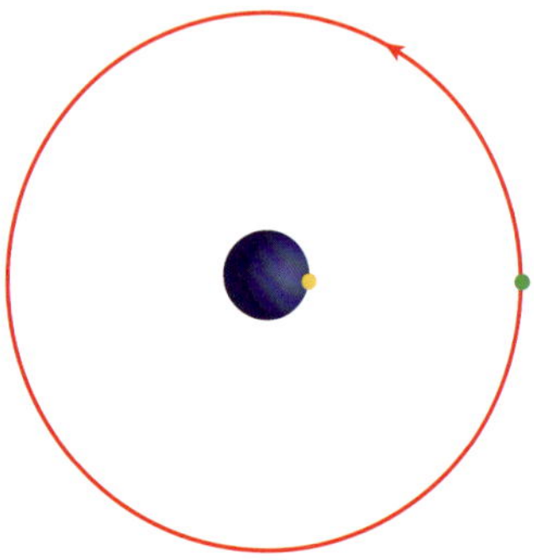

▶ 그림 1-2-7 정지위성

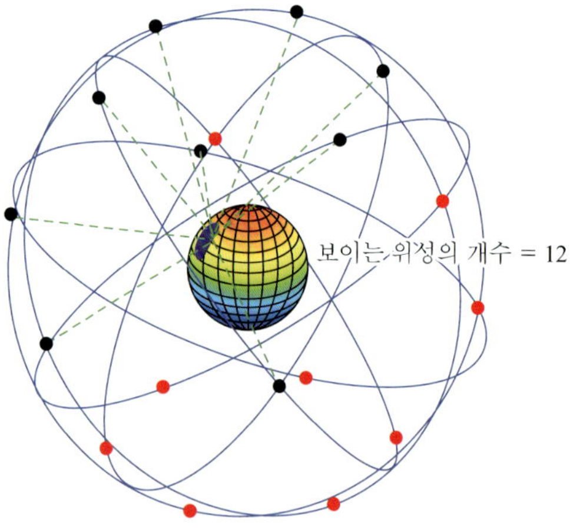

▶ 그림 1-2-8 GPS 위성

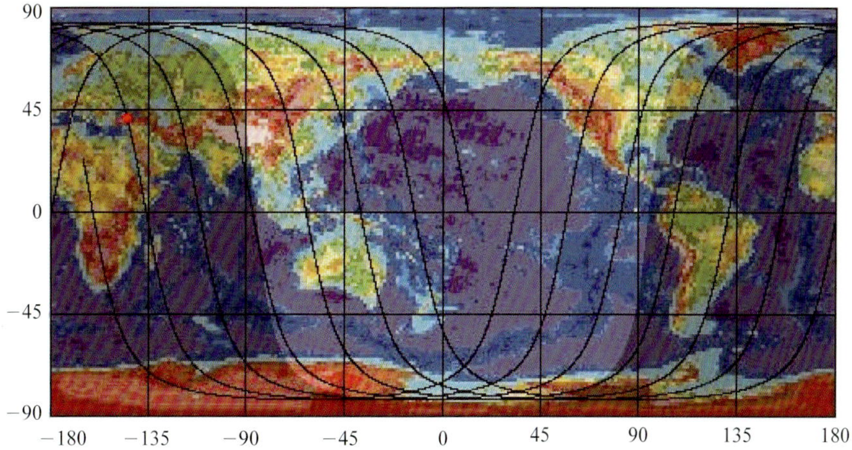

▶ **그림 1-2-9** 공전 주기 1.6시간을 가진 인공위성의 지도 위의 궤적

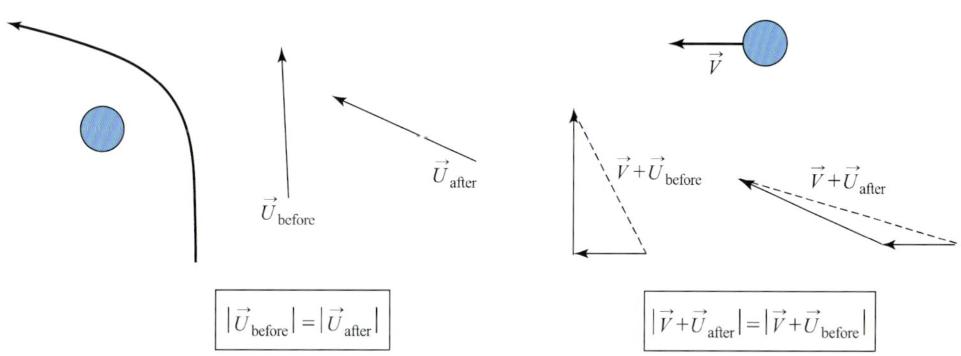

(a) 행성과 함께 움직이는 좌표계 (b) 행성이 왼편으로 진행함을 보여주는 좌표계

▶ **그림 1-2-10** 행성근접통과 원리

기보다 작은 P시간이라면 $a = 42,167.4961087376\left(\frac{P}{23.9344695916667}\right)^{\frac{2}{3}}$ km이다. 만약 $P = \frac{\text{지구 항성자전주기}}{2}$라면 $a = 26,563.8579843793\ \text{km/s}$이고 인공위성의 고도는 20185.8579843793 km가 된다. 그림 1-2-9는 공전 주기 1.6시간의 인공위성의 궤적을 지도 위에 그린 것이다. 이러한 궤적은 지구의 자전 때문에 그림 1-2-9와 같이 나타난다.

태양계를 탐사하는 탐사 위성은 행성을 지나면서 지나는 행성의 중력에 도움을 얻어 더 빠른 속력을 얻을 수 있다. 이를 행성근접통과(swing-by)라 한다. 그림 1-2-10에서 보면 지나는 행성에 대해서 탐사 위성의 속력은 지나기 전과 후가 같지만, 행성이 왼쪽으로

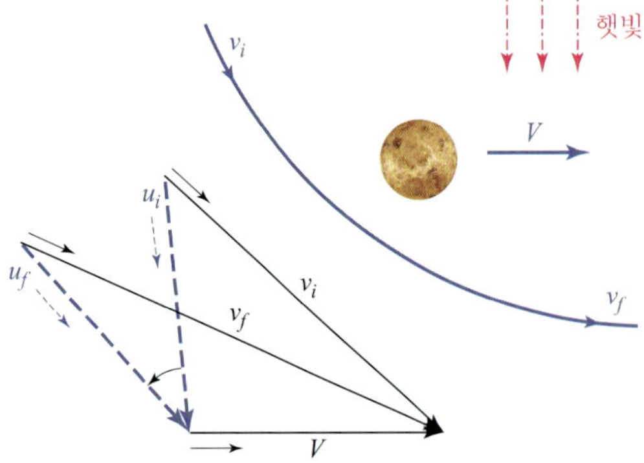

▶ **그림 1-2-11** 금성의 중력에 의한 행성근접통과

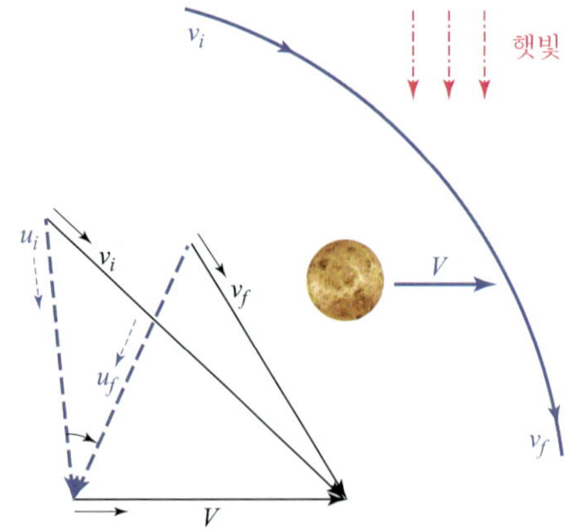

▶ **그림 1-2-12** 금성의 중력에 의한 역 행성근접통과

움직이기에 실제 탐사 위성의 속력은 그림 1-2-10에서 보듯이 증가한다. 그림 1-2-11은 금성의 경우에 그림 1-2-10과 같은 경우이다. 그러나 그림 1-2-12와 같이 금성 궤도의 안쪽으로 들어가면 오히려 위성의 속력은 줄어든다. 그림 1-2-13은 토성 탐사 위성인 카시니 위성의 중력 도움(gravity assist) 궤도이고, 그림 1-2-14는 행성을 지날 때마다 얻은 속력의 변화 모습을 보여 준다.

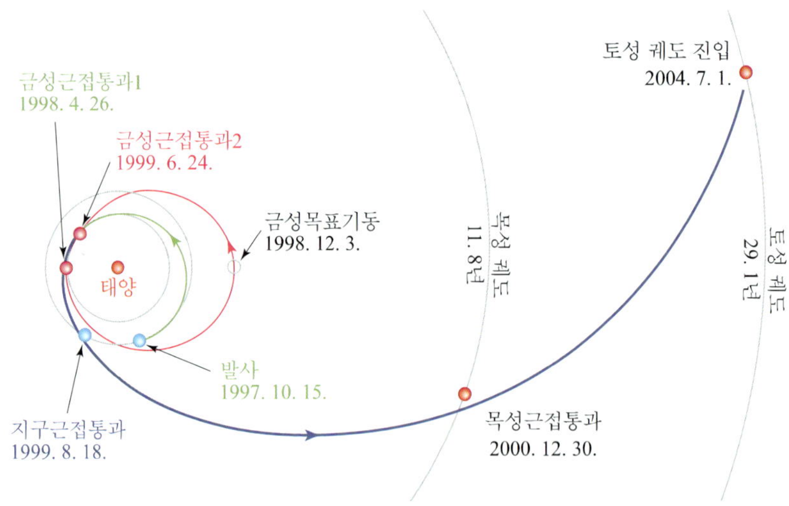

▶ **그림 1-2-13** 토성 탐색선 카시니의 행성 중력 도움 궤도

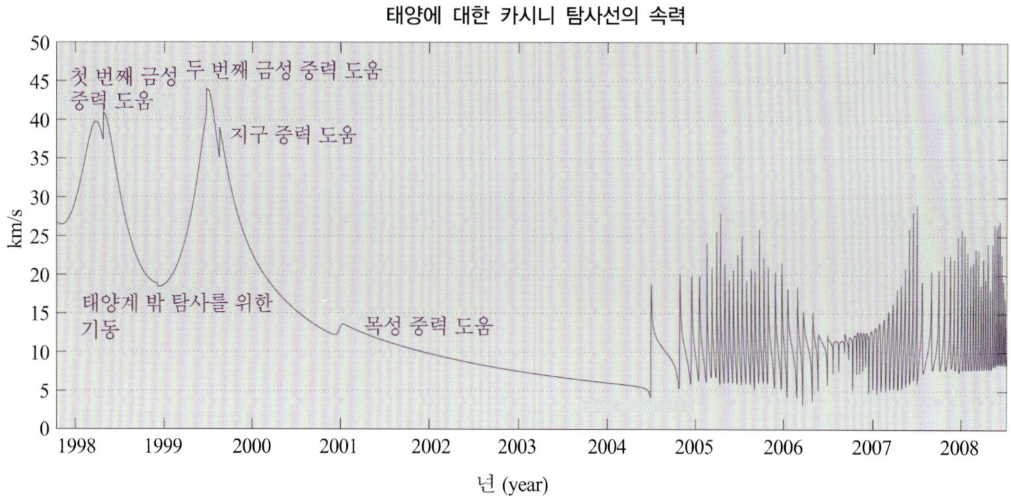

▶ **그림 1-2-14** 카시니 위성의 중력 도움에 의한 속력 변화

이제 다음 문제들을 풀면서 원뿔 궤도에 대하여 복습해 보기로 하자.

문제 1 질량이 각각 2,000 kg인 두 개의 소형 우주선이 고도 400 km에서 지구 주위를 원 궤도 운동하고 있다. 그중 어떤 우주선의 선장은 존(John)이고, 다른 우주선의 선장은 찰리(Charli)이다. 존의 우주선이 찰리의 우주선보다 90초 앞서서 그림의 P 고도에 도달하였다(단, 지구 반지름 6,370 km, 만유인력 상수 $6.67 \times 10^{-11}\ m^3/kgs^2$, 지구 질량 5.98×10^{24} kg).

(1) 우주선의 속력은 얼마인가?

(2) 지구를 공전하는 주기는 얼마인가?

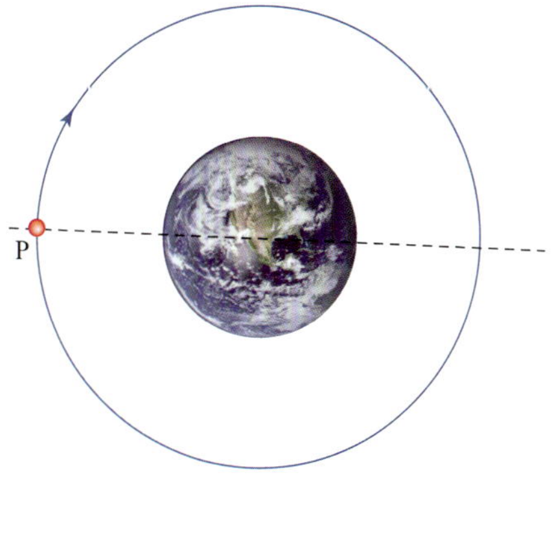

(3) 그림의 P점에서 어느 순간, 찰리가 전방으로 추진 분사하여 그 속력을 1 % 감소시켰다. 분사 직후 찰리 우주선의 운동에너지와 퍼텐셜 에너지는 얼마인가?

(4) 분사 이후, 찰리 우주선의 궤도는 어떻게 될지 예측하고, 새로운 궤도에서의 총 에너지, 궤도 긴반지름, 이심율, 공전 주기를 구하라.

(5) 그림의 P점에서 어느 순간, 존은 후방으로 추진 분사하여 존의 우주선은 포물선 궤도를 그리게 되었다. 존의 우주선은 P점에서 운동에너지를 얼마나 증가시켰나?

문제 2 화성 탐사선 '화성 오디세이 2001'이 화성 표면으로부터 400 km 높이에서 2시간의 주기로 궤도 운동을 하고 있다. 화성의 반지름은 얼마인가? (단, 태양의 질량은 화성 질량의 3,098,710배이다.)

문제 3 포물선 궤도를 가진 어떤 혜성이 태양에 가장 근접했을 때의 거리가 0.5 AU였다.

(1) 이 혜성이 지구 궤도를 지나갈 때의 속도는 얼마인가?

(2) 만약 이 혜성이 이만한 속도로 지구로 떨어진다면 TNT 몇 MegaTon에 해당하는가? (단, 반지름은 10 km 정도이고, 밀도는 거의 물과 같다. 10^7 erg = 1 J, 4.19×10^{15} J = 1 MegaTon TNT)

(3) 그래프에 의하면 지구에 이러한 사건이 일어날 시간적 확률은 얼마나 되는가?

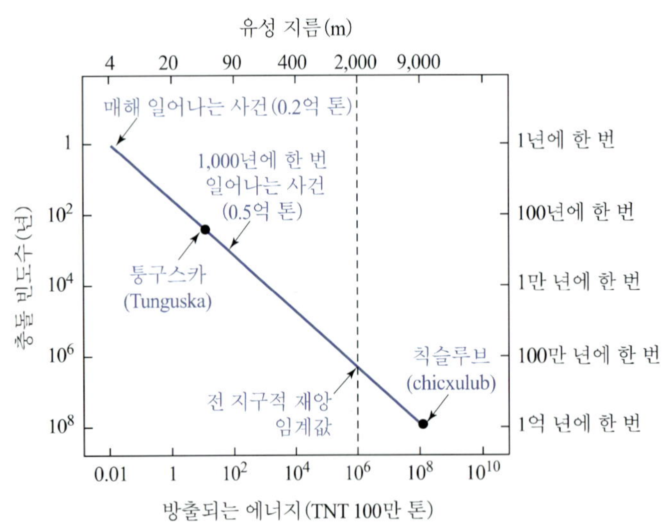

문제 4 그림을 참조하여 지구에서 목성까지 우주탐사선을 보낼 때의 호만궤도의 물리량을 구하라.

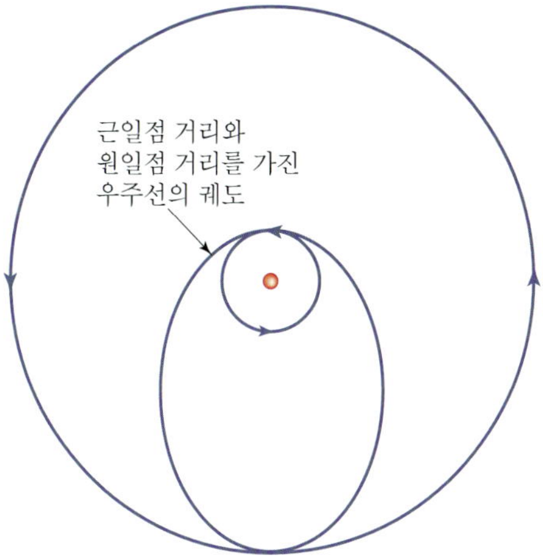

(1) 긴반지름은 얼마인가?

(2) 이심률은 얼마인가?

(3) 지구에서 목성까지 가는 데 걸리는 시간은 얼마인가?

(4) 지구의 위치에서 우주탐사선의 속도는 얼마인가?

(5) 목성의 위치에서 우주탐사선의 속도는 얼마인가?

(6) 우주탐사선이 지구에서 출발할 때의 목성의 위치는 얼마인가?

(7) 우주탐사선이 지구로 귀환하려면 언제 목성에서 우주탐사선이 떠나야 하는가?

1-3 라플라스-룽게-렌츠 벡터

어떤 입자에 태양의 만유인력과 같이 $\vec{F}(r) = -\frac{k}{r^2}\hat{r}$와 같은 역자승의 중심력(central force)이 작용한다면, 수학적으로

$$\vec{A} = \vec{p} \times \vec{L} - mk\hat{r} \tag{1-3-1}$$

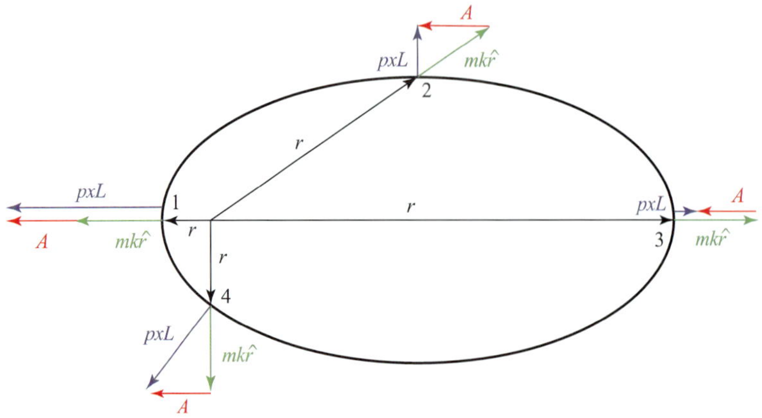

▶ **그림 1-3-1** LRL 벡터 A. 타원 궤도의 어느 위치에서나 방향과 크기가 일정하다.

인 $\vec{A}$를 정의할 수 있다. 이를 LRL 벡터(Laplace-Runge-Lenz vector)라고 부른다. 역자승 중심력에 의하여 움직이는 입자의 궤도 어느 위치에서나 $\vec{A}$ 벡터는 그림 1-3-1과 같이 방향과 크기가 일정하다.

총에너지 E인

$$E = \frac{p^2}{2m} - \frac{k}{r} = \frac{1}{2}mv^2 - \frac{k}{r} \tag{1-3-2}$$

는 보존되기에 궤도 어느 위치에서나 일정하다. 그리고 각운동량 벡터인 $\vec{L}$도 보존된다. 그런데 $\vec{p}\times\vec{L}$ 벡터와 $\hat{r}$ 벡터는 $\vec{L}$ 벡터와 수직이기에 $\vec{A}$ 벡터는 $\vec{L}$ 벡터와 수직인 평면에 놓이게 된다. $\vec{A}$ 벡터를 mk로 나누면,

$$\vec{e} = \frac{1}{mk}(\vec{p}\times\vec{L}) - \hat{r} \tag{1-3-3}$$

인 벡터를 정의할 수 있다. 이 벡터는 이심률 벡터(eccentricity vector)라 부른다.

이제 LRL 벡터를 이용하여 궤도를 구하기 위하여 $\vec{A}$ 벡터와 $\vec{r}$ 벡터의 내적은

$$\vec{A}\cdot\vec{r} = Ar\cos\theta = \vec{r}\cdot(\vec{p}\times\vec{L}) - mkr \tag{1-3-4}$$

이 된다. 여기서 θ는 $\vec{A}$ 벡터와 $\vec{r}$ 벡터 사이의 각이다. 또한

$$\vec{r}\cdot(\vec{p}\times\vec{L}) = (\vec{r}\times\vec{p})\cdot\vec{L} = \vec{L}\cdot\vec{L} = L^2 \tag{1-3-5}$$

이다. 따라서 $Ar\cos\theta = L^2 - mkr$이 되기에

$$r = \frac{\left(\dfrac{L^2}{mk}\right)}{1 + \left(\dfrac{A}{mk}\right)\cos\theta} \tag{1-3-6}$$

가 된다. 이 방정식은 원뿔 곡선 궤도(1-2절 참조)를 보여준다. 그리고 이심률은

$$e = \frac{A}{mk} \tag{1-3-7}$$

가 된다. 또한

$$a(1 \mp e^2) = \frac{L^2}{mk} \tag{1-3-8}$$

가 된다. 여기서 a는 궤도 긴반지름이다. 또한 위 식에서 $-$는 타원 궤도일 때이고, $+$는 쌍곡선 궤도일 때이다.

또한 $\vec{A}$ 벡터의 크기는

$$A^2 = m^2k^2 + 2mEL^2 \tag{1-3-9}$$

을 얻는다. 따라서

$$e^2 = 1 + \frac{2L^2}{mk^2}E \tag{1-3-10}$$

이다. 만약 총에너지 $E < 0$이면, 즉 $0 < e < 1$이 되어 궤도는 타원 궤도가 된다. 그러나 $E > 1$이면 $e > 1$이 되어 쌍곡선 궤도가 된다. 만약 $E = 0$이면 $e = 1$이 되어 쌍곡선 궤도가 된다. 모든 경우에 $\vec{A}$ 벡터는 그림 1-3-1과 같이 힘의 중심에서 근점(periapsis)을 향한다. 타원 궤도일 경우 총에너지는

$$E = -\frac{k}{2a} \tag{1-3-11}$$

가 되어 $E < 0$이다. 이제 식 (1-3-2)와 (1-3-11)을 이용하고, $k = GMm$이기에

$$v^2 = GM\left(\frac{2}{r} - \frac{1}{a}\right) \tag{1-3-12}$$

인 활력 방정식을 얻는다. 따라서 근점, 원점에서의 속도는 각각

$$v_p = \sqrt{\frac{GM}{a}}\sqrt{\frac{1+e}{1-e}} \tag{1-3-13}$$

$$v_a = \sqrt{\frac{GM}{a}}\sqrt{\frac{1-e}{1+e}} \tag{1-3-14}$$

이 된다. 그런데 단위 질량당 각운동량은

$$l = \frac{L}{m} = r v_\theta = r^2\frac{d\theta}{dt} = 2\frac{dA}{dt} = \text{일정} \tag{1-3-15}$$

한 관계가 있기에

$$2\oint dA = 2\pi ab = l\oint dt = lP \tag{1-3-16}$$

$$l = \frac{2\pi ab}{P} = \frac{2\pi a^2\sqrt{1-e^2}}{P} \tag{1-3-17}$$

이 된다. 따라서

$$l = r_p v_p = a(1-e)v_p = \frac{2\pi ab}{P} = \frac{2\pi a^2\sqrt{1-e^2}}{P} \tag{1-3-18}$$

이기에

$$v_p = \frac{2\pi a}{P}\sqrt{\frac{1+e}{1-e}} \tag{1-3-19}$$

이 된다. 따라서

$$\frac{GM}{a} = \left(\frac{2\pi a}{P}\right)^2 \text{ 혹은 } P^2 = \frac{4\pi^2}{GM}a^3 \text{ 혹은 } GM = \omega^2 a^3 \tag{1-3-20}$$

인 케플러 제3법칙을 얻는다.

1-4 차등 중력

로시 한계

로시 한계(Roche limit)*는 먼지입자가 자라 위성과 같은 천체를 형성할 수 있는 최소한의 궤도 반지름 혹은 존재하는 위성이 내부적으로 안정될 수 있는 최소한의 궤도 반지름을 의미한다.

그림 1-4-1과 같이 반지름이 r이고, 질량이 m인 두 입자가 중력에 의하여 서로 안정(bound)되어 있다고 하자. 이때 이 힘은

$$F = \frac{Gm^2}{(2r)^2} \tag{1-4-1}$$

이다. 이제 이 두 입자가 질량 M의 천체에 의하여 차등 중력의 영향을 받게 되는데, 이 차등 중력은

$$\Delta F = F_2 - F_1 = \frac{GmM}{(R-r)^2} - \frac{GmM}{(R+r)^2} \tag{1-4-2}$$

이 된다. 이제 $r/R \ll 1$일 때,

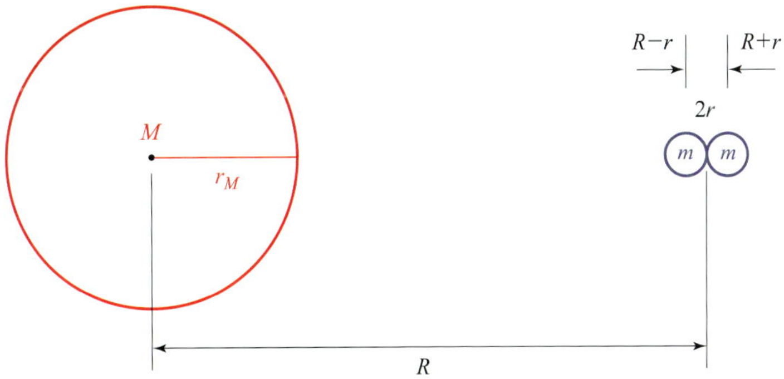

▶ 그림 1-4-1

* Édouard Roche, 1820~1883

$$\frac{1}{(1-r/R)^2} - \frac{1}{(1+r/R)^2} \approx \frac{1}{(1-2r/R)} - \frac{1}{(1+2r/R)} \approx (1+2\frac{r}{R}) - (1-2\frac{r}{R}) = \frac{4r}{R} \tag{1-4-3}$$

이다. 따라서

$$\Delta F = \frac{4GmMr}{R^3} \tag{1-4-4}$$

이 된다. 이제 식 (1-4-1)과 (1-4-4)가 서로 균형을 이루는 거리 R은

$$R = r\left(\frac{16M}{m}\right)^{1/3} \approx 2.5r\left(\frac{M}{m}\right)^{1/3} \tag{1-4-5}$$

이 된다. 이제 $m = \frac{4\pi}{3}\rho_m r^3$, $M = \frac{4\pi}{3}\rho_M r_M^3$이면

$$R = r\left(16\frac{M}{m}\right)^{1/3} = r_M\left(16\frac{\rho_M}{\rho_m}\right)^{1/3} \tag{1-4-6}$$

이 된다. $\rho_M = \rho_m$이면 $R = 2.5r_M$이다. 표 1-4-1은 지구에 대한 달의 로시 한계이고, 표 1-4-2는 태양에 대한 지구의 로시 한계이다. 이를 보면 달과 지구는 매우 안정된 상태에 있다고 볼 수 있다.

▶ **표 1-4-1** 지구에 대한 달의 로시 한계

	반지름	밀도	로시 한계 R	달의 궤도 반지름
지구	6.378 km	5,510 kg/m^3	18,970 km	384,400 km = 1/20 R
달		3,350 kg/m^3		

▶ **표 1-4-2** 태양에 대한 지구의 로시 한계

	반지름	밀도	로시 한계 R	지구의 궤도 반지름
태양	696,000 km	1,410 kg/m^3	1,113,000 km	149,600,000 km = 1/134 R
지구		5,510 kg/m^3		

힐 구

어떤 천체가 위성을 그림 1-4-2와 같이 가지고 있을 때에 이 위성계가 다른 천체의 영향을 받지 않는 지역을 힐 구(Hill sphere)*라 한다.

그림 1-4-2에서 보면 행성은 별에 대하여 $mR\omega^2 = \dfrac{GmM}{R^2}$로 힘의 평형을 이루면서 공전하고 있다. 마찬가지로 위성도 같은 각속도로 $R+r$의 거리를 유지하며 공전하고 있다고 하자. 위성은 별과 행성에 의하여 힘을 받으므로

$$\mu\omega^2(R+r) = \frac{G\mu M}{(R+r)^2} + \frac{G\mu m}{r^2} \tag{1-4-7}$$

이 된다. 이제 $\omega^2 = GM/R^3$을 식 (1-4-7)에 대입하면

$$\frac{G\mu M(R+r)}{R^3} = \frac{G\mu M}{(R+r)^2} + \frac{G\mu m}{r^2} \tag{1-4-8}$$

이 된다. 이제 $r \ll R$인 경우에는 식 (1-4-8)이

$$r = R\left(\frac{m}{3M}\right)^{1/3} \tag{1-4-9}$$

이 된다. 식 (1-4-8)을 $a = m/M = 0.1$, $x = r/R$라 놓고 그래프를 그리면 그림 1-4-3과 같

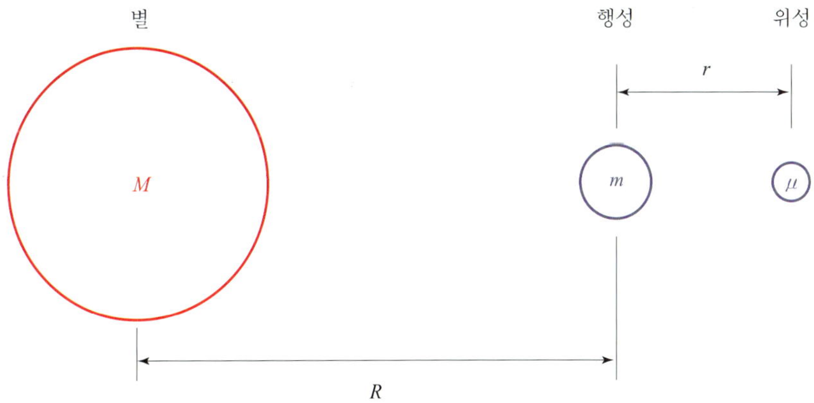

▶ **그림 1-4-2**

* John William Hill, 1812~1879

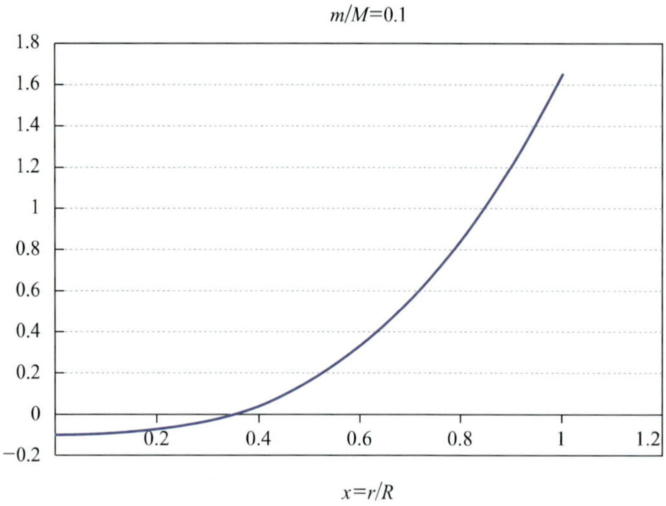

▶ **그림 1-4-3**

▶ **표 1-4-3** 태양에 의한 지구의 힐 반지름

	질량	지구 궤도 반지름	힐 구 r	달의 궤도 반지름
태양	1.99×10^{30} kg	149,600,000 km	1,496,000 km	384,400 km = 1/4 r
지구	5.97×10^{24} kg			

다. 이때의 힐 반지름은 $x=0.352337$이 된다. 식 (1-4-9)에 의하면 이 값은 0.32183이다. 거의 같은 값이지만 조금 작다. 표 1-4-3은 태양에 의한 지구의 힐 반지름이다. 이때는 $x=0.01$이 되며, 이 거리는 달의 궤도 반지름의 0.257에 해당한다. 따라서 달은 태양의 영향을 받는다. 그러나 그 내부의 인공위성은 태양의 영향을 거의 받지 않는다.

기조력

달은 지구에 중력을 미치는데 지구로부터 멀리 떨어져 있기에 달을 질점으로 취급할 수 있다. 즉 지구의 크기 a는 달과 지구 사이의 거리 R에 비하여 아주 작다($a/R\ll 1$). 그런데 그림 1-4-4는

$$D^2=R^2+a^2-2aR\cos\theta \qquad (1\text{-}4\text{-}10)$$

을 얻는다. 이제 지구 표면의 달 직하점에서 달 궤도와 평행한 방향으로 θ에 위치한 곳에

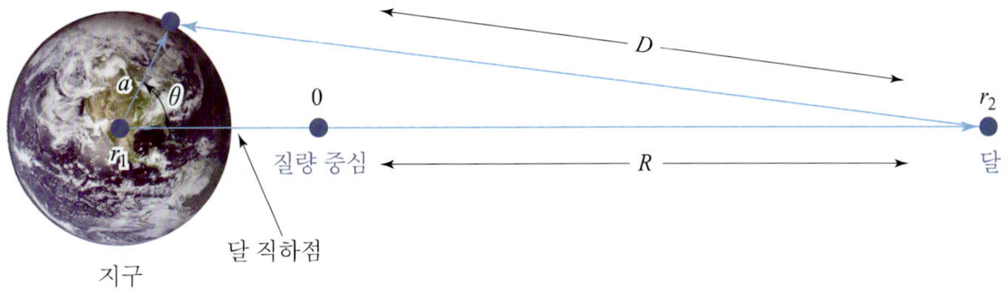

▶ **그림 1-4-4**

미치는 달에 의한 중력은 달의 질량이 M_2라 할 때,

$$-\frac{GM_2}{D}=-\frac{GM_2}{(R^2+a^2-2aR\cos\theta)^{1/2}} \tag{1-4-11}$$

이 된다.

이제 식 (1-4-11)을 a^2/R^2항까지 전개하면, 식 (1-4-11)의 우변은

$$-\frac{GM_2}{R}\left[1+\frac{a}{R}\cos\theta+\frac{1}{2}(3\cos^2\theta-1)\frac{a^2}{R^2}+O\left(\frac{a}{R}\right)^3\right] \tag{1-4-12}$$

이 된다. 이제 원심력에 의한 퍼텐셜은 지구 중심과 달과 지구 사이의 질량 중심 사이의 거리가

$$r^2=\left(\frac{M_2}{M_1+M_2}R\right)^2+a^2-2a\left(\frac{M_2}{M_1+M_2}R\right)\cos\theta \tag{1-4-13}$$

이기에

$$-\frac{1}{2}\omega^2r^2=-\frac{1}{2}\omega^2\left\{\left(\frac{M_2}{M_1+M_2}R\right)^2+a^2-2a\left(\frac{M_2}{M_1+M_2}R\right)\cos\theta\right\} \tag{1-4-14}$$

가 된다. 여기서 $\omega^2=\dfrac{G(M_1+M_2)}{R^3}$이다. 그런데 총 퍼텐셜은

$$\Phi=-\frac{GM_1}{a}-\frac{GM_2}{D}-\frac{1}{2}\omega^2r^2 \tag{1-4-15}$$

이기에 이 식은 지구 근처에서

$$\Phi(a,\theta) = -\frac{GM_1}{a} - \frac{1}{2}\frac{Ga^2}{R^3}\left(3M_2\cos^2\theta + M_1\right) + 일정 \tag{1-4-16}$$

으로 쓸 수 있다. 이제 바다의 수위를 h라 하면 $a = R_\oplus + h$이기에 이를 대입하여 전개하면

$$\begin{aligned}\Phi(h,\theta) &= \frac{GM_1}{R_\oplus^2}\left[h\left(1-\frac{R_\oplus^3}{R^3}\right) - \cos^2\theta\,\frac{3}{2}\frac{M_2}{M_1}\frac{R_\oplus^4}{R^3}\left(1+\frac{2h}{R_\oplus}\right)\right] + 일정 \\ &\simeq g\left(h - \frac{3}{2}\frac{M_2}{M_1}\frac{R_\oplus^3}{R^3}R_\oplus\cos^2\theta\right) + 일정\end{aligned} \tag{1-4-17}$$

이 된다. 그런데 바다의 수위면이 등퍼텐셜면이기에 식 (1-4-17)로부터

$$h \simeq \frac{3}{2}\frac{M_2}{M_1}\frac{R_\oplus^3}{R^3}R_\oplus\cos^2\theta + 일정 \tag{1-4-18}$$

을 얻을 수 있다. 달의 경우, $M_2/M_1 \simeq 1/81$, $R_\oplus \simeq 6{,}400\ \mathrm{km}$, $R \simeq 380{,}000\ \mathrm{km}$를 식 (1-4-18)에 대입하면, $h \simeq 54\ \mathrm{cm}$를 얻는다. 그러나 태양의 경우에는 $M_2/M_1 \simeq 33{,}200$, $R \simeq 1.5\times10^8\ \mathrm{km}$를 대입하면 $h \simeq 25\ \mathrm{cm}$를 얻는다. 즉 달에 의한 기조력(tidal force)이 더 강하다. 따라서 달과 태양의 위치에 따라 사리와 조금이 나타난다.

조석에 의하여 하루의 길이가 늘어남

실제 조석(tide)은 그림 1-4-5와 같이 바닷물에 의한 부품(bulge)이 지구-달 사이의 반경 방향보다는 φ만큼 더 진행하여 형성된다. 이러한 부품이 지구의 반대편에도 생기는데 이 두 부품이 달까지의 거리가 다르기에 지구의 자전과는 반대 방향으로 토크가 작용하여 자전 각운동량을 감소시킨다. 따라서 지구 자전이 느려져 지구의 하루의 길이는 늘

▶ 그림 1-4-5

어나게 된다. 그렇다면 지구의 하루 길이가 현재보다 얼마나 늘어날지 계산해 보자.

지구의 자전 각속도는 $\omega_1 = 2\pi/(1\text{일})$, 달의 공전 및 자전 각속도는 $\omega_2 = 2\pi/(27.3\text{일})$, 궁극의 각운동량을 ω_f라 하면, 각운동량 보존에 의하여,

$$\underset{(\text{현재의 각운동량})}{I_1\omega_1 + I_2\omega_2 + \frac{M_1M_2}{(M_1+M_2)}\omega_2R^2} = \underset{(\text{궁극의 각운동량})}{I_1\omega_f + I_2\omega_f + \frac{M_1M_2}{(M_1+M_2)}\omega_fR_f^2} \tag{1-4-19}$$

이 된다. 이제 케플러의 제3법칙에 의하여,

$$\frac{R_f}{R} = \left(\frac{\omega_2}{\omega_f}\right)^{2/3} \tag{1-4-20}$$

이 성립한다. 이제 $I_1 = \frac{2}{5}M_1R_1^2$, $I_2 = \frac{2}{5}M_2R_2^2$이기에 $I_1\omega_1 \gg I_2\omega_2$이고, $\frac{M_1M_2}{M_1+M_2} \simeq M_2$이다. 따라서 식 (1-4-19)의 좌변은 첫째 항과 셋째 항이 중요하고, 우변은 첫째 항과 둘째 항이 셋째 항보다 아주 작기에 셋째 항이 중요하다. 결국 식 (1-4-19)는

$$\frac{2}{5}M_1R_1^2\omega_1 + M_2\omega_2R^2 = M_2\omega_fR_f^2 = M_2\omega_2R^2\left(\frac{\omega_2}{\omega_f}\right)^{1/3} \tag{1-4-21}$$

이 된다. 따라서

$$\frac{\omega_2}{\omega_f} = \left[1 + \frac{2}{5}\left(\frac{M_1}{M_2}\right)\left(\frac{R_1}{R}\right)^2\left(\frac{\omega_1}{\omega_2}\right)\right]^3 \tag{1-4-22}$$

이 된다. 이 값은 현재의 지구, 달과 관계되는 값들을 대입하면 대략 1.99를 얻는다. 즉 궁극의 하루는 27.3일×1.99=54.3일이 된다. 그리고 지구와 달까지의 거리는 식 (1-4-20)에 의하여 궁극에는 590,000 km 정도가 된다. 결국 지구의 자전 주기도, 달의 공전 및 자전 주기도 모두 같은 주기를 갈게 된다. 현재 하루의 길이가 늘어나는 정도는 10^9년에 20 % 정도이다. 따라서 이 주기까지 도달하려면 우주의 나이보다 더 긴 해가 필요하다. 즉 $\gg 10^{10}$년이 된다. 지구-달 계가 위에서 계산한 궁극에 가기 전에 태양이 거성이 되어 지구-달 계를 삼킬 것이다.

1-5 일반 상대론에 의한 수성 궤도의 세차운동

질량이 M인 천체의 주변의 시공간은 굽어 있는데, 다음과 같은 측지(geodesic) 방정식으로 표현된다.

$$\frac{d^2x^\mu}{dq^2}+\Gamma^\mu_{\nu\lambda}\frac{dx^\nu}{dq}\frac{dx^\lambda}{dq}=0 \tag{1-5-1}$$

이제 질량이 m인 천체가 질량이 M인 천체의 주변을 공전하는 궤도는

$$\left(\frac{dr}{d\tau}\right)^2=\frac{E^2}{m^2c^2}-\left(1-\frac{r_s}{r}\right)\left(c^2+\frac{h^2}{r^2}\right) \tag{1-5-2}$$

인 방정식을 만족한다. 여기서 $r_s=\dfrac{2GM}{c^2}$인 슈바르츠실트(Schwarzschild) 반지름이다. 이제 단위 질량당 각운동량(h) 보존에 의하여

$$h=r^2\frac{d\varphi}{d\tau}=\text{일정} \tag{1-5-3}$$

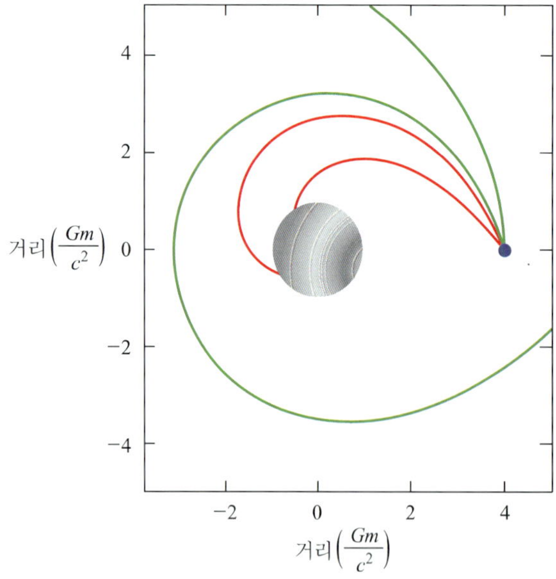

▶ **그림 1-5-1** 파란 점에서 나온 빛이 중심에 위치한 천체에 의하여 굽어짐을 볼 수 있다.

이기에 식 (1-5-2)는

$$\left(\frac{dr}{d\varphi}\right)^2 = \frac{r^4}{b^2} - \left(1 - \frac{r_s}{r}\right)\left(\frac{r^4}{a^2} + r^2\right) \tag{1-5-4}$$

이 된다. 여기서 $a = \frac{h}{c}$, $b = \frac{mch}{E} = \frac{mc^2}{E}a$로 길이 척도를 가지며, 일정한 값이다. 이 값은 초기 조건(위치, 속도)에 의하여 결정된다. 따라서 식 (1-5-4)의 해는

$$\varphi = \int \frac{dr}{r^2\sqrt{\frac{1}{b^2} - \left(1 - \frac{r_s}{r}\right)\left(\frac{1}{a^2} + \frac{1}{r^2}\right)}} \tag{1-5-5}$$

이 된다.

이제 빛이나 빛의 속도를 가지고 움직이는 입자의 궤도는 $a \to \infty$ 이기에 식 (1-5-5)는

$$\varphi = \int \frac{dr}{r^2\sqrt{\frac{1}{b^2} - \left(1 - \frac{r_s}{r}\right)\frac{1}{r^2}}} \tag{1-5-6}$$

이 된다. 이제 빛이 $-\infty$ 에서 $+\infty$ 로 가면서 굽어지는 각도는 식 (1-5-6)에 의하여 대략

$$\delta\varphi \approx \frac{2r_s}{b} = \frac{4GM}{c^2 b} \tag{1-5-7}$$

로 중력 렌즈 효과를 일으킨다. 태양 부근에서는 대략 $1.75''$ 정도가 된다.

이제 식 (1-5-2)를 다시 쓰면

$$\left(\frac{dr}{d\tau}\right)^2 = \frac{E^2}{m^2c^2} - c^2 + \frac{r_s c^2}{r} - \frac{h^2}{r^2} + \frac{r_s h^2}{r^3} \tag{1-5-8}$$

이다. 여기에 $\frac{1}{2}m$을 곱해 주면,

$$\frac{1}{2}m\left(\frac{dr}{d\tau}\right)^2 = \left[\frac{E^2}{2mc^2} - \frac{1}{2}mc^2\right] + \frac{GMm}{r} - \frac{L^2}{2\mu r^2} + \frac{G(M+m)L^2}{c^2\mu r^3} \tag{1-5-9}$$

가 된다. 이는 유효 퍼텐셜

$$V(r) = -\frac{GMm}{r} + \frac{L^2}{2\mu r^2} - \frac{G(M+m)L^2}{c^2\mu r^3} \tag{1-5-10}$$

에서의 입자의 운동과 같다. 식 (1-5-10)에서 첫 번째 항은 중력 퍼텐셜이고, 두 번째 항은 원심력에 의한 퍼텐셜이다. 세 번째 항이 일반 상대론에 의한 퍼텐셜이다. 이 퍼텐셜에 의하여 입자의 운동 궤도인 타원 궤도가 세차운동을 한다. 즉 한 번 공전할 때마다

$$\delta\varphi \approx \frac{6\pi G(M+m)}{c^2 A(1-e^2)} \tag{1-5-11}$$

각도만큼 세차운동을 한다. 여기서 A는 궤도의 긴반지름이고, e는 이심률이다. 이제 식 (1-5-10)을 다시 쓰면

$$\frac{V(r)}{\left(\frac{mc^2}{2}\right)} = -\frac{r_s}{r} + \frac{a^2}{r^2} - \frac{r_s a^2}{r^3} \tag{1-5-12}$$

이 되는데 $\frac{a}{r_s} = k$, $\frac{r}{r_s} = x$, $\frac{V(r)}{\left(\frac{mc^2}{2}\right)} = v(x)$라 놓으면 식 (1-5-12)는

$$v(x) = -\frac{1}{x} + \frac{k^2}{x^2} - \frac{k^2}{x^3} \tag{1-5-13}$$

이 된다. 이제 $k=0, \sqrt{3}, 2, 4$일 때의 그래프가 그림 1-5-2이다. 식 (1-5-13)을 미분하면

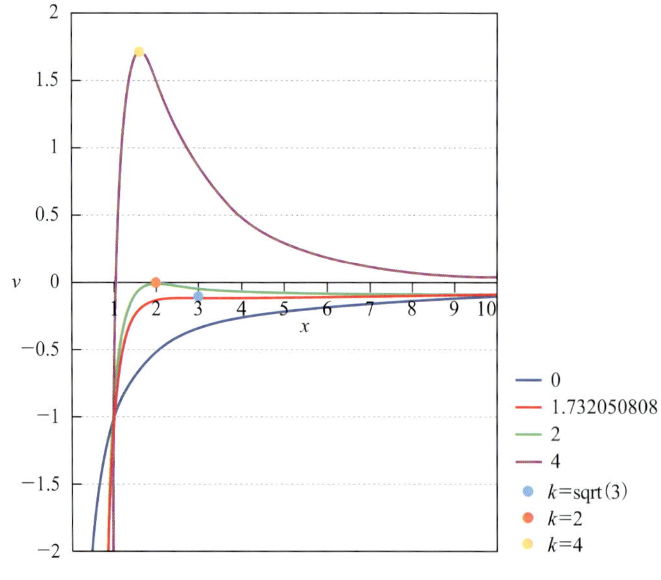

▶ **그림 1-5-2** $k=0, \sqrt{3}, 2, 4$일 때 식 (1-5-13)의 그래프

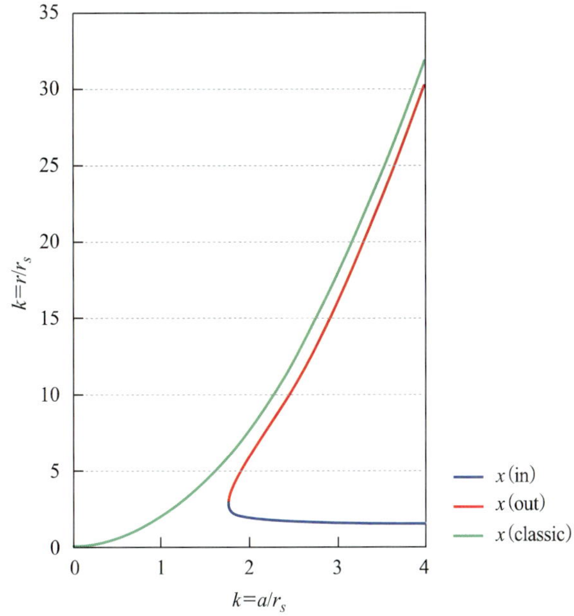

▶ **그림 1-5-3** k값에 따른 식 (1-5-15)의 그래프

$$f=-\frac{dv}{dx}=-\frac{(x^2-2k^2x+3k^2)}{x^4} \tag{1-5-14}$$

이 되는데, $f=0$이 되는 x는

$$x=k^2\left(1\pm\sqrt{1-\frac{3}{k^2}}\right) \tag{1-5-15}$$

이다. 식 (1-5-15)를 k값에 따라 그린 그림이 그림 1-5-3이다. 이 그림에서 $x=3$ 이하, $k=\sqrt{3}$ 이상에 표시된 그래프 선은 불안정한 원 궤도의 반지름인 x_{in}을 나타내고, $x=3$ 이상, $k=\sqrt{3}$ 이상에 표시된 그래프 선은 안정된 원 궤도의 반지름인 x_{out}을 나타낸다. 따라서 $k=\dfrac{a}{r_s}=\dfrac{h}{r_s c}$의 값이 크다면, 즉 각운동량이 아주 크다면, $x_{\text{in}}\simeq\dfrac{3}{2}$, 즉 $r\simeq\dfrac{3}{2}r_s$에서 불안전한 원 궤도를 이룰 것이다. 빛의 경우 $a=\infty$이기에 이 반지름에서 원 궤도를 그리기에 이 반지름을 빛의 반지름(photon radius)이라 한다. 그러나 $x_{\text{out}}\simeq 2k^2$, 즉 $r_{\text{out}}\simeq\dfrac{2a^2}{r_s}$의 반지름을 가진 안정된 원 궤도를 이룬다. 또한 $k=\sqrt{3}$일 때는 $x=3$, 즉 $r=3r_s$에서 근소하게(marginal) 안정된 원 궤도를 이루게 된다. 비교를 위하여 고전역학적인 퍼텐셜에 의한 x와 k의 관계식 $x_{\text{classic}}=2k^2$의 관계를 그려 넣었다. 즉 일반상대론

에서 유도된 r_{out}는 $k \to \infty$로 가면서 $r_{classic}$에 접근한다. 따라서 이 관계는

$$r_{out} \simeq \frac{2a^2}{r_s} = \frac{\frac{2h^2}{c^2}}{\frac{2GM}{c^2}} = \frac{h^2}{GM} = \frac{r_{out}^4 \omega_\varphi^2}{GM} \tag{1-5-16}$$

이 되어

$$r_{out}^3 \simeq \frac{GM}{\omega_\varphi^2} \tag{1-5-17}$$

인 케플러 제3법칙을 만족한다. 따라서

$$\omega_\varphi^2 \simeq \frac{GM}{r_{out}^3} = \frac{r_s c^2}{2r_{out}^3} = \frac{c^2 r_s^4}{16a^6} \tag{1-5-18}$$

이다.

비상대론적인 세차운동을 하는 좌표계에서 비상대론적일 때에는 궤도가 그림 1-5-4와 같이 붉은색의 궤도를 입자가 영원히 공전하지만 상대론적일 경우에는 푸른색의 궤도와 같이 궤도가 세차운동을 한다. 수성과 금성의 궤도가 이에 해당한다. 실제로 상대론적인 세차운동은 비상대론적인 세차운동의 양보다 아주 작다. 세차운동률을 구하기 위하여 r_{out} 반지름을 가진 원 궤도에서 벗어나는 r 변화에 대한 동경 방향의 각진동수(angular frequency) ω_r은

$$\omega_r^2 = \frac{1}{m}\left[\frac{d^2 V}{dr^2}\right]_{r = r_{out}} \tag{1-5-19}$$

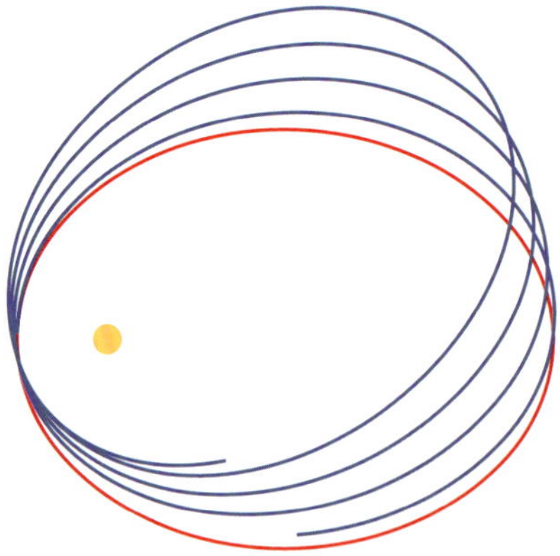

▶ **그림 1-5-4** 비상대론적 세차운동 좌표계에서 상대론적 세차운동하는 궤도

이기에

$$\omega_r = \omega_\varphi\left(1 - \frac{3r_s^2}{4a^2} + \cdots\right) \qquad (1\text{-}5\text{-}20)$$

을 얻게 된다. 따라서

$$\delta\varphi = T(\omega_\varphi - \omega_r) \simeq T\omega_\varphi\left(\frac{3r_s^2}{4a^2}\right) = \frac{3\pi m^2 c^2}{2L^2} r_s^2 = \frac{6\pi G^2 M^2 m^2}{c^2 L^2} \qquad (1\text{-}5\text{-}21)$$

정도로 입자가 궤도를 한 바퀴 돌 때, 식 (1-5-21)로 계산된 각만큼 세차운동을 한다. 이제 긴반지름이 A, 이심률이 e인 궤도에서

$$\frac{h^2}{G(M+m)} = A(1-e^2) \qquad (1\text{-}5\text{-}22)$$

이기에 식 (1-5-11)인 $\delta\varphi \approx \dfrac{6\pi G(M+m)}{c^2 A(1-e^2)}$을 얻게 된다.

이제 이 내용을 바탕으로 다음의 예제를 엑셀 프로그램을 이용하여 풀어보라.

예 제 수성은 다음의 표에서 보여주듯이 여러 가지 원인에 의하여 근일점이 이동한다. 이론적으로 수성 자전축의 세차운동, 다른 행성에 의한 중력 섭동, 태양의 모양이 편구인 점을 고려하지 않는다면 수성 부근의 공간이 휘어지면서 발생하는 인력에 의하여 근일점이 이동하게 된다. 이 값이 표에 의하면 $42.98 \pm 0.04''/100$년이다.

▶ 수성의 근일점 이동

양(″/100년)	원인	양(″/100년)	원인
5025.6	수성의 세차운동	42.98 ± 0.04	일반상대론
531.4	다른 행성들의 중력	5600.0	이론으로 계산된 총량
0.0254	태양의 편구(oblateness)	5599.7	관측 값

태양의 질량을 M이라 하면 태양 주위의 공간을 슈바르츠실트 계량(Schwarzschild metric)으로 다음과 같이 표시할 수 있다.

$$c^2 d\tau^2 = \left(1 - \frac{r_s}{r}\right)c^2 dt^2 - \frac{dr^2}{1 - \frac{r_s}{r}} r^{2d}\theta^2 - r^2 s^2\theta d\phi^2 \qquad (1)$$

여기서 $r_s = \frac{2GM}{c^2}$(슈바르츠실트 반지름)이다. 이 계량은 태양의 질량에 의한 중력장으로 이러한 공간에서 운동하는 입자의 일반 상대론적 효과를 이해하게 해준다. 이 계량과 측지 방정식을 이용하면, 이러한 공간에서의 질량이 m인 입자의 운동 방정식은 $\theta = \frac{\pi}{2}$일 때,

$$\left(\frac{dr}{d\tau}\right)^2 = \frac{E^2}{m^2c^2} - \left(1 - \frac{r_s}{r}\right)\left(c^2 + \frac{L^2}{m^2r^2}\right) \tag{2}$$

$$r^2\frac{d\psi}{d\tau} = \frac{L}{m} = l \tag{3}$$

$$\left(1 - \frac{r_s}{r}\right)\frac{dt}{d\tau} = \frac{E}{mc^2} \tag{4}$$

이다. 식 (2)를 잘 살펴보면,

$$\frac{1}{2}m\left(\frac{dr}{d\tau}\right)^2 + \frac{1}{2}m\frac{l^2}{r^2} - \frac{GMm}{r} - \frac{GMml^2}{c^2r^3} = \frac{E^2}{2mc^2} - \frac{1}{2}mc^2 \tag{5}$$

으로 쓸 수 있는데, 좌변 두 항은 운동에너지, 세 번째 항은 중력 퍼텐셜, 네 번째 항은 공간의 휨에 따른 인력을 나타낸다. 비상대론적 운동에서는 네 번째 항이 0이다. 그리고 식 (5)의 우변의 첫 번째 항은 총에너지량의 1/2을 나타내고, 두 번째는 입자의 정지 질량에너지의 1/2을 나타낸다. 따라서 단위 질량에 대한 유효 퍼텐셜 $V(r)$은

$$V(r) = \frac{1}{2}\frac{l^2}{r^2} - \frac{GM}{r} - \frac{GMl^2}{c^2r^3} \tag{6}$$

이 된다. 이제 $a = \frac{l}{c}$로 놓고, $V(r)$을 $\frac{c^2}{2}$의 단위로 놓으면, 식 (6)은

$$V(r) = \frac{a^2}{r^2} - \frac{r_s}{r} - \frac{r_sa^2}{r^3} \tag{7}$$

이 된다. 다시 한 번 $a' = \frac{a}{r_s}$, $r' = \frac{r}{r_s}$라 놓으면 식 (7)은 간단하게

$$V(r') = \frac{a'^2}{r'^2} - \frac{1}{r'} - \frac{a'^2}{r'^3} \tag{8}$$

이 된다. 유효 힘 $F = -\frac{dV}{dr'}$이기에

$$F=-\frac{dV}{dr'}=-2\frac{a'^2}{r'^3}+\frac{1}{r'^2}+3\frac{a'^2}{r'^4}=0 \tag{9}$$

인 곳은

$$r'=a'^2\pm\sqrt{a'^4-3a'^2} \tag{10}$$

이다. 이제 $V(r')$을 그래프로 그려보자. 엑셀의 워크시트를 이용하여 X축은 0에서 8까지 y축은 -2에서 2까지 정하고, $a'=0,\ \sqrt{3},\ 3,\ 4$일 때, $V(r')$을 다음 그림과 같이 그려보라.

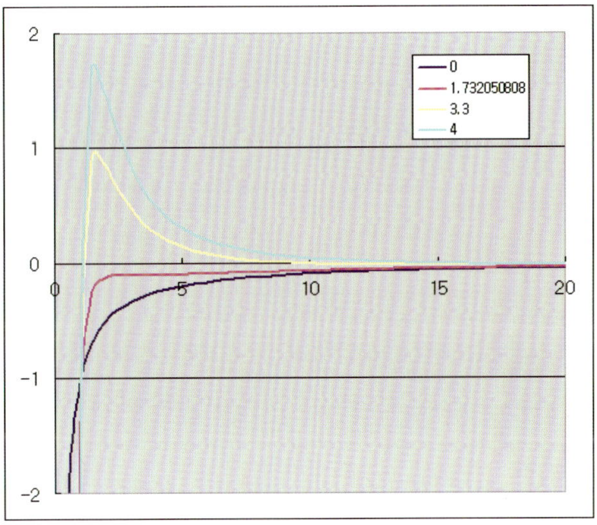

그래프에서 $F=-\frac{dV}{dr'}=0$이 되는 r'는 $a'=3$일 때, $r'=9\pm\sqrt{54}$이기에 작은 값은 1.577795, 큰 값은 30.42221이다. $r'=1.577795\,r_s$에서는 원운동이 가능하나 매우 불안정하고, $r'=30.42221\,r_s$에서는 원운동이 가능하다. 다른 a'의 값에서는 어떻게 운동을 할 것인가 나중에 생각해 보자.

이제 $V(r')=\frac{a'^2}{r'^2}-\frac{1}{r'}-\frac{a'^2}{r'^3}$이기에 $2v_{r'}\frac{dv_{r'}}{dr'}=2\frac{dv_{r'}}{d\tau'}=-\frac{dV}{dr'}$이다. 따라서

$$\frac{dv_{r'}}{d\tau'}=-\frac{1}{2r'^2}+\frac{a'^2}{r'^3}-\frac{3a'^2}{r'^4} \tag{11}$$

이 된다. 여기서 $\tau'=\frac{\tau}{\left(\frac{r_s}{c}\right)}$이다. 따라서 식 (3)은

$$r'^2 \frac{d\psi}{d\tau'} = a' \tag{12}$$

이 된다. 식 (11)과 (12)를 이용하면 태양 주위를 공전하는 수성의 운동 궤적을 그려 볼 수 있다.

우선 다음 표와 같이 워크시트에 그리는데, $\Delta t = 1$, $a' = 3$으로 놓는다. 그리고 계산 step을 0에서 1,500까지 놓고, t =(step에 속한 항)*Δt을 계산한다.

Δt	1					
a'	3					
step	t	$v_{r'}$	r'	ψ	$x = r'\cos\psi$	$y = r'\sin\psi$
0	0	0	12	0	12	0
1	1	0.001085	12.00109	0.02083	11.99848	0.249959
2	2	0.002170	12.00325	0.041652	11.99284	0.499810
3	3	0.003253	12.00651	0.062462	11.98309	0.749467
4	4	0.004335	12.01084	0.083258	11.96924	0.998845
5	5	0.005414	12.01626	0.104035	11.95129	1.247859

이제 $v_{r'}$, r', ψ의 초기 항은 각각 0, 12, 0으로 놓고, 식 (11)을 이용하여 다음 항은

$$v_1 = v_0 + \left(-\frac{1}{2r_0^2} + \frac{a'^2}{r_0^3} - \frac{3a'^2}{2r_0^4} \right) \Delta t \tag{13}$$

$$r_1 = r_0 + v_1 \Delta t \tag{14}$$

$$\psi_1 = \psi_0 + \frac{a'}{r_1^2} \Delta t \tag{15}$$

으로 구한다. 식 (13)~(15)를 워크시트에 이용할 때, a'과 Δt는 고정된 값이기에 F4 키를 이용하여 그 값을 고정시켜야 한다.

운동의 궤적을 x, y 좌표상에 그리기 위하여

$$x = r'\cos\psi \tag{16}$$

$$y = r'\sin\psi \tag{17}$$

을 이용한다. 이렇게 해서 그린 운동의 자취가 다음 그림이다. 이제 이를 엑셀에서 수

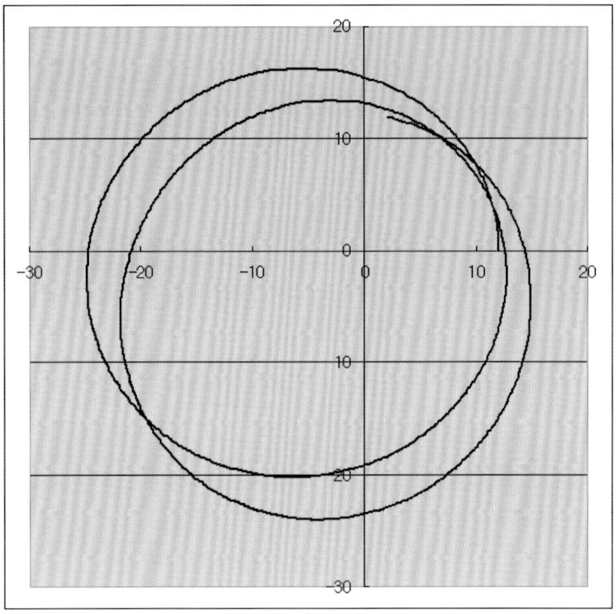

행해 보라.

여기서 근일점 이동은 한 바퀴 공전할 때마다 대략

$$\Delta\psi = \frac{3\pi}{2a'^2} \tag{18}$$

을 회전한다. $a' = 3$인 경우, $\Delta\psi = \frac{\pi}{6} = 30°$이다. 그렇게 보이는가?

식 (18)을 우리가 알 수 있는 식으로 변형하면

$$\Delta\psi = \frac{6\pi GM}{c^2 A(1-e^2)} \tag{19}$$

이다. 수성의 경우는 $A = 57{,}909{,}100\ \mathrm{km}$, $e = 0.20563$ 그리고 태양 질량 $M = 1.9891 \times 10^{30}\ \mathrm{kg}$이다. 중력 상수 $G = 6.67428 \times 10^{-11}\ \mathrm{m^3\,kg^{-1}\,s^{-2}}$이다. 그리고 수성의 공전 주기는 0.240846년이기에 100년간 415.2030758번을 공전한다. 이를 이용하여 구한 값을 앞의 표에 나타난 값과 비교해 보라.

1-6 태양계 성운 원반구조 및 미행성체 형성

수동적인(passive) 원반구조

원반의 수직구조는 z 방향의 정유체역학적 평형 방정식에 의하여 결정할 수 있다. 즉

$$\frac{dP}{dz} = -\rho g_z = -\rho\frac{GM_* z}{d^3} = -\rho\Omega^2 z \tag{1-6-1}$$

이다. 만약에 z 방향으로 등온구조라면, $P = c_s^2\rho$가 되어 식 (1-6-1)의 해는

$$\rho(z) = \rho_o e^{-z^2/2h^2} \tag{1-6-2}$$

가 된다. 여기서 $h = \frac{c_s}{\Omega}$이며, $\frac{h}{r} = \frac{c_s}{v_\phi}$가 된다.

원반의 모습은 만약 $c_s \propto r^{-\beta}$라 하면, $\frac{h}{r} \propto r^{-\beta+0.5}$가 된다. 즉 $\beta > 0.5$이면, 원반의 형태는 밥주발(bowl-like) 모습이 된다. 일반적으로 원반은 중심별로부터 에너지를 받아 원반이 재방출하면서 r 방향의 원반 온도가 결정된다. 즉 원반이 받는 중심별로부터의 플럭스는

$$F = I_* \int_{-\pi/2}^{\pi/2} \cos\phi\, d\phi \int_0^{\sin^{-1}(R_*/r)} \sin^2\theta\, d\theta \tag{1-6-3}$$

즉

$$F = I_* \left[\sin^{-1}\left(\frac{R_*}{r}\right) - \left(\frac{R_*}{r}\right)\sqrt{1-\left(\frac{R_*}{r}\right)^2}\right] \tag{1-6-4}$$

이다. 여기서 $I_* = \frac{\sigma T_*^4}{\pi}$이다. 따라서 $F = \sigma T_{disk}^4$에서부터

$$\left(\frac{T_{disk}}{T_*}\right)^4 = \frac{1}{\pi}\left[\sin^{-1}\left(\frac{R_*}{r}\right) - \left(\frac{R_*}{r}\right)\sqrt{1-\left(\frac{R_*}{r}\right)^2}\right] \tag{1-6-5}$$

가 된다. 이를 그려보면 그림 1-6-1과 같다. 매우 급격히 감소하다 원반의 표면 온도는 별

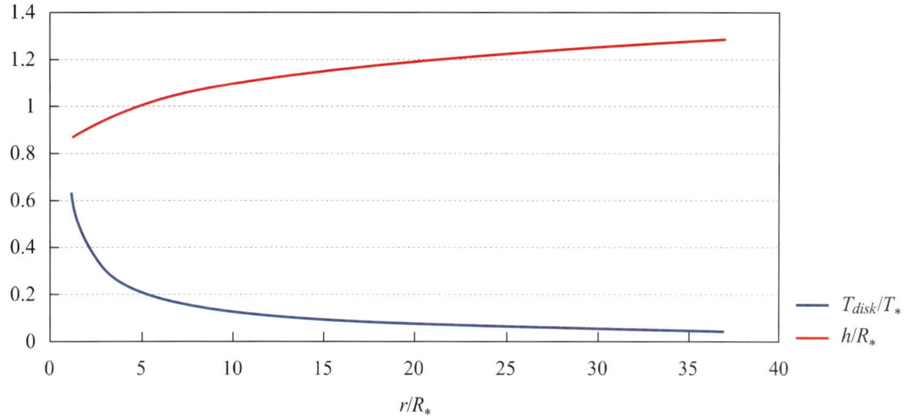

▶ 그림 1-6-1

의 표면 온도의 1/10 정도가 된다.

이 온도 분포를 이용한 원반의 모양은 $\frac{h}{r}=\frac{c_s}{v_\phi}$ 로부터

$$\frac{h}{R_*}=\left(\frac{c_s}{v_\phi}\right)_*\left(\frac{T_{disk}}{T_*}\right)^{1/2}\left(\frac{r}{R_*}\right)^{1/2} \tag{1-6-6}$$

이 되어 그림 1-6-1의 그래프같이 아주 천천히 증가하는 모습을 보인다. 이 그래프는 보기 편하게 하기 위하여 $\left(\frac{c_s}{v_\phi}\right)_*=1$로 놓고 그렸지만, 실제는 $\left(\frac{c_s}{v_\phi}\right)_*\ll 1$이다. 따라서 원반은 매우 얇다. 이러한 원반이 발하는 총 플럭스는

$$F_{disk}=2\int_{R_*}^{\infty}2\pi r\sigma T_{disk}^4\,dr=\frac{1}{4}F_* \tag{1-6-7}$$

이다. 즉 원반이 발하는 플럭스는 별의 플럭스의 1/4에 해당한다.

활동적인(active) 원반구조

비록 원반에서 $\frac{h}{r}\ll 1$이지만 운동학적 점성 ν에 의하여 원반의 물질들이 확산되는데, 이를 총괄하는 방정식은

$$\frac{\partial\Sigma}{\partial t}=\frac{3}{r}\frac{\partial}{\partial r}\left[r^{1/2}\frac{\partial}{\partial r}\left(\nu\Sigma r^{1/2}\right)\right] \tag{1-6-8}$$

이다. 이 방정식은 확산방정식으로 $t=0$일 때,

$$\Sigma(r, t=0) = \frac{m}{2\pi r_o}\delta(r - r_o) \tag{1-6-9}$$

이면, 식 (1-6-8)의 해는

$$\Sigma(x, \tau) = \frac{m}{\pi r_o^2}\frac{1}{\tau}x^{-1/4}e^{-(1+x^2)/\tau}I_{1/4}\left(\frac{2x}{\tau}\right) \tag{1-6-10}$$

가 된다. 여기서는 $x = r/r_o$, $\tau = 12\nu t/r_o^2$이다. 이를 그래프로 그리면 그림 1-6-2가 된다. 그림 1-6-2에서는 $\Sigma_o = \frac{m}{2\pi r_o}$로 놓고, $\tau = 3\nu t/r_o^2$라 하고 $t=0$일 때, $\Sigma/\Sigma_o = 1$로 놓고, $\tau = 17$까지 계산하였다. 물질이 원반의 $-r$ 방향, 즉 중심 방향으로 이동하는 것을 볼 수 있다. 그러나 각운동량은 $+r$ 방향, 즉 원반의 바깥부분으로 진행한다.

원반이 시간에 대하여 변화가 없다면, $\frac{\partial}{\partial t} = 0$이 된다. 이러한 해가 정상 상태(steady-state)의 해이다.

이 경우에 식 (1-6-8)은

$$\Sigma r^3 \Omega v_r = \nu \Sigma r^3 \frac{d\Omega}{dr} + \text{constant} \tag{1-6-11}$$

이 되는데, $\dot{M} = -2\pi r \Sigma v_r$이기에 식 (1-6-11)은

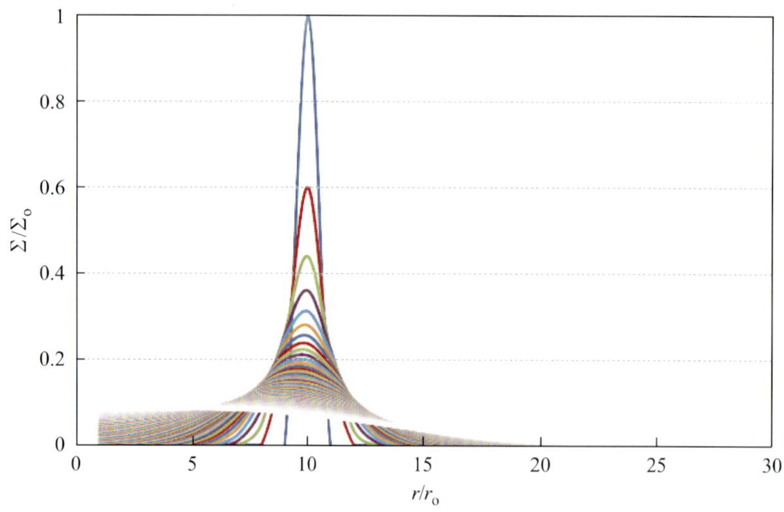

▶ 그림 1-6-2

$$-\frac{\dot{M}}{2\pi}r^2\Omega = \nu\Sigma r^3\frac{d\Omega}{dr} + \text{constant} \tag{1-6-12}$$

가 된다. 그런데 별의 표면과 원반의 가장 안쪽 경계 어디 사이에서 $\frac{d\Omega}{dr} \simeq 0$이 된다면, 식 (1-6-12)는

$$-\frac{\dot{M}}{2\pi}r^2\Omega = \nu\Sigma r^3\frac{d\Omega}{dr} - \frac{\dot{M}}{2\pi}r_*^2\sqrt{\frac{GM_*}{r_*^3}} \tag{1-6-13}$$

이 되어,

$$\nu\Sigma = \frac{\dot{M}}{3\pi}\left(1 - \sqrt{\frac{r_*}{r}}\right) \tag{1-6-14}$$

이 된다.

미행성체의 형성

반지름이 a인 구형의 입자가 주변 기체에 대하여 v의 속력으로 움직이면 공기역학적 저항력(aerodynamic drag force)이 운동을 방해하는 힘으로 나타나다. 이 힘은 일반적으로

$$F_D = -\frac{1}{2}C_D\pi a^2\rho v^2 \tag{1-6-15}$$

으로 표시된다. 여기서 C_D는 저항계수이다. 입자의 크기와 기체 내에서 분자의 평균 자유 행정(mean free path)이 거의 비슷하다면 이 저항계수는

$$C_D = \frac{8}{3}\frac{\bar{v}}{v} \tag{1-6-16}$$

가 된다. 여기서 $\bar{v} = (8/\pi)^{1/2}c_s$로 기체의 평균 열운동 속도이다. 대략 1 AU 근처에서 10^5 cm/s가 된다.

이제 먼지 입자는 기체와 이러한 저항력에 의하여 강하게 결합되어(coupled) 있기에 마찰 시간 척도는 대략

$$t_{\text{fric}} = \frac{mv}{|F_D|} \tag{1-6-17}$$

이다. m은 입자의 질량으로 $m=\frac{4\pi}{3}a^3\rho_d$이다. ρ_d는 입자의 밀도이며 대략 $3\,\mathrm{g/cm^3}$이다. 이제 마찰 시간 척도를 식 (1-6-15), (1-6-16)을 이용하여 다시 쓰면

$$t_{\mathrm{fric}}=\frac{\rho_d}{\rho}\frac{a}{\bar{v}} \tag{1-6-18}$$

이다.

만약 표면 밀도가 Σ, 높이 척도가 $h=c_s/\Omega_K$인 등온 기체 원반을 가정하면, 수직 밀도 분포는

$$\rho(z)=\frac{\Sigma}{h\sqrt{2\pi}}e^{-z^2/2h^2} \tag{1-6-19}$$

이 된다. 1 AU 근처에서 $\Sigma \simeq 10^3\ \mathrm{g/cm^2}$이고, $h\simeq 3\times 10^{11}\ \mathrm{cm}$이다. 따라서 $\rho_o=\Sigma/(h\sqrt{2\pi})\simeq 1.33\times 10^{-9}\ \mathrm{g/cm^3}$이 된다. 따라서 1 AU 근처에서 $a=1\ \mu\mathrm{m}$ 정도일 때, $t_{fric}\simeq 2.26$초이다. 작은 입자일수록 급격히 기체와 강하게 결합한다.

이제 이 입자는 원반의 중심부에 있는 별에 의하여 중력의 힘을 받는데, 이 크기는

$$|F_{\mathrm{grav}}|=m\Omega_K^2 z \tag{1-6-20}$$

가 된다. 이제 이 힘이 식 (1-6-15)의 저항력과 같아지면서 먼지 입자는 원반의 중앙부로 내려앉는 정착 속력(settling speed)을 갖는다. 즉

$$|F_{\mathrm{grav}}|=m\Omega_K^2 z=\frac{4}{3}\pi a^2\bar{v}\rho v=|F_D| \tag{1-6-21}$$

가 되어

$$v_{\mathrm{settle}}=\left(\frac{\Omega_K^2}{\bar{v}}\right)\frac{\rho_d}{\rho}az \tag{1-6-22}$$

을 얻는다. 이 속력은 원반 중앙부에서 멀어질수록 빠르며, 입자의 크기가 클수록 빠르다. 이 속력은 대략 $0.02\ \mathrm{cm/s}$이다. 그런데

$$t_{\mathrm{settle}}=\frac{z}{|v_{\mathrm{settle}}|}=\frac{2}{\pi}\frac{\Sigma}{\Omega_K\rho_d a}e^{-z^2/2h^2} \tag{1-6-23}$$

이다. 따라서 원반 중앙부의 멀리에서는 매우 빨리 입자의 속력이 정착된다.

이제 먼지 입자가 원반의 중앙부로 내려오면서 성장하여 응고하게(coagulate) 되는데, 만약 매번 먼지 입자들이 충돌하여 응고한다고 가정하면,

$$\frac{dm}{dt} = \pi a^2 |v_{\rm settle}| f \rho(z) = \frac{3}{4} \frac{\Omega^2 f}{\bar{v}} zm \tag{1-6-24}$$

이 된다. 이를 $\frac{da}{dt}$의 형태로 바꾸면,

$$\frac{da}{dt} = \frac{\Omega^2 f}{4\bar{v}} za \tag{1-6-25}$$

가 되고, 식 (1-6-22)에 의하여

$$\frac{dz}{dt} = -\left(\frac{\Omega_K^2}{\bar{v}}\right) \frac{\rho_d}{\rho} az \tag{1-6-26}$$

가 된다. 이 두 방정식을 $t_o = \frac{4\bar{v}}{\Omega^2 fh} \simeq 107$년으로 하여 $\frac{t}{t_o} \rightarrow t$, $\frac{z}{h} \rightarrow z$라 놓으면, 식 (1-6-25), (1-6-26)은 각각

$$\frac{da}{dt} = za \tag{1-6-27}$$

$$\frac{dz}{dt} = -\frac{4\sqrt{2\pi}\rho_d}{f\Sigma} aze^{z^2/2} \tag{1-6-28}$$

가 된다. $z_o = 5h$, $a_o = 1, 0.1, 0.01\ \mu$m인 경우에 이 두 식을 풀어보면, 그림 1-6-3과

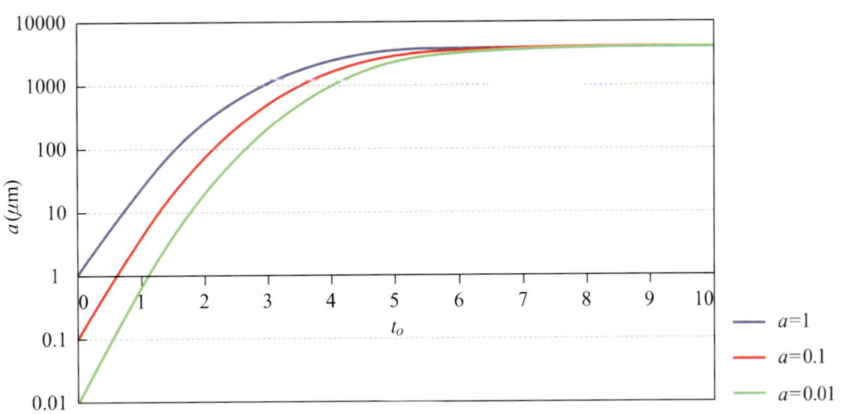

▶ 그림 1-6-3

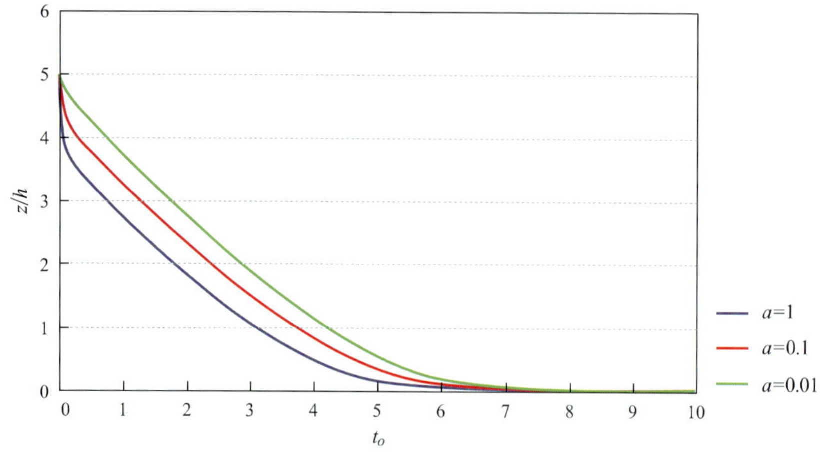

▶ 그림 1-6-4

1-6-4의 결과를 얻는다. 즉 거의 1,000년 정도가 되면, 입자의 크기는 mm~cm 크기로 성장하게 된다. 그림 1-6-4와 같이 정착 속도는 매우 빠른 시간에 도달하게 된다.

1-7 태양계 성운 먼지 원반의 중력 불안정 및 행성 형성

먼지 원반의 중력 불안정

Σ_o의 면밀도를 가지고 있는 먼지 원반이 $\overrightarrow{\Omega}=\Omega\hat{z}$로 회전하고 있다면,

$$\frac{\partial\Sigma}{\partial t}+\nabla\cdot(\Sigma\vec{v})=0 \tag{1-7-1}$$

$$\frac{\partial\vec{v}}{\partial t}+(\vec{v}\cdot\nabla)\vec{v}=-\frac{\nabla P}{\Omega}-\nabla\Phi-2\overrightarrow{\Omega}\times\vec{v}+\Omega^2(x\hat{x}+y\hat{y}) \tag{1-7-2}$$

$$\nabla^2\Phi=4\pi G\Sigma\delta(z) \tag{1-7-3}$$

을 만족한다. 안정(unperturbed) 상태에서는 $\Sigma=\Sigma_o$, $\Phi=\Phi_o$, $\vec{v}=0$, $P=P(\Sigma_o)$, $\nabla\Phi_o=\Omega^2(x\hat{x}+y\hat{y})$이다. 그러나 불안정(perturbed) 상태에서는

$$\Sigma = \Sigma_o + \Sigma_1(x, y, t) \tag{1-7-4}$$

$$\vec{v} = \vec{v_1}(x, y, t) \tag{1-7-5}$$

$$P = P_o + P_1(x, y, t) \tag{1-7-6}$$

$$\Phi = \Phi_o + \Phi_1(x, y, t) \tag{1-7-7}$$

가 되며, $\Sigma_1 \ll \Sigma_o$이다. 이제 식 (1-7-1), (1-7-2), (1-7-3)은

$$\frac{\partial \Sigma_1}{\partial t} + \Sigma_o \nabla \cdot \vec{v_1} = 0 \tag{1-7-8}$$

$$\frac{\partial \vec{v_1}}{\partial t} = -\frac{c_s^2}{\Sigma_o} \nabla \Sigma_1 - \nabla \Phi_1 - 2\vec{\Omega} \times \vec{v_1} \tag{1-7-9}$$

$$\nabla^2 \Phi_1 = 4\pi G \Sigma_1 \delta(z) \tag{1-7-10}$$

가 된다. 여기서 $c_s^2 = \left(\frac{dP}{d\Sigma}\right)_{\Sigma_o}$이다. 만약 $\vec{k}$가 $\hat{x}$에 평행하다면 $z=0$ 평면에서는

$$\Sigma_1 = \Sigma_a e^{i(kx - \omega t)} \tag{1-7-11}$$

$$\vec{v_1} = \left(v_{ax}\hat{x} + v_{ay}\hat{y}\right) e^{i(kx - \omega t)} \tag{1-7-12}$$

$$\Phi_1 = \Phi_a e^{i(kx - \omega t)} \tag{1-7-13}$$

이다. $z \neq 0$인 곳에서는 $\Phi_1 = \Phi_a e^{i(kx - \omega t)} \times f(z)$이고, $\nabla^2 \Phi_1 = 0$이기에 $\frac{d^2 f}{dz^2} = k^2 f$가 된다. 따라서 $f = Ae^{-kz} + Be^{kz}$가 된다. 따라서 $\pm z$ 방향으로 $\Phi_1 = \Phi_a e^{i(kx - \omega t) - |kz|}$가 된다. 이제 Φ_a를 구하기 위하여

$$\int_{-\epsilon}^{\epsilon} \nabla^2 \Phi_1 dz = \int_{-\epsilon}^{\epsilon} 4\pi G \Sigma_1 \delta(z) dz = \left.\frac{\partial \Phi_1}{\partial z}\right|_{-\epsilon}^{\epsilon} \tag{1-7-14}$$

이다. 따라서

$$-2|k|\Phi_a = 4\pi G \Sigma_a \tag{1-7-15}$$

가 된다. 따라서

$$\Phi_1 = -\frac{2\pi G \Sigma_a}{|k|} e^{i(kx - \omega t) - |kz|} \tag{1-7-16}$$

이다. 이제 식 (1-7-11), (1-7-12), (1-7-16)을 식 (1-7-8), (1-7-9)에 대입하면

$$-i\omega\Sigma_a = -ik\Sigma_o v_{ax} \tag{1-7-17}$$

$$-i\omega v_{ax} = -\frac{c_s^2}{\Sigma_o} ik\Sigma_a + ik\frac{2\pi G\Sigma_a}{|k|} + 2\Omega v_{ay} \tag{1-7-18}$$

$$-i\omega v_{ay} = -2\Omega v_{ax} \tag{1-7-19}$$

가 된다. 이제 분산관계(dispersion relation), 즉 $\omega = f(k)$를 구하기 위하여 식 (1-7-17)~(1-7-19)에서 v_{ax}, v_{ay}를 제거하면,

$$\omega^2 = c_s^2 k^2 - 2\pi G\Sigma_o |k| + 4\Omega^2 \tag{1-7-20}$$

이 된다. 즉 압력 항($c_s^2 k^2$)과 회전 항($4\Omega^2$)은 원반을 안정시키고, 중력 항($-2\pi G\Sigma_o|k|$)은 원반을 불안정하게 한다. 이제 식 (1-7-20)을 이용하여 $\frac{d\omega^2}{dk} = 0$을 구해보면, $k = k_{cr} = \frac{\pi G\Sigma_o}{c_s^2}$에서 최소가 된다. 이 값을 식 (1-7-20)에 대입하면 $\omega^2(k_{cr}) = -\frac{(\pi G\Sigma_o)^2}{c_s^2} + 4\Omega^2$이 된다. $\omega_o = \frac{\pi G\Sigma_o}{c_s}$, $Q = \frac{c_s\Omega}{\pi G\Sigma_o}$라 하면, 식 (1-7-20)은

$$\left(\frac{\omega}{\omega_o}\right)^2 = \left(\frac{k}{k_{cr}}\right)^2 - 2\frac{|k|}{k_{cr}} + 4Q^2 \tag{1-7-21}$$

이 된다. 이를 그래프로 그려보면, 그림 1-7-1과 같다. 툼리(Toomre)의 Q값이 0.5 이하이면,

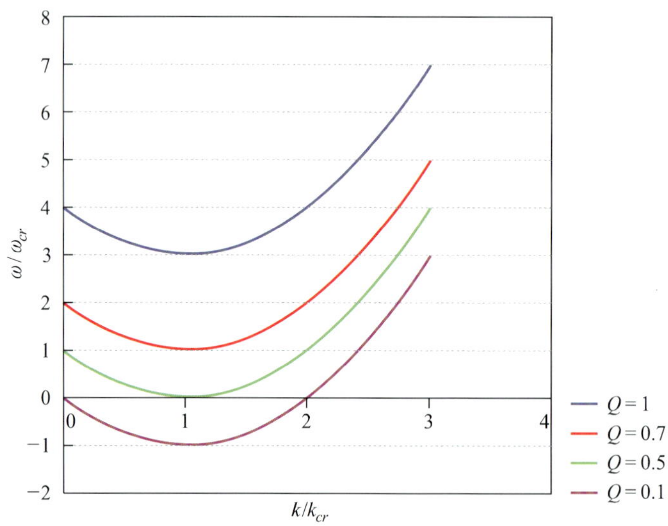

▶ **그림 1-7-1**

원반이 자체 중력에 의하여 불안정해진다. 이때, $k=k_{cr}$일 때에 약간(marginally) 불안정하다. $Q<0.5$이면 가장 불안정한 파장이 $\lambda_{cr}=\frac{2\pi}{k_{cr}}=\frac{2c_s^2}{G\Sigma_o}$이라면, $Q=\frac{c_s\Omega}{\pi G\Sigma_o}=\frac{\lambda_{cr}\Omega}{2\pi c_s}=\frac{1}{2\pi}\frac{\lambda_{cr}}{h}<\frac{1}{2}$이다. 따라서 $\frac{\lambda_{cr}}{h}<\pi$가 된다. 즉 원반의 아주 작은 부분이라도 이러한 불안정에 노출된다.

이제 이를 미행성체 형성에 응용해보면, 1 AU 근처에서 기체 원반(높이 척도는 $\sim c_s/\Omega$) 대신 먼지 원반(높이 척도는 $\sim\sigma/\Omega$)에 대하여 $\Sigma_{\rm dust}\simeq 10^{-2}\Sigma_{\rm gas}=10\ {\rm g/cm^2}$, $\sigma\sim 10$ cm/s라면 $Q=\frac{\sigma\Omega}{\pi G\Sigma_{\rm dust}}<\frac{1}{2}$이어야 하고, $\lambda_{cr}=\frac{2\pi}{k_{cr}}=\frac{2\sigma^2}{G\Sigma_{\rm dust}}=4.5\times10^8$ cm가 된다. 이제 질량은 $m\sim\pi\left(\frac{\lambda_{cr}}{2}\right)^2\Sigma_{\rm dust}\sim 1.6\times10^{18}$ g 정도가 된다. 이러한 미행성체의 반지름은 $r=\left(\frac{3{\rm m}}{4\pi\rho_d}\right)^{1/3}\simeq 5$ km 정도가 된다. 자유낙하 시간은 $t_{ff}=\sqrt{\frac{\lambda_{cr}^3}{2Gm}}\sim 0.657$년으로 매우 빠른 시간에 미행성체가 수 km 정도로 성장한다.

미행성체에서 행성으로

이제 질량이 m인 미행성체가 $\sigma/2$의 속도로 충돌거리(impact parameter)가 b로 서로 가까이 접근하여 가장 가까이 접근하였을 때($\sim R_c$)의 속도가 $V_{\rm max}$라 하면, 에너지와 각운동량이 보존되므로

$$\frac{1}{4}m\sigma^2=mV_{\rm max}^2-\frac{Gm^2}{R_c} \qquad (1\text{-}7\text{-}22)$$

$$R_cV_{\rm max}=\frac{\sigma}{2}b \qquad (1\text{-}7\text{-}23)$$

가 된다. 이제 이 두 식을 이용하면

$$b^2=R_c^2+\frac{4GmR_c}{\sigma^2} \qquad (1\text{-}7\text{-}24)$$

가 된다. 만약 $v_{esc}^2=4Gm/R_c$라 하면

$$b^2=R_c^2\left(1+\frac{v_{esc}^2}{\sigma^2}\right) \qquad (1\text{-}7\text{-}25)$$

가 된다.

이 되어 합체되는 질량이 시간이 감에 따라 거의 비슷하다. 즉 합체되는 미행성체들의 질량이 거의 비슷하다. 그러나 가속(runaway) 기간에 가면 $\frac{dM}{dt} \propto M^{4/3}$ 이기에

$$\frac{d}{dt}\left(\frac{M_1}{M_2}\right) = \frac{M_1}{M_2}\left(M_1^{1/3} - M_2^{1/3}\right) > 0 \quad (1\text{-}7\text{-}32)$$

이 된다. 즉 시간이 감에 따라 큰 질량의 미행성체는 더욱 큰 질량의 미원시행성으로 자라게 된다(그림 1-7-3).

이제 이렇게 자란 미원시행성의 질량이 지구 근처에서의 고립질량과 비슷한 $0.07\ M_\oplus$이라 하자. 이러한 미원시행성은 다시 충돌합체에 의하여 지구형의 원시행성으로 자라게 될 것이다. 이러한 미원시행성은 여러 원인에 의하여 섭동을 받아 $\Delta v < v_{esc}$이지만 $\Delta v \gg \sigma$일 것이다. 즉 이러한 미원시행성은 원 궤도보다는 이심률이 어느 정도 되는 타원 궤도를 돌 것이다. 따라서 $\theta = \frac{v_{esc}^2}{2\Delta v^2}$은 이러한 미원시행성들이 충돌 합체되는 동안 거의 일정한 값을 가질 것이다. 이 θ값을 사프로노브(Safronov) 수라 한다. 대략 $1 \le \theta \le 5$의 값을 가진다.

이제 이러한 미원시행성의 떼들은

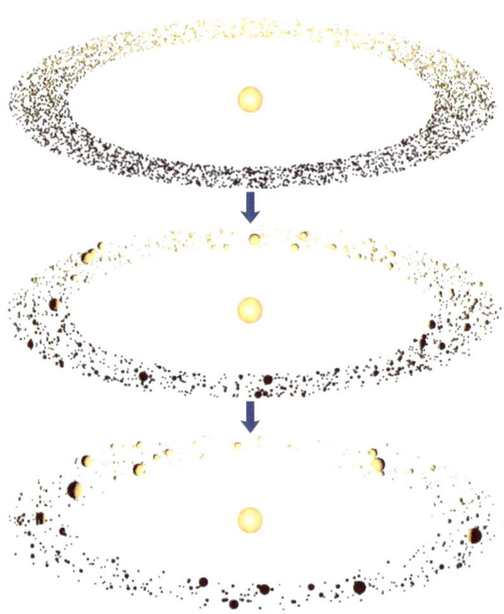

▶ 그림 1-7-3

$$\rho_{sp} = \frac{M_p - M}{2\pi a \Delta a \cdot 2\Delta z} \tag{1-7-33}$$

의 밀도 분포를 가진다. 그런데 $\dfrac{\Delta z}{a} \simeq \dfrac{\Delta v}{v_K}$의 관계를 가지므로

$$\rho_{sp} = \frac{(M_p - M)v_K}{4\pi a^2 \Delta a \cdot \Delta v} \tag{1-7-34}$$

이 된다. 이 식과 함께 식 (1-7-28)을 참고하여 미원시행성을 성장 방정식을 정리하면

$$\begin{aligned} \frac{dM}{dt} &= \rho_{sp}\Delta v \cdot \pi R_{sp}^2 \left[1 + \left(\frac{v_{esc}}{\Delta v}\right)^2\right] = \rho_{sp}\Delta v \cdot \pi R_{sp}^2 (1+2\theta) \\ &= \frac{(M_p - M)v_K}{4a^2 \Delta a} R_{sp}^2 (1+2\theta) \end{aligned} \tag{1-7-35}$$

이 된다. 이제 지구 근처에서, 즉 $a = 1\,\mathrm{AU}$, $\Delta a = 0.5\,\mathrm{AU}$, $M_p = 1\,M_\oplus$, $\theta \simeq 3$이면, $t_o = 4\left(\dfrac{a}{R_p}\right)^2 \dfrac{\Delta a}{v_K} \dfrac{1}{(1+2\theta)} \simeq 1.685 \times 10^7$년의 시간 척도로 그림 1-7-4와 같이 계산된다. 지구형 행성으로 자라는 데 거의 8,000만 년의 시간이 소용된다. 물론 이 시간은 원반의 기체가 청소되는 시간 척도보다는 길다. 그러나 미원시행성들은 이보다 더 오랜 기간 존재할 수 있기에 충분히 지구 정도 크기의 원시행성으로 자랄 수 있다.

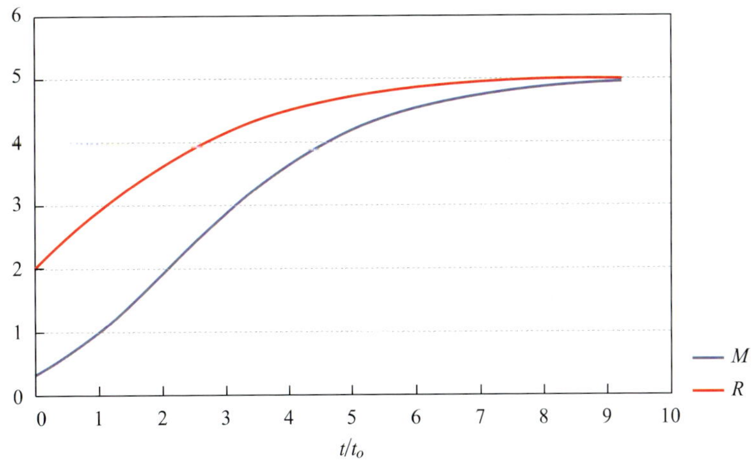

▶ **그림 1-7-4**

목성형 행성의 형성

목성 근처에서의 고립질량이 9 $M_\oplus$ 정도가 되면 이 질량을 핵으로 하여 주변의 기체가 모여 외피(envelope)를 R_{core}로부터 R_{out}까지 형성한다고 하자. 따라서 총 질량 $M_t = M_c + M_e$, 즉 핵과 외피의 질량을 합한 것과 같다.

이제 핵으로 기체가 낙하하기에 이때 발생되는 광도는

$$L = \frac{GM_c\dot{M}_c}{R_c} \tag{1-7-36}$$

가 된다. 이렇게 형성된 원시 목성형 행성이 정유체역학적 평형을 이룬다고 하면,

$$\frac{dP}{dr} = -\frac{GM(r)}{r^2}\rho \tag{1-7-37}$$

$$\frac{L}{4\pi r^2} = -\frac{16}{3}\frac{\sigma T^3}{\kappa_R \rho}\frac{dT}{dr} \tag{1-7-38}$$

이다. 이 두 식에 의하여

$$\frac{dP}{dT} = \frac{3\kappa_R L}{64\pi\sigma GMT^3} \tag{1-7-39}$$

이 된다. 이제 $M(r) \simeq M_t$, $T \gg T_{disk}$, $P \gg P_{disk}$라고 가정하면,

$$T^4 \simeq \frac{3\kappa_R L}{16\pi\sigma GM_t}P \tag{1-7-40}$$

를 얻는다. 이제 $P = \frac{\rho k}{\mu m_H}T$를 이용하여 식 (1-7-38), (1-7-39)로부터

$$T \simeq \left(\frac{\mu m_H}{k}\right)\frac{GM_t}{4r} \tag{1-7-41}$$

$$\rho \simeq \frac{64\pi\sigma}{3\kappa_R L}\left(\frac{\mu m_H GM_t}{4k}\right)^4 \frac{1}{r^3} \tag{1-7-42}$$

이다. 이제 $L = \frac{GM_c\dot{M}_c}{R_c} \propto M_c^{2/3}\dot{M}_c$를 이용하면

$$M_e = \int_{R_c}^{R_{\text{out}}} 4\pi r^2 \rho(r) dr \tag{1-7-43}$$

$$= \frac{256\pi^2\sigma}{3\kappa_R L}\left(\frac{\mu m_H G M_t}{4k}\right)^4 \ln\left(\frac{R_{\text{out}}}{R_c}\right)$$

$$= \left(\frac{C}{\kappa_R \dot{M}_c}\right)\frac{M_t^4}{M_c^{2/3}}$$

가 된다. 이제 $M_c = M_t - M_e$ 이기에

$$M_c = M_t - \left(\frac{C}{\kappa_R \dot{M}_c}\right)\frac{M_t^4}{M_c^{2/3}} \tag{1-7-44}$$

가 된다. 그림 1-7-5는 $a = \frac{C}{\kappa_R \dot{M}_c} = 5\times10^{-4}$, 5×10^{-3}일 때의 그래프이다. 즉 $\dot{M}_c$값이 커지면 외피의 질량이 증가한다. 최대로 증가할 수 있는 M_e는 $\frac{dM_c}{dM_t} = 0$일 때 가능하다. 따라서 $M_e = a\frac{M_t^4}{M_c^{2/3}} = \frac{2}{3}M_c$가 된다. 따라서 외피의 질량은 대략 핵의 질량의 2/3까

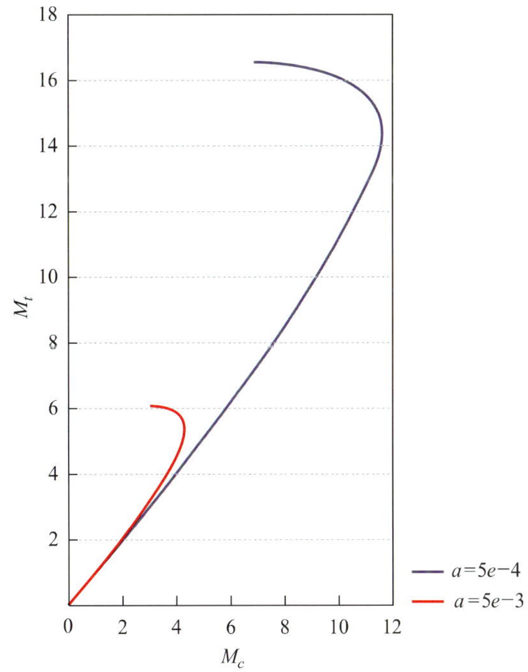

▶ 그림 1-7-5

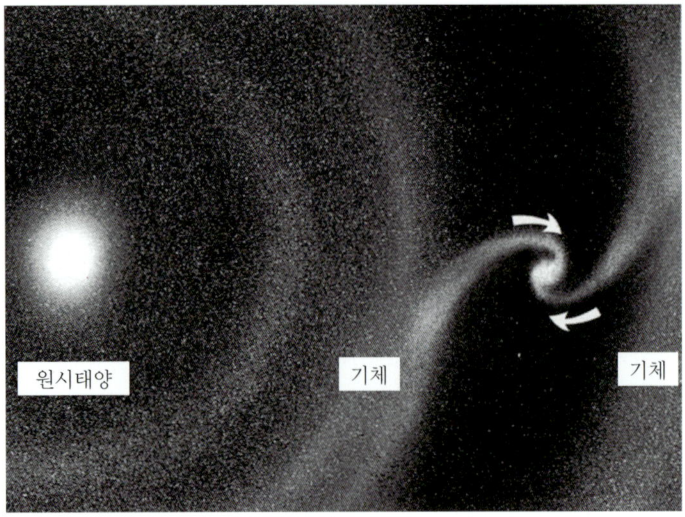

▶ **그림 1-7-6**

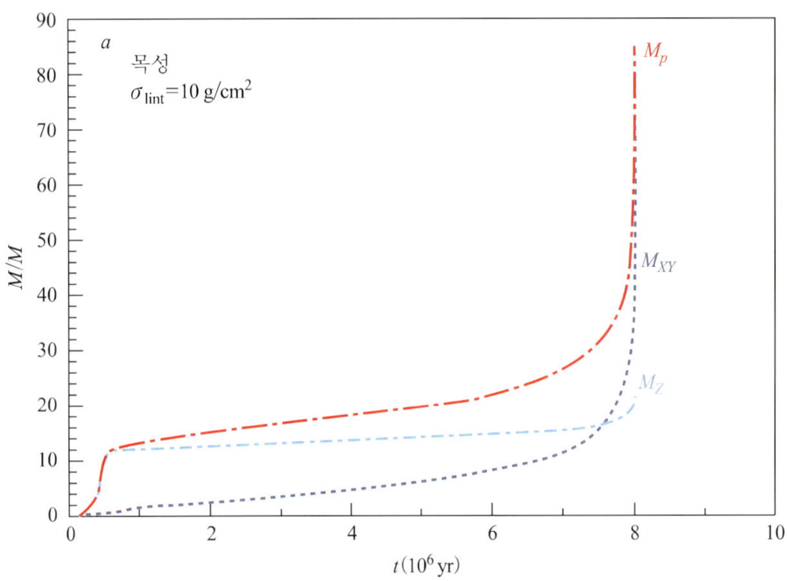

▶ **그림 1-7-7**

지 자라서 핵과 표피를 가진 원시 목성형 행성(총 질량이 $\sim 16\,M_{\oplus}$)을 이룬다.

이렇게 자란 원시 목성형 행성은 그림 1-7-6과 같이 주변의 기체를 끌어들여 현재의 목성형 행성으로 성장하게 된다. 이를 폴랙(Pollack 등, 1996)은 그림 1-7-7과 같이 목성형 행성이 형성됨을 보여주었다.

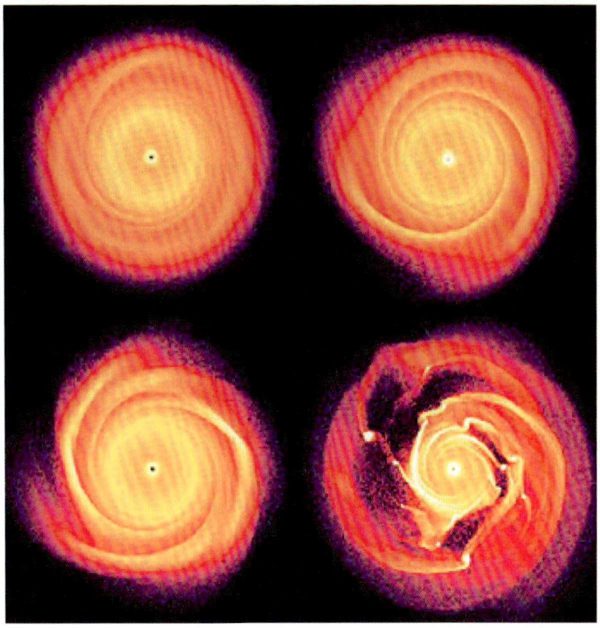

▶ **그림 1-7-8**

먼지 원반의 중력 불안정으로도 수 km 정도의 미행성체가 만들어질 수 있음을 보였다. 이제 기체 원반이 그림 1-7-8과 같이 불안정해지면, 즉 $Q=\frac{c_s\Omega}{\pi G\Sigma_o}=\frac{\lambda_{cr}\Omega}{2\pi c_s}=\frac{1}{2\pi}\frac{\lambda_{cr}}{h}<\frac{1}{2}$이 되어야 한다. 10 AU 근처에서 $\frac{h}{r}\simeq\frac{c_s}{v_K}\simeq 0.05$이기에 $c_s\simeq 0.5$ km/s 정도가 되고, $\Sigma\simeq 1.5\times 10^3$ g/cm^{2}이기에 $\lambda_{cr}=\frac{2c_s^2}{G\Sigma}$에서 $M_p\sim\pi\Sigma\lambda_{cr}^2\sim\frac{4\pi c_s^2}{G^2\Sigma}\sim 5\,M_J$를 얻게 된다. 다. 즉 기체 원반의 중력 불안정으로도 충분히 목성형 행성의 형성이 설명 가능하다.

지금까지 다룬 행성의 형성 메커니즘은 아주 엉성하게 설명한 것이며, 형성에 있어 여러 제약들이 함께 다루어져야 한다. 이러한 여러 제약들은 아미티지(Armitage)의 책 *Astrophysics of Planet Formation*(2010)을 참고하기 바란다.

CHAPTER

02

항성계

2-1 별 형성 시간 척도

질량 M인 별에 대하여 r_0에 위치한 구각이 자체 중력에 의하여 구의 중심으로 자유낙하하는 데 걸리는 시간 척도(free fall time scale)를 구하여 보자. r_0에 위치한 구각의 첫 속도를 0이라 하면 에너지 보존 법칙에 따라

$$\frac{1}{2}\left(\frac{dr}{dt}\right)^2 = \frac{GM}{r} - \frac{GM}{r_0} \qquad (2\text{-}1\text{-}1)$$

을 만족한다. 따라서 자유낙하 시간 척도 t_{ff}는

$$t_{ff} = \int_{r_0}^{0} dt = \int_{r_0}^{0}\left(\frac{dt}{dr}\right)dr = \int_{r_0}^{0}\left(\frac{2GM}{r} - \frac{2GM}{r_0}\right)^{-1/2} dr \qquad (2\text{-}1\text{-}2)$$

이다. 만약 $x = \dfrac{r}{r_0}$로 치환하고, 다시 $x = \sin^2\theta$로 치환하면,

$$t_{ff} = \left(\frac{r_0^3}{2GM}\right)^{3/2} \int_1^0 \sqrt{\frac{x}{1-x}}\, dx = \frac{\pi}{2}\left(\frac{r_0^3}{2GM}\right)^{3/2} \qquad (2\text{-}1\text{-}3)$$

이 된다. 따라서

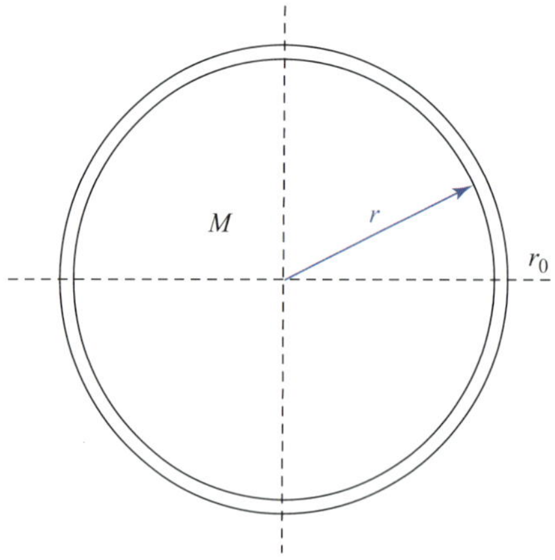

▶ 그림 2-1-1

$$t_{ff} = 1770\left(\frac{r_0}{r_\odot}\right)^{3/2}\left(\frac{M_\odot}{M}\right)^{1/2} \text{ 초} \tag{2-1-4}$$

가 된다. 만약 질량이 태양 질량 정도이고, 크기가 약 10^{15} m 정도인 성간운이 자체 중력에 의하여 수축하여 크기가 대략 10^{11} m 정도의 원시별로 진화하는 동력학적 시간 척도(dynamical time scale)는 자유낙하 시간 척도와 거의 같으며, 대략 34,000년 정도가 걸린다.

이렇게 약 10^{15} m 정도인 성간운이 중력 수축하려면 총에너지가 0보다 작아야 한다. 즉 중력에너지 E_g와 운동에너지 E_k의 합 $E_g + E_k < 0$ 이어야 한다. 그런데

$$E_g = \int_0^M -\frac{Gm}{r}dm = -A\frac{GM^2}{R} \tag{2-1-5}$$

$$E_k = \frac{3}{2}\frac{M}{\mu m_H}kT \tag{2-1-6}$$

가 된다. 성간운의 밀도가 일정할 때는 $A = \frac{3}{5}$이지만 여기서는 $A = 1$을 사용한다. 이제 중력 수축하려면, $E_k < -E_g$이기에

$$M_{\text{cloud}} > M_J = \frac{3kT}{2G\mu m_H}R = \left(\frac{3kT}{2G\mu m_H}\right)^{3/2}\left(\frac{3}{4\pi\rho}\right)^{1/2} \tag{2-1-7}$$

혹은

$$R_{\text{cloud}} > R_J = \left(\frac{9}{8\pi}\frac{kT}{G\mu m_H \rho}\right)^{1/2} \tag{2-1-8}$$

혹은

$$\rho_{\text{cloud}} > \rho_J = \frac{3}{4\pi M^2}\left(\frac{3kT}{2G\mu m_H}\right)^3 \tag{2-1-9}$$

이 된다. 즉 성간운의 질량, 반지름, 밀도가 진(Jean)의 값보다 크면 중력 수축하게 된다.

매우 크기가 큰 성간운이 중력 수축하면서 발생한 중력에너지는 성간운 내의 수소 분자를 충돌에 의하여 회전 혹은 진동상태로 여기하고(exciting), 또한 되갈아앉음(de-excitation)에 의하여 발생한 적외선 혹은 전파는 자유로이 성간운을 빠져나와 성간운을 냉각

(cooling)하여 성간운의 온도를 일정하게 유지한다. 성간운이 수축하면서 성간운의 밀도는 증가하기에 M_J 질량이 감소한다. 따라서 크기가 큰 성간운은 수축하면서 작은 크기의 성간운으로 균열하게(fragmented) 된다. 작은 성간운이 수축하면서 더욱 밀도가 증가하게 되면 성간운이 방출되는 전자기파에 의하여 불투명해져서 대부분의 중력에너지가 수소 분자를 해리하고(dissociated), 해리된 수소 원자를 전리한다(ionized). 수소 분자의 해리에너지는 $\varepsilon_D \simeq 4.5\,\mathrm{eV}$이고, 수소 원자의 전리에너지는 $\varepsilon_i \simeq 13.6\,\mathrm{eV}$이다. 따라서

$$\frac{GM^2}{r_p} \simeq \frac{M}{2m_H}\varepsilon_D + \frac{M}{m_H}\varepsilon_i \tag{2-1-10}$$

이 된다. 따라서 태양 질량 정도의 성간운은 약 $10^{11}\,\mathrm{m}$ 정도의 원시성이 된다. 이때의 원시성은 유체역학적 평형을 이룬다. 유체역학적 평형을 이루는 천체는 비리얼 정리(Virial theorem)인

$$2E_k + E_g = 0 \tag{2-1-11}$$

을 만족한다. 따라서

$$2E_k = 3kT\frac{M}{\mu m_H} = \frac{GM^2}{r_p} = -E_g \tag{2-1-12}$$

가 된다. 그러므로 원시성의 온도는 $T = \dfrac{\varepsilon_D + 2\varepsilon_i}{12k} \simeq 30{,}000\,\mathrm{K}$ 정도가 된다.

이제 이 원시성이 더욱 수축하여 태양 반지름 정도의 주계열별이 될 때까지는 중력수축에너지가 주 에너지원이며, 이 에너지가 내부 열에너지로 변환된다. 따라서 이 원시별은 내부 열에너지가 식으면서, 대략 태양 광도만큼 에너지를 매초 방출한다. 이때에도 비리얼 정리가 성립하는데, $2E_{th} + E_g = 0$이다. 따라서 $E_{th} = -\dfrac{1}{2}E_g$이다. 따라서 열(thermal) 시간 척도는

$$t_{th} = \frac{E_{th}}{L} = \frac{1}{2}\left(\frac{-E_g}{L}\right) = \frac{1}{2}t_K \tag{2-1-13}$$

이다. 그런데

$$t_K = \frac{GM^2}{r_s L} = 3\times 10^7\left(\frac{M}{M_\odot}\right)^2\left(\frac{r_\odot}{r_s}\right)\left(\frac{L_\odot}{L}\right)\ \text{년} \tag{2-1-14}$$

이 된다. 이러한 시간 척도를 켈빈(Kelvin) 시간 척도라 한다. 이만큼의 시간이 지나면 원시성은 주계열별로 진화한다.

일반적으로 전자 사이의 거리가 전자의 드브로이(de Broglie) 파장보다 작으면 고전역학적인 취급이 불가능하다. 즉 이 순간의 거리는 $r=\lambda_B=\dfrac{h}{m_e v}$이다. 그런데 $\dfrac{1}{2}m_e v^2=\dfrac{3}{2}kT$이기에 $r=\dfrac{h}{(3m_e kT)^{1/2}}$이 된다. 따라서

$$\rho=\frac{\mu m_H}{(4/3)\pi r^3}=\frac{3}{4\pi}\mu m_H\frac{(3m_e kT)^{3/2}}{h^3} \tag{2-1-15}$$

이 된다. 그런데 비리얼 정리에 의하여

$$\begin{aligned} kT&=\frac{GM\mu m_H}{3r_s}=\left(\frac{4\pi}{81}\right)^{1/3}G\mu m_H M^{2/3}\rho^{1/3} \\ &=\frac{1}{3}\left[\frac{G^2(\mu m_H)^{8/3}m_e}{h^2}\right]M^{4/3} \end{aligned} \tag{2-1-16}$$

이다. 따라서 $T_{\max}\simeq 3.5\times 10^6\left(\dfrac{M}{M_\odot}\right)^{4/3}$ K이다. 핵에서는 이 온도보다 10배 정도 더 높기에 핵반응이 일어나게 된다. 그러나 $M<0.08M_\odot$이면 온도가 $T<10^6$ K가 되므로 핵반응이 일어나기 어렵기에 별이 될 수가 없다.

주계열별은 핵에서 수소핵반응을 하여 에너지를 생성하며, 4개의 수소가 하나의 헬륨으로 바뀌면서 질량결손이 일어나는데, 이 질량결손이 에너지로 전환된다. 질량의 0.007 정도가 결손이 일어나고, 핵의 질량은 별 전체 질량의 10 % 정도이기에 핵 시간 척도 t_N는

$$t_N=\frac{0.007\times 0.1Mc^2}{L}=10^{10}\left(\frac{M}{M_\odot}\right)\left(\frac{L_\odot}{L}\right)\text{년} \tag{2-1-17}$$

이 된다. 이 시간 척도가 주계열별이 주계열에 머물러 있는 시간이다.

주계열별의 핵에서 생성된 에너지는 전자기파의 형태로 핵에서 표면으로 흡수와 방출을 거듭하면서 확산된다(diffuse out). 복사에너지 밀도 u는 $u=a\overline{T^4_{\odot,c}}$이다. 따라서 총 복사에너지는 $U=a\overline{T^4_{\odot,c}}\dfrac{4\pi}{3}R^3$이다. 따라서 복사 확산 시간 척도는 $\overline{T_{\odot,c}}=\dfrac{T_{\odot,c}}{2}$이라 놓으면,

2-2 성간운 수축

성간운은 자체 중력에 의하여 수축하므로 시간이 지나면서 성간운의 반지름은 줄어든다. 즉 $r < r_o$가 된다. $t = t_o$일 때, 성간운의 밀도와 반지름을 각각 $\rho = \rho_c$, $r = r_o$이라 하자. 성간운의 질량은 거의 보존되기에 성간운의 밀도는 반지름 r의 변화에 따라

$$\rho = \rho_c \left(\frac{r_o}{r} \right)^3 \tag{2-2-1}$$

혹은

$$d\rho = -3\rho_c \left(\frac{r_o^3}{r^4} \right) dr \tag{2-2-2}$$

로 변화한다. 이는 $\frac{d\rho}{\rho} = -3\frac{dr}{r}$을 의미하는데, 성간운의 수축에 의한 반지름의 변화보다 밀도의 변화가 3배나 빠르게 증가하고, 성간운의 첫 크기가 작을수록 빠르게 밀도가 증가한다. 성간운 중심의 밀도가 증가할 때에 성간운의 바깥보다는 중심 쪽이 훨씬 빠르게 밀도가 증가하여 별이 생성되고, 그 바깥에는 천천히 자유낙하 하는 헤일로(halo)를 형성한다.

별을 형성하는 성간운은 초기에는 매우 천천히 회전할 것이다. 이러한 회전은 은하 회전의 엇갈림운동(shear motion) 혹은 전체운동(bulk motion)에 기인한다. 그러나 성간운이 수축함에 따라 총각운량이 보존되어 매우 빠르게 회전할 것이다. 각운동량은 $L = I\omega$로 정의되는데, 여기서 I는 관성모멘트(moment of inertia)이고 ω는 성간운의 각속도이다. 성간운을 구형으로 취급하면,

$$I = \frac{2}{5} M r^2 \tag{2-2-3}$$

이다. 만약 I_o, ω_o가 성간운의 초깃값이라면, 각운동량 보존에 의하여 $\omega \propto \frac{1}{r^2}$이 된다. 즉

$$\frac{\omega}{\omega_o} = \frac{r_o^2}{r^2} \tag{2-2-4}$$

이다. 즉 성간운이 수축하면서 매우 빠르게 회전한다.

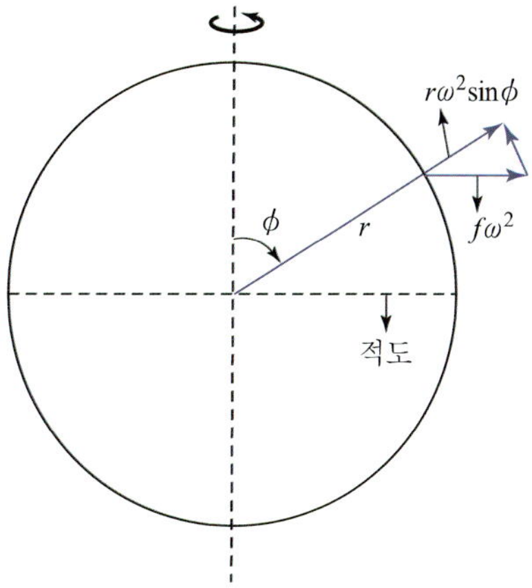

▶ **그림 2-2-1** 성간운의 회전

이제 성간운이 수축하면서 무슨 일이 일어날 것인가? 질량 m인 시험 입자를 가상해 보자. 이 입자는 성간운의 자체 중력$\left(a_g = \dfrac{GM(r)}{r^2}\right)$에 의하여 중심 방향으로(radially) 운동할 것이고, 원심력($a_c = r\omega^2 \sin\phi$)에 의하여 회전축에서 멀어지는 방향으로 운동할 것이다. 여기서 ϕ는 입자가 성간운의 중심을 바라보는 시선과 중심축이 이루는 각이다(그림 2-2-1 참조).

시선 방향의 순 가속도는

$$a(r) = a_g(r) + a_c(r) = -\frac{GM(r)}{r^2} + r\omega^2 \sin\phi \tag{2-2-5}$$

이 된다. 성간운의 극 방향($\phi = 0$)으로는 $a(r) = a_g(r) = g(r)$이지만 적도 방향($\phi = 90°$)으로는 $a(r) = g(r) + a_c(r) = -\dfrac{GM(r)}{r^2} + r\omega^2$ 이 되어 ϕ에 따라 입자의 운동이 달라진다. 성간운이 수축할 때에 입자가 느끼는 내부 질량은 보존된다고 하자. 그러면 $g(r) \propto \dfrac{1}{r^2}$이고, $a_c = r\omega^2 \propto \dfrac{1}{r^3}$이다. 따라서 r이 줄어듦에 따라 입자는 중력보다 원심력을 점점 더 느낄 것이다. 따라서 성간운 중심 방향으로 보다는 오히려 수축하면서 그림 2-2-3과 같이 운동하여 적도 부근에 수축 원반을 형성하게 된다.

이제 식 (2-2-5)를 이용하여 입자 하나의 흐름을 추적하여 그림 2-2-2와 같은 흐름을 보이는지를 확인하자. $\dfrac{r}{r_o} \to r$, $\dfrac{z}{r_o} \to z$, $\dfrac{t}{t_o} \to t$로 치환하고, $\alpha = \dfrac{(GM/r_o^2)}{r_o \omega_o^2}$, $t_o = \sqrt{\dfrac{r_o^3}{GM}}$로 놓으면, 식 (2-2-5)는

	A	B	C	D	E	F	G
1	h	0.03					
2	α	1					
3	t	ax	az	vx	vz	x	z
4	0			-0.5	-0.5	7	7
5	0.03	-0.0043	-0.00722	-0.50013	-0.50022	6.984996	6.984994
6	0.06	-0.00431	-0.00725	-0.50026	-0.50043	6.969988	6.96998
7	0.09	-0.00432	-0.00728	-0.50039	-0.50065	6.954977	6.954961
8	0.12	-0.00434	-0.00731	-0.50052	-0.50087	6.939961	6.939935
9	0.15	-0.00435	-0.00734	-0.50065	-0.50109	6.924942	6.924902
10	0.18	-0.00436	-0.00737	-0.50078	-0.50131	6.909918	6.909863
11	0.21	-0.00437	-0.0074	-0.50091	-0.50154	6.894891	6.894817
12	0.24	-0.00439	-0.00744	-0.50104	-0.50176	6.87986	6.879764
13	0.27	-0.0044	-0.00747	-0.50117	-0.50198	6.864825	6.864704
14	0.3	-0.00441	-0.0075	-0.50131	-0.50221	6.849785	6.849638
15	0.33	-0.00442	-0.00754	-0.50144	-0.50243	6.834742	6.834565
16	0.36	-0.00444	-0.00757	-0.50157	-0.50266	6.819695	6.819485
17	0.39	-0.00445	-0.0076	-0.50171	-0.50289	6.804644	6.804399
18	0.42	-0.00446	-0.00764	-0.50184	-0.50312	6.789589	6.789305
19	0.45	-0.00447	-0.00767	-0.50197	-0.50335	6.774529	6.774205
20	0.48	-0.00449	-0.0077	-0.50211	-0.50358	6.759466	6.759097
21	0.51	-0.0045	-0.00774	-0.50224	-0.50381	6.744399	6.743983
22	0.54	-0.00451	-0.00777	-0.50238	-0.50404	6.729327	6.728862
23	0.57	-0.00453	-0.00781	-0.50251	-0.50428	6.714252	6.713733
24	0.6	-0.00454	-0.00784	-0.50265	-0.50451	6.699172	6.698598
25	0.63	-0.00455	-0.00788	-0.50279	-0.50475	6.684089	6.683455
26	0.66	-0.00457	-0.00791	-0.50292	-0.50499	6.669001	6.668306
27	0.69	-0.00458	-0.00795	-0.50306	-0.50523	6.653909	6.653149

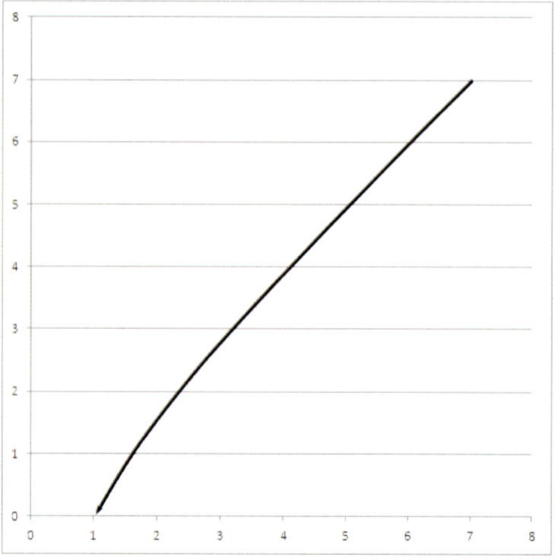

▶ **그림 2-2-2**

$$\frac{d^2x}{dt^2} = -\frac{x}{r^3} + \frac{\alpha}{x^3} \tag{2-2-6}$$

$$\frac{d^2z}{dt^2} = -\frac{z}{r^3}$$

으로 쓸 수 있다. 그림 2-2-2는 $\alpha = 1$인 경우, 입자의 흐름이다. 안으로 갈수록 원심력이 증가하므로 흐름은 중심 평면을 향하고 그림 2-2-3과 같이 원반을 만들 것이다.

이제 원반의 대략의 크기를 생각해 보자. 중력과 원심력이 같아지는 위치가 원반의 가장 안쪽 반지름이 될 것이다. 즉

$$GM(r) = r^3\omega^2 = (r_o\omega_o)^2 r_o\left(\frac{r_o}{r}\right) = v_o^2 r_o\left(\frac{r_o}{r}\right) \tag{2-2-7}$$

이다. 이제 $\frac{r}{r_o} = \frac{r_o v_o^2}{GM(r)}$ 혹은 $\frac{r}{r_o} = \left(\frac{v_o}{v_c(r_o)}\right)^2$을 얻는다. 수축 성간운의 처음 회전 속도인 v_o와 케플러 회전 속도인 $v_c(r_o)$의 비에 의하여 수축 원반의 내 반지름이 결정된다. 즉 내 반지름 안으로는 입자가 중심으로 들어가는 운동을 할 수 없다. 만약 별이 생성되기 위한 밀도의 증분이 $\sim 10^{12}$ 정도가 되려면 $\frac{r}{r_o} \simeq 0.0001$ 정도이다. 따라서 $\frac{v_o}{v_c(r_o)} \simeq 0.01$

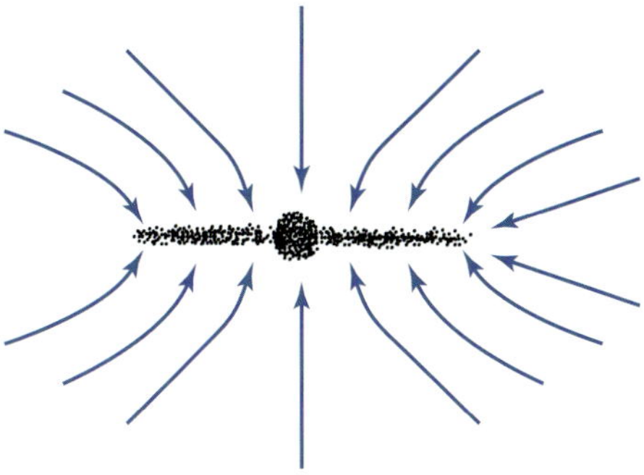

▶ **그림 2-2-3** 수축원반의 형성

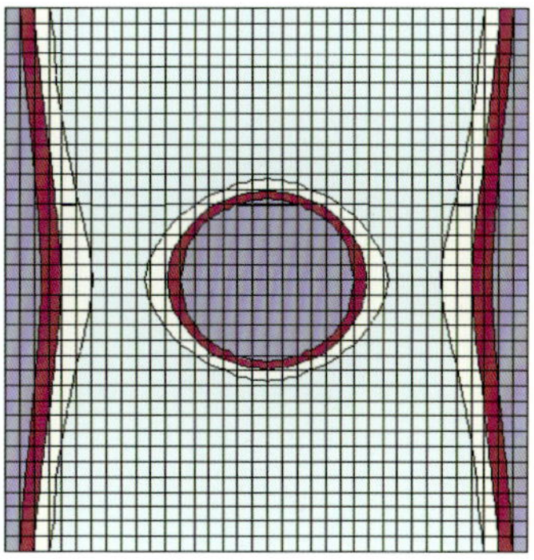

▶ **그림 2-2-4**

정도이다. 만약 $r_o \simeq 10^{17}$ cm 이면 원반의 내 반지름은 대략 10^{13} cm 정도가 된다.

수축 원반의 별 근처에서는 중심별과 거의 같은 각속도로 회전하기에 원반의 내쪽 모습은 그림 2-2-4의 등퍼텐셜(eqipotentiial)의 모습과 비슷할 것이다. 이 등퍼텐셜은

$$\Phi = -\frac{GM}{r} - \frac{1}{2} r^2 \omega^2 \sin^2 \phi \qquad (2\text{-}2\text{-}8)$$

이다. 이를 그래프로 그려보면 그림 2-2-4와 같다. 중심별은 적도 방향으로 약간 늘어난 회전 타원체 모습을 보이고, 원반의 내쪽 모습은 거의 수직인 모습을 보일 것이다. 중력과 원심력의 작용은 성간운이 수축하면서 수축 핵을 별로, 그리고 핵 주변에 수축 원반을 형성한다(그림 2-2-5). 허블망원경으로 관측한 오리온 지역의 수축 원반들을 그림 2-2-6에서 볼 수 있다.

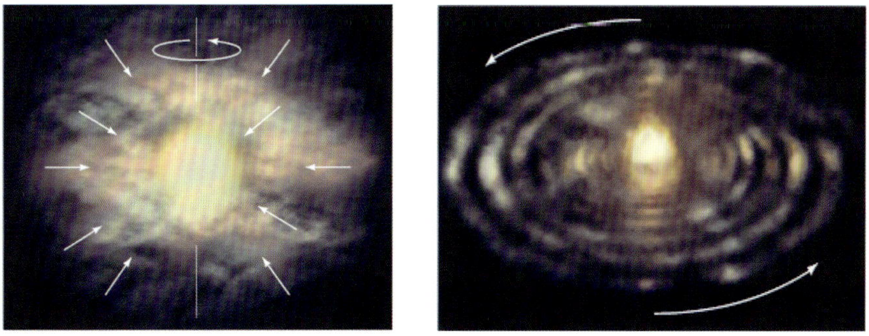

▶ **그림 2-2-5**

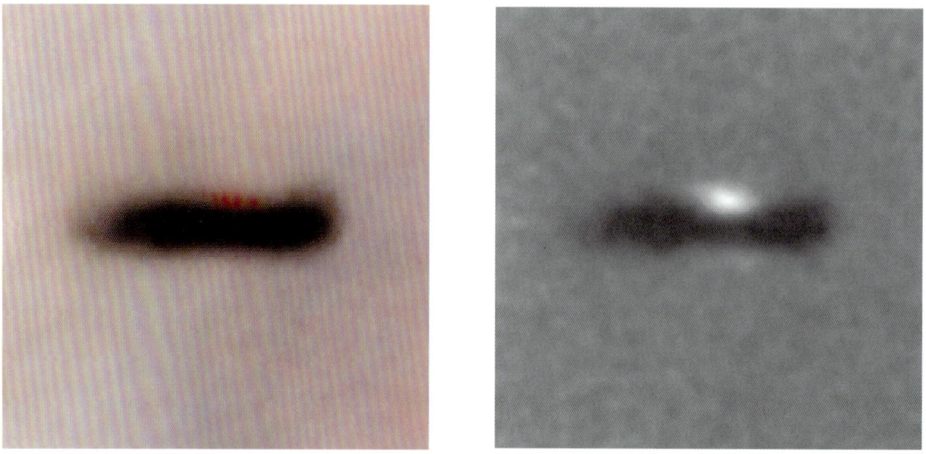

▶ **그림 2-2-6** 오리온 성운 내에 위치한 원시행성 원반의 옆모습(허블우주망원경 관측)
[출처: M. J. McCaughrean (MPIA), C. R. O'Dell (Rice University), NASA]

2-3 비리얼 정리

역학적으로 안정된 시스템에서 입자의 운동을 고려해 보자. 관성모멘트 I는 $I=\sum_{k=1}^{n} m_k r_k^2$ 으로 정의한다. 이 값을 두 번 미분하면,

$$\frac{1}{2}\frac{d^2 I}{dt^2} = \frac{d}{dt}\sum_{k=1}^{n} m_k v_k r_k = \sum_{k=1}^{n} m_k v_k^2 + \sum_{k=1}^{n} r_k F_k \tag{2-3-1}$$

를 얻는다. 이제 식 (2-3-1)을 시간에 대하여 평균하면,

$$\frac{1}{2}\left\langle \frac{d^2 I}{dt^2} \right\rangle = \left\langle \frac{d}{dt}\sum_{k=1}^{n} m_k v_k r_k \right\rangle = 2\langle T \rangle + \langle U \rangle \tag{2-3-2}$$

를 얻는다. 그런데 $\left\langle \frac{d}{dt}\sum_{k=1}^{n} m_k v_k r_k \right\rangle = \frac{1}{\tau}\int_0^{\tau} d\left(\sum_{k=1}^{n} r_k p_k\right) = \frac{1}{\tau}\left\langle \sum_{k=1}^{n} r_k p_k \right\rangle$ 이 된다. 그런데 τ 가 충분히 긴 시간이면, 즉 $\tau \to \infty$ 이면 이 값은 0이 되기에 식 (2-3-2)는

$$\frac{1}{2}\left\langle \frac{d^2 I}{dt^2} \right\rangle = 2\langle T \rangle + \langle U \rangle = 0 \tag{2-3-3}$$

이 된다. 이를 비리얼 정리(Virial theorem)라 한다. 이 계의 총에너지 E는

$$E = \langle T \rangle + \langle U \rangle = -\langle T \rangle = \frac{1}{2}\langle U \rangle \tag{2-3-4}$$

가 되어, 총에너지 $E < 0$이다. 따라서 중력적으로 안정된(bound) 상태이다.

성간운 수축

성간운이 역학적으로 안정되어 있으면 비리얼 정리를 적용할 수 있는가를 확인해 보자. 성간운의 질량, 반지름, 압력, 밀도의 값을 각각 M, R, P, ρ라 하면, 유체역학적 평형 방정식 $\frac{1}{\rho}\frac{dP}{dr} = -\frac{GM}{r^2}$에 의하여,

$$\frac{P}{\rho R} \sim \frac{GM}{R^2} \tag{2-3-5}$$

이 된다. 그런데 $\frac{P}{\rho} = \frac{kT}{\mu m_H}$이기에 $N = \frac{M}{\mu m_H}$, 즉 성간운 내의 입자들의 총 개수라 할 때, 식 (2-3-4)는

$$NkT \sim \frac{GM^2}{R} \tag{2-3-6}$$

이 된다. 그런데 성간운 내의 입자 하나의 운동에너지가 $\frac{1}{2}m\langle v^2 \rangle = \frac{3}{2}kT$이므로 성간운 내의 모든 입자의 운동에너지는 성간운의 열에너지와 같다. 즉 $E_{th} = \frac{3}{2}NkT$이다. 또한 구형의 퍼텐셜 에너지는 $U = -\frac{3}{5}\frac{GM^2}{R}$이다. 따라서 식 (2-3-3)에서 $2E_{th} = -U$이기에

$$3NkT = \frac{3}{5}\frac{GM^2}{R} \tag{2-3-7}$$

이 된다. 이 식은 식 (2-3-5)와 비슷하다. 역학적으로 안정된 상태의 성간운은 비리얼 정리를 만족한다고 볼 수 있다.

그렇지만 성간운이 수축한다면

$$\frac{1}{2}\left\langle \frac{d^2I}{dt^2} \right\rangle = 2E_{th} + \langle U \rangle \neq 0 \tag{2-3-8}$$

이다. 또한 성간운에 외부 압력 P_{ext}이 작용하면 식 (2-3-8)은

$$\frac{1}{2}\left\langle \frac{d^2I}{dt^2} \right\rangle = \frac{3MkT}{\mu m_H} - \frac{3}{5}\frac{GM^2}{R} - 4\pi R^3 P_{ext} \tag{2-3-9}$$

으로 변한다. 이제 성간운을 구형이라 하면 $I = \frac{2}{5}MR^2$이다. 성간운의 초기 밀도를 ρ_o라 하고, 충분한 성간운의 복사 냉각에 의하여, 수축하면서 등온 상태를 유지한다고 가정하자. 성간운의 초기 반지름은

$$R_o = \left(\frac{3M}{4\pi\rho_o}\right)^{1/3} \tag{2-3-10}$$

이 된다. 이제

$$r = \left(\frac{R}{R_o}\right)^2 \tag{2-3-11}$$

$$\alpha = \frac{\left(\frac{3}{5}\frac{GM^2}{R_o}\right)}{\left(\frac{3MkT}{\mu m_H}\right)} \tag{2-3-12}$$

$$\beta = \frac{P_{ext}}{\left(\frac{\rho_o kT}{\mu m_H}\right)} \tag{2-3-13}$$

$$t_o = \frac{R_o}{\sqrt{\frac{2kT}{\mu m_H}}} \tag{2-3-14}$$

$$\frac{t}{t_o} \to t \tag{2-3-15}$$

라 놓으면, 식 (2-3-9)는

$$\frac{d^2r}{dt^2} = 1 - \frac{\alpha}{\sqrt{r}} - \beta r^{3/2} \tag{2-3-16}$$

가 된다. 식 (2-3-16)은 성간운 내에 음속이 가로지르는 시간 척도를 사용하였다. 시간 척도를 자유낙하 시간 척도로 표시해도 전 계산 과정은 같다.

이제 $\alpha=1$일 때의 성간운의 질량 혹은 반지름이 진(Jean)의 질량이며 반지름이다. 즉

$$M_J=\left(\frac{5kT}{G\mu m_H}\right)^{3/2}\left(\frac{3}{4\pi\rho_o}\right)^{1/2} \tag{2-3-17}$$

$$R_J=\left(\frac{15kT}{4\pi G\mu m_H\rho_o}\right)^{1/2} \tag{2-3-18}$$

이다. $\alpha>0$이면, $R_o>R_J$ 혹은 $M_o>M_J$를 의미하므로, 외부 압력이 없더라도, 즉 $\beta=0$이라도 성간운은 수축한다. 그림 2-3-1은 $\alpha=1.1$인 경우, 중력 수축하는 모습이다. 처음에는 서서히 수축하다가 시간이 감에 따라 수축이 빨라진다. 그러나 $\alpha=0.9$, 즉 내부 압력이 중력을 이기면 오히려 성간운은 팽창할 것이다(그림 2-3-2). 그러나 이러한 상태일지라도 일정한 외부 압력이 가해지면 성간운은 수축하게 된다. 그림 2-3-3은 $\alpha=0.9$일 때, $\beta=0.2$를 가정하여 그린 성간운의 수축 모습이다. 그림 2-3-1에 비해 수축 시간이 다소 길어졌다. 또한 성간운의 밀도는 시간이 감에 따라 급속히 증가한다. 재미있는 것은 그림 2-3-4와 같이 성간운의 내부 압력이 커서 성간운이 팽창하더라도 성간운 밖의 외부 압력에 의하여 다시 줄어드는 진동 운동을 함을 보여준다. 이러한 성간운은 역학적으로 안정하기에 중력 수축하여 별을 만들 수는 없다. 진동 운동을 하는 이유를 알아보기 위하

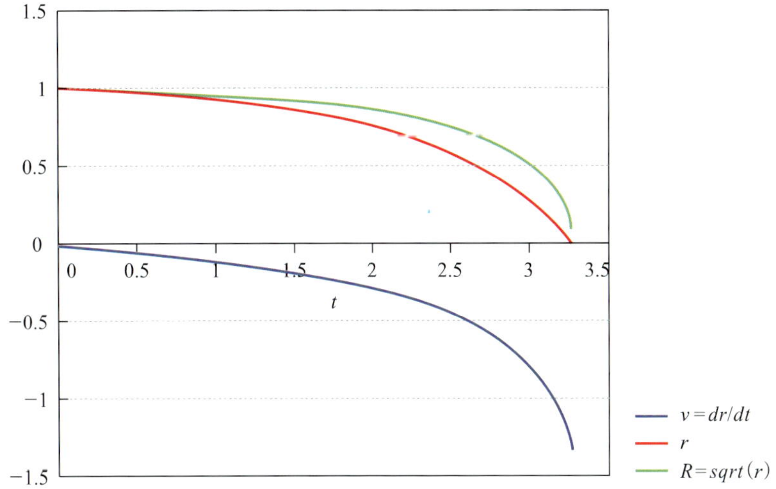

▶ 그림 2-3-1

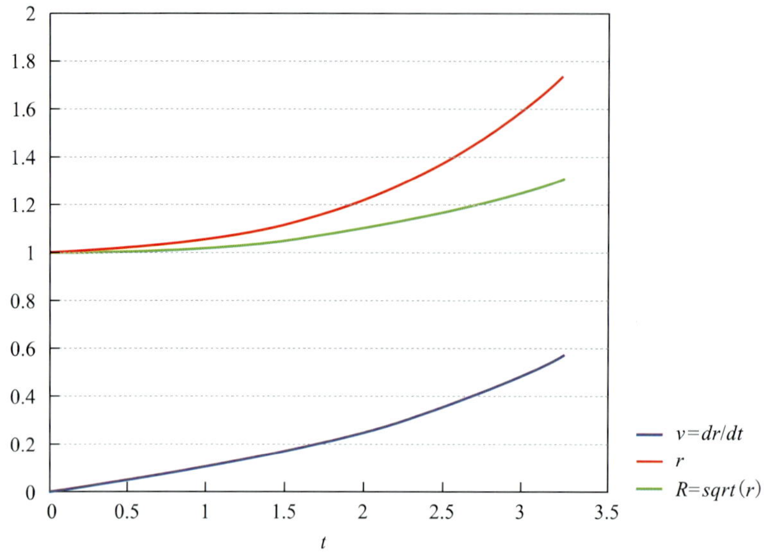

▶ 그림 2-3-2

	A	B	C	D	E	F
1	h	0.02				
2	α	0.9				
3	β	0.2				
4	t	a	v=dr/dt	r	R=sqrt(r)	ρ/ρo
5	0	-0.1	0	1	1	1
6	0.02	-0.1	-0.002	0.99996	0.99998	1.00006
7	0.04	-0.10001	-0.004	0.99988	0.99994	1.00018
8	0.06	-0.10002	-0.006	0.99976	0.99988	1.00036
9	0.08	-0.10004	-0.008	0.9996	0.9998	1.0006
10	0.1	-0.10006	-0.01	0.9994	0.9997	1.000901
11	0.12	-0.10009	-0.012	0.99916	0.99958	1.001262
12	0.14	-0.10013	-0.01401	0.99888	0.99944	1.001683
13	0.16	-0.10017	-0.01601	0.998559	0.999279	1.002165
14	0.18	-0.10022	-0.01801	0.998199	0.999099	1.002707
15	0.2	-0.10027	-0.02002	0.997799	0.998899	1.003311
16	0.22	-0.10033	-0.02203	0.997358	0.998678	1.003976
17	0.24	-0.1004	-0.02403	0.996878	0.998438	1.004702
18	0.26	-0.10047	-0.02604	0.996357	0.998177	1.00549
19	0.28	-0.10055	-0.02805	0.995796	0.997896	1.00634
20	0.3	-0.10064	-0.03007	0.995194	0.997594	1.007252
21	0.32	-0.10073	-0.03208	0.994553	0.997273	1.008227
22	0.34	-0.10083	-0.0341	0.993871	0.996931	1.009265
23	0.36	-0.10093	-0.03612	0.993148	0.996568	1.010366
24	0.38	-0.10105	-0.03814	0.992386	0.996185	1.011531

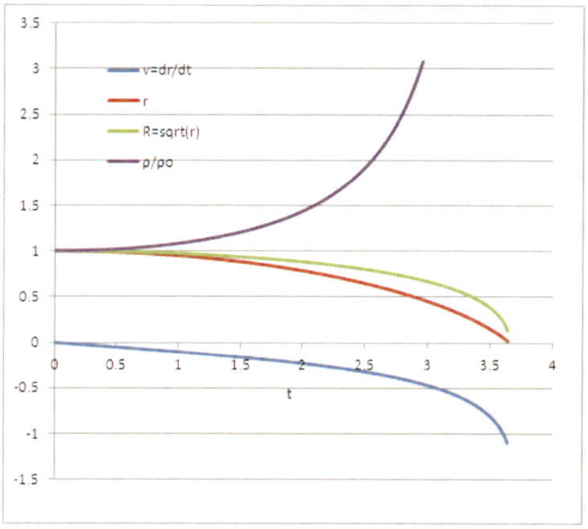

▶ 그림 2-3-3

여 식 (2-3-16)을 r에 대하여 적분하면,

$$\frac{1}{2}\left(\frac{dr}{dt}\right)^2 - \left(r - \frac{2\alpha}{\sqrt{r}} - \frac{2}{5}\beta r^{2.5}\right) = \text{일정} \qquad (2\text{-}3\text{-}19)$$

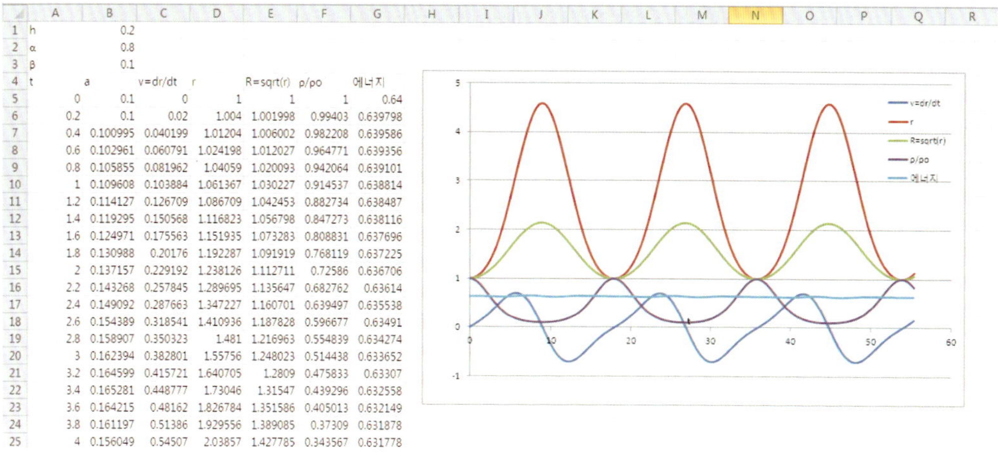

	A	B	C	D	E	F	G
1	h	0.2					
2	α	0.8					
3	β	0.1					
4	t	a	v=dr/dt	r	R=sqrt(r)	ρ/ρo	에너지
5	0	0.1	0	1	1	1	0.64
6	0.2	0.1	0.02	1.004	1.001998	0.99403	0.639798
7	0.4	0.100995	0.040199	1.01204	1.006002	0.982208	0.639586
8	0.6	0.102961	0.060791	1.024198	1.012027	0.964771	0.639356
9	0.8	0.105855	0.081962	1.04059	1.020093	0.942064	0.639101
10	1	0.109608	0.103884	1.061367	1.030227	0.914537	0.638814
11	1.2	0.114127	0.126709	1.086709	1.042453	0.882734	0.638487
12	1.4	0.119295	0.150568	1.116823	1.056798	0.847273	0.638116
13	1.6	0.124971	0.175563	1.151935	1.073283	0.808831	0.637696
14	1.8	0.130988	0.20176	1.192287	1.091919	0.768119	0.637225
15	2	0.137157	0.229192	1.238126	1.112711	0.72586	0.636706
16	2.2	0.143268	0.257845	1.289695	1.135647	0.682762	0.63614
17	2.4	0.149092	0.287663	1.347227	1.160701	0.639497	0.635538
18	2.6	0.154389	0.318541	1.410936	1.187828	0.596677	0.63491
19	2.8	0.158907	0.350323	1.481	1.216963	0.554839	0.634274
20	3	0.162394	0.382801	1.55756	1.248023	0.514438	0.633652
21	3.2	0.164599	0.415721	1.640705	1.2809	0.475833	0.63307
22	3.4	0.165281	0.448777	1.73046	1.31547	0.439296	0.632558
23	3.6	0.164215	0.48162	1.826784	1.351586	0.405013	0.632149
24	3.8	0.161197	0.51386	1.929556	1.389085	0.37309	0.631878
25	4	0.156049	0.54507	2.03857	1.427785	0.343567	0.631778

▶ 그림 2-3-4

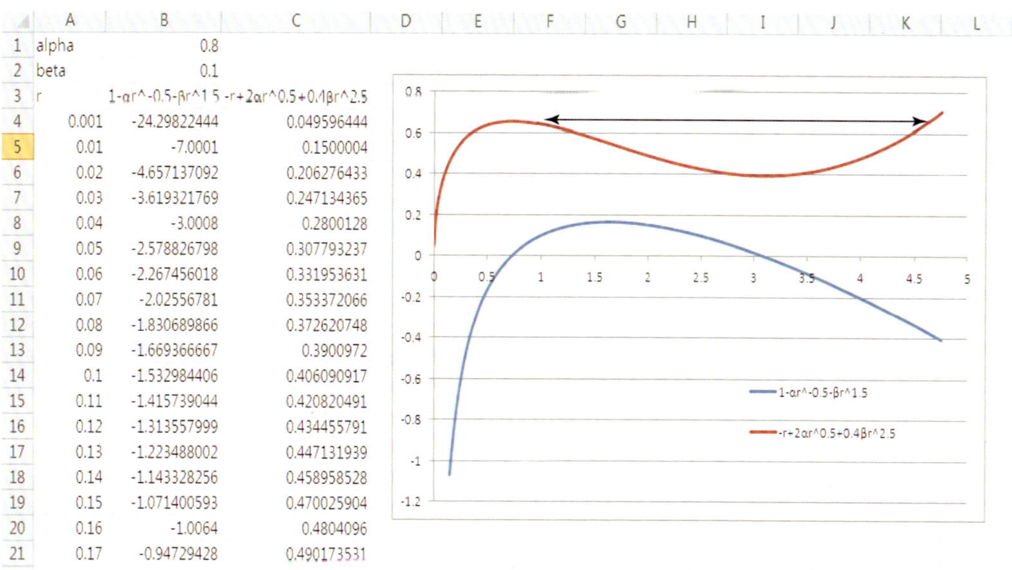

	A	B	C
1	alpha	0.8	
2	beta	0.1	
3	r	1-αr^-0.5-βr^1.5	-r+2αr^0.5+0.4βr^2.5
4	0.001	-24.29822444	0.049596444
5	0.01	-7.0001	0.1500004
6	0.02	-4.657137092	0.206276433
7	0.03	-3.619321769	0.247134365
8	0.04	-3.0008	0.2800128
9	0.05	-2.578826798	0.307793237
10	0.06	-2.267456018	0.331953631
11	0.07	-2.02556781	0.353372066
12	0.08	-1.830689866	0.372620748
13	0.09	-1.669366667	0.3900972
14	0.1	-1.532984406	0.406090917
15	0.11	-1.415739044	0.420820491
16	0.12	-1.313557999	0.434455791
17	0.13	-1.223488002	0.447131939
18	0.14	-1.143328256	0.458958528
19	0.15	-1.071400593	0.470025904
20	0.16	-1.0064	0.4804096
21	0.17	-0.94729428	0.490173531

▶ 그림 2-3-5

가 된다. 이제

$$V_{eff} = -r + \frac{2\alpha}{\sqrt{r}} + \frac{2}{5}\beta r^{2.5} \tag{2-3-20}$$

을 $\alpha = 0.8$, $\beta = 0.1$을 대입하여 그려보면 그림 2-3-5와 같다. 이 경우 성간운은 $r = 1$에서 팽창하여 $r = 4.58$까지 팽창했다가 다시 수축하는 운동을 하게 된다. 왜냐하면 식

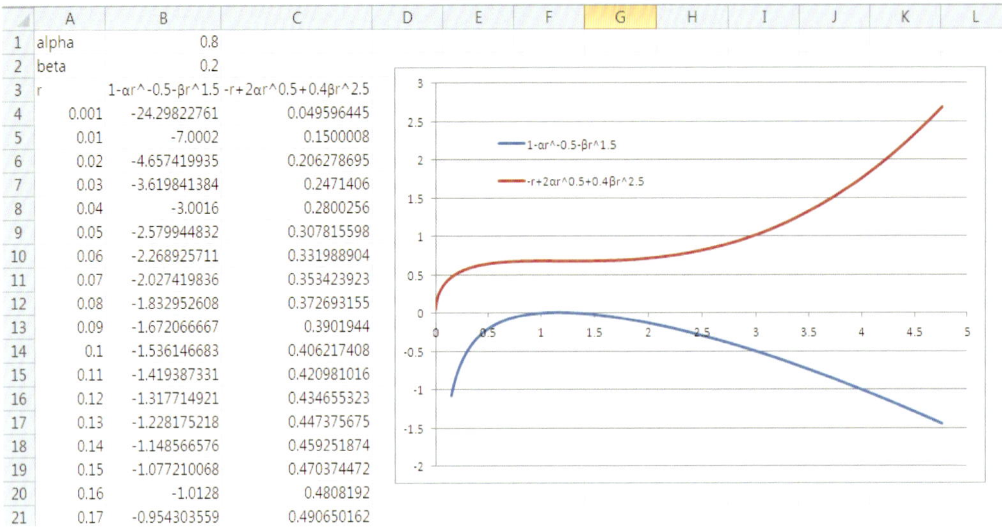

	A	B	C
1	alpha	0.8	
2	beta	0.2	
3	r	1-αr^-0.5-βr^1.5	-r+2αr^0.5+0.4βr^2.5
4	0.001	-24.29822761	0.049596445
5	0.01	-7.0002	0.1500008
6	0.02	-4.657419935	0.206278695
7	0.03	-3.619841384	0.2471406
8	0.04	-3.0016	0.2800256
9	0.05	-2.579944832	0.307815598
10	0.06	-2.268925711	0.331988904
11	0.07	-2.027419836	0.353423923
12	0.08	-1.832952608	0.372693155
13	0.09	-1.672066667	0.3901944
14	0.1	-1.536146683	0.406217408
15	0.11	-1.419387331	0.420981016
16	0.12	-1.317714921	0.434655323
17	0.13	-1.228175218	0.447375675
18	0.14	-1.148566576	0.459251874
19	0.15	-1.077210068	0.470374472
20	0.16	-1.0128	0.4808192
21	0.17	-0.954303559	0.490650162

▶ 그림 2-3-6

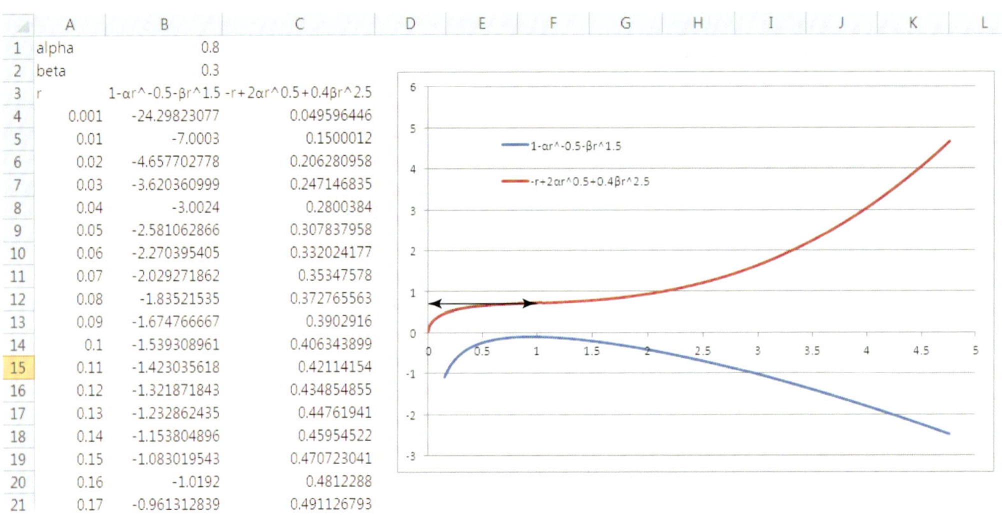

	A	B	C
1	alpha	0.8	
2	beta	0.3	
3	r	1-αr^-0.5-βr^1.5	-r+2αr^0.5+0.4βr^2.5
4	0.001	-24.29823077	0.049596446
5	0.01	-7.0003	0.1500012
6	0.02	-4.657702778	0.206280958
7	0.03	-3.620360999	0.247146835
8	0.04	-3.0024	0.2800384
9	0.05	-2.581062866	0.307837958
10	0.06	-2.270395405	0.332024177
11	0.07	-2.029271862	0.35347578
12	0.08	-1.83521535	0.372765563
13	0.09	-1.674766667	0.3902916
14	0.1	-1.539308961	0.406343899
15	0.11	-1.423035618	0.42114154
16	0.12	-1.321871843	0.434854855
17	0.13	-1.232862435	0.44761941
18	0.14	-1.153804896	0.45954522
19	0.15	-1.083019543	0.470723041
20	0.16	-1.0192	0.4812288
21	0.17	-0.961312839	0.491126793

▶ 그림 2-3-7

(2-3-20)은 식 (2-3-16)이 0이 되는 $r = 0.72$에서 극대점을 갖고 초기 성간운의 크기가 이보다는 커서 진동 운동을 하는 것이다. 그러나 $\alpha = 0.8$, $\beta = 0.2$가 되면 $r = 1$일 때 식 (2-3-16)은 0이 된다. 진동도 수축도 하지 않는 시간에 대해 항상 $r = 1$ 상태를 유지하는 정유체역학적 평형 상태에 있다. 이제 $\alpha = 0.8$, $\beta = 0.3$이 되면, 그림 2-3-4와 같이 식 (2-3-20)의 그래프가 그려지기에 $r = 1$의 상태에서 수축할 수밖에 없다. 그림 2-3-8은 이

	A	B	C	D	E	F	G
1	h	0.015					
2	α	0.8					
3	β	0.3					
4	t	a	v=dr/dt	r	R=sqrt(r)	ρ/ρo	에너지
5	0	-0.1	0	1	1	1	0.72
6	0.015	-0.1	-0.0015	0.999978	0.999989	1.000034	0.719999
7	0.03	-0.1	-0.003	0.999933	0.999966	1.000101	0.719998
8	0.045	-0.1	-0.0045	0.999865	0.999932	1.000203	0.719997
9	0.06	-0.09999	-0.006	0.999775	0.999887	1.000338	0.719996
10	0.075	-0.09999	-0.0075	0.999663	0.999831	1.000506	0.719994
11	0.09	-0.09998	-0.009	0.999528	0.999764	1.000709	0.719993
12	0.105	-0.09998	-0.0105	0.99937	0.999685	1.000946	0.719992
13	0.12	-0.09997	-0.012	0.99919	0.999595	1.001216	0.719991
14	0.135	-0.09996	-0.0135	0.998988	0.999494	1.001521	0.71999
15	0.15	-0.09995	-0.015	0.998763	0.999381	1.001859	0.719989
16	0.165	-0.09994	-0.0165	0.998515	0.999257	1.002231	0.719988
17	0.18	-0.09993	-0.018	0.998245	0.999122	1.002638	0.719987
18	0.195	-0.09991	-0.01949	0.997953	0.998976	1.003079	0.719985
19	0.21	-0.0999	-0.02099	0.997638	0.998818	1.003554	0.719984
20	0.225	-0.09988	-0.02249	0.997301	0.998649	1.004063	0.719983
21	0.24	-0.09987	-0.02399	0.996941	0.998469	1.004606	0.719982
22	0.255	-0.09985	-0.02549	0.996558	0.998278	1.005185	0.719981
23	0.27	-0.09983	-0.02698	0.996154	0.998075	1.005797	0.71998
24	0.285	-0.09981	-0.02848	0.995726	0.997861	1.006445	0.719979
25	0.3	-0.09979	-0.02998	0.995277	0.997636	1.007127	0.719978
26	0.315	-0.09977	-0.03147	0.994805	0.997399	1.007844	0.719976
27	0.33	-0.09975	-0.03297	0.99431	0.997151	1.008596	0.719975
28	0.345	-0.09973	-0.03447	0.993793	0.996892	1.009383	0.719974
29	0.36	-0.09971	-0.03596	0.993254	0.996621	1.010205	0.719973
30	0.375	-0.09968	-0.03746	0.992692	0.996339	1.011063	0.719972
31	0.39	-0.09966	-0.03895	0.992108	0.996046	1.011957	0.719971
32	0.405	-0.09963	-0.04045	0.991501	0.995741	1.012886	0.71997
33	0.42	0.09961	-0.04194	0.990872	0.995425	1.01385	0.719969

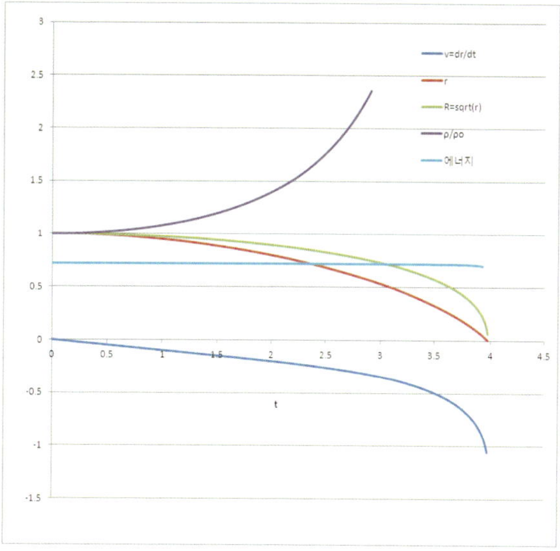

▶ 그림 2-3-8

상태에서 수축하는 모습을 보여준다. 모든 계산은 식 (2-3-19)의 양이 보존(conserve)되고 있음이 그래프상에 나타나고 있다.

2-4 성간운 분열 과정

진의 질량 이상이 되는 성간운은 중력 수축을 하면서 분열 과정(fragmentation process)을 겪는다. 이 과정에서 분열된 작은 성간운은 더욱 중력적으로 불안정해지고, 성간운 전체보다 더 빨리 수축하게 된다. 만약 이러한 중력 붕괴가 등온 상태(isothermal)로 진행된다면, 진의 질량이 $M_J \sim T^{3/2}\rho^{-1/2}$이기에 진의 질량은 붕괴되는 동안 밀도가 증가하기에 감소한다. 이 진의 질량은 원래의 성간운보다 훨씬 작다. 만약 M_J가 원래의 질량보다 1/2로 감소하면, 성간운은 붕괴하는 2개의 작은 성간운으로 나뉠 수 있다. 이러한 분열 과정은 붕괴가 등온 상태를 유지하는 한 계속된다.

만약 열적 조정 시간이 자유낙하 시간보다 아주 작다면 등온 상태의 붕괴가 유지된다. 즉 성간 공간의 밀도가 $\rho \simeq 10^{-21} \sim 10^{-19}\,\mathrm{kg/m^3}$가 되면, $t_{dyn} \simeq (G\rho)^{-1/2} \simeq 10^7 \sim 10^8$년이 된다. 그러나 성간운이 광학적으로 얇기 때문에 광자는 쉽게 성간운을 빠져나가기에 $t_{adj} \simeq 100$년이다. 따라서 이때에 $t_{adj} \ll t_{dyn}$이다.

이제 수축이 진행됨에 따라 ρ가 증가하기에 성간운은 광학적으로 두꺼워지기 시작한다. 따라서 t_{adj}가 증가한다. 따라서 어떤 시점에 $t_{adj} \geq t_{dyn}$이 되면 중력 붕괴는 단열 상태(adiabatic)가 된다. 만약 성간운이 단열 상태로 중력 붕괴한다면,

$$T \sim P^{2/5} \sim \rho^{2/3} \tag{2-4-1}$$

이 된다. 따라서 $M_J \sim T^{3/2}\rho^{-1/2} \sim \rho^{1/2}$가 된다. 즉 단열 상태의 붕괴에서는 밀도가 증가함에 따라 진의 질량이 증가한다. 따라서 분열은 더 이상 일어나지 않는다. 분열된 작은 성간운들이 중력 때문에 서로 합쳐지지는 않지만 분열은 멈춘다.

분열된 작은 성간운의 최소 질량을 어림해 보자. 중력 붕괴하는 동안 복사로 방출되는 총에너지는 중력 퍼텐셜 에너지인데 이는 $\sim \dfrac{GM^2}{R}$가 된다. 그런데 등온 상태의 중력 붕괴가 진행되는 동안에 복사되는 복사에너지율은

$$\dot{E}_A = \frac{\left(\dfrac{GM^2}{R}\right)}{t_{dyn}} = \left(\frac{GM^2}{R}\right)(G\rho)^{1/2} \sim \left(\frac{3}{4\pi}\right)^{1/2} G^{3/2} M^{5/2} R^{-5/2} \tag{2-4-2}$$

이다. 그런데 온도 T인 분열된 성간운의 복사 에너지율은 그 온도의 흑체 복사보다는 작다. 이렇게 보는 것은 열적 평형을 어림해서이다. 이제 분열과정의 마지막 단계에서는 광학적으로 두껍기에 거의 흑체 복사와 같이 복사한다. 따라서 분열된 성간운의 복사 손실률은

$$\dot{E}_B = f\,4\pi R^2 \sigma T^4 \tag{2-4-3}$$

이 된다. 여기서 $f < 1$이다. 등온 상태에서는 $\dot{E}_A < \dot{E}_B$이다. 그러나 등온 상태에서 단열 상태로 변하면서 $\dot{E}_A \simeq \dot{E}_B$이다. 따라서

$$M^5 = (64\pi^3/3)\sigma^2 f^2 T^8 R^9 / G^3 \tag{2-4-4}$$

이 된다. 이제 위 식과 $M_J \sim \left(\dfrac{k}{Gm_H}\right)^{3/2} T^{3/2}\rho^{-1/2}$, $R = \left(\dfrac{3}{4\pi}\right)^{1/3} M_J^{1/3}/\rho^{1/3}$을 이용하여 R과 ρ를 제거하면, 최소 질량은

$$M_J(\min) = 0.02\,M_\odot\, T^{1/4}/f^{1/2} \tag{2-4-5}$$

이 된다. 이 정도의 질량에 도달하면 성간운 분열은 멈추게 된다. 만약 $T \sim 1{,}000\,\mathrm{K}$, $f = 0.1$이면 $M_J = 0.3\,M_\odot$ 정도가 된다.

자세한 컴퓨터 계산에 의하면 분열된 성간운의 최소 질량은 대략 목성 정도의 질량($1\,M_{\mathrm{Jupiter}} \simeq 10^{-3}\,M_\odot$)이 된다.

처음에는 질량이 매우 큰 성간운이 중력 붕괴하지만 질량이 서로 다른 수십 개의 질량이 서로 다른 성간운 조각으로 분열된다. 이 과정에서 분열된 성간운의 질량은 $M_J(\mathrm{min})$보다는 크다. 이러한 분열된 성간운에서 원시성이 형성된다(그림 2-4-1). 이러한 원시성 주변에는 부작 원반이 형성되고 결국 여기에서 행성들도 형성된다(그림 2-4-2).

▶ **그림 2-4-1** 독수리성운에서의 원시성

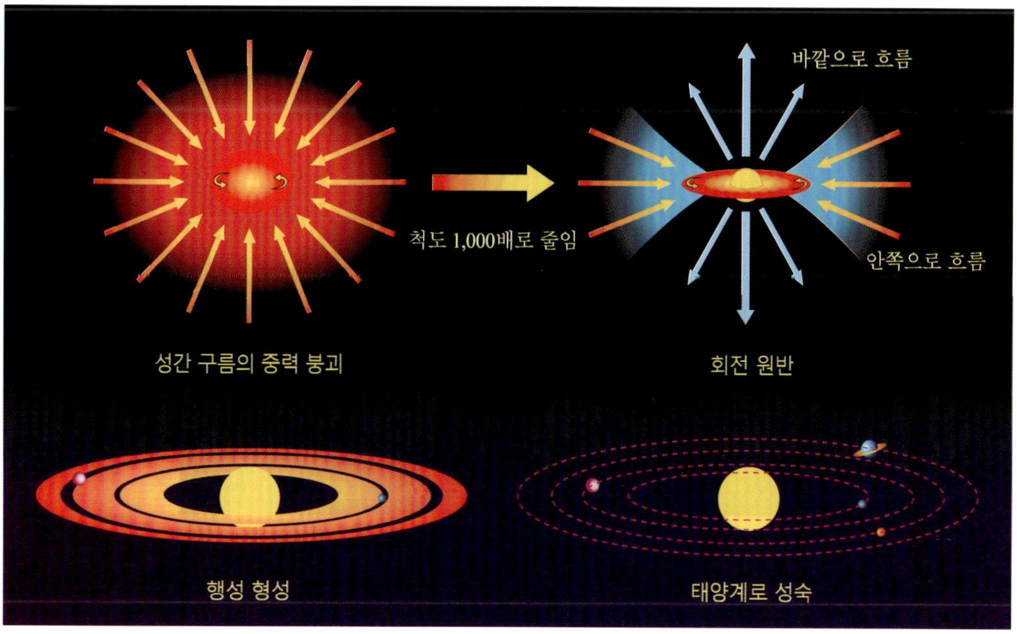

▶ **그림 2-4-2** 별의 탄생 과정

으로 정의하고, 식 (2-5-3)에 μ, μ^2을 곱하여 μ에 대하여 적분하면

$$-\frac{1}{4}\frac{dF_\nu}{d\tau_\nu} = J_\nu - S_\nu \tag{2-5-7}$$

$$-\frac{dK_\nu}{d\tau_\nu} = \frac{1}{4}F_\nu \tag{2-5-8}$$

을 얻는다. 여기서 F_ν는 천체물리학적 플럭스(flux)로 실제 플럭스는 πF_ν이다. 또한 p_ν는 복사압(radiation pressure)이다. 따라서 식 (2-5-8)은

$$\pi F_\nu = -4\pi\frac{dK_\nu}{d\tau_\nu} = -c\frac{dp_\nu}{d\tau_\nu} \tag{2-5-9}$$

로 쓸 수 있다. 그런데 $\frac{1}{\bar{k}} = \frac{\int_0^\infty \frac{1}{k_\nu}\frac{dP_\nu}{dz}d\nu}{\int_0^\infty \frac{dP_\nu}{dz}d\nu}$로 정의하면 식 (2-5-9)는

$$\pi F = -\frac{c}{\bar{k}}\frac{dp_R}{dz} \tag{2-5-10}$$

가 된다.

흑체 복사의 경우,

$$J_\nu = B_\nu(T) \tag{2-5-11}$$

$$K_\nu = \frac{1}{3}B_\nu(T) \tag{2-5-12}$$

$$F_\nu^+ = F_\nu^- = B_\nu(T) \text{ 그래서 } F_\nu = 0 \tag{2-5-13}$$

$$p_\nu = \frac{4\pi}{3c}B_\nu(T) \tag{2-5-14}$$

$$u_\nu = \frac{4\pi}{c}B_\nu(T) \tag{2-5-15}$$

이다. 그런데

$$B(T) = \int_0^\infty B_\nu(T)d\nu = \frac{2k^4\pi^4}{15h^3c^2}T^4 = \frac{\sigma}{\pi}T^4 = \frac{uc}{4\pi} \tag{2-5-16}$$

이다. 따라서

$$\pi F = -\frac{4\pi}{3}\int_0^\infty \frac{1}{k_\nu}\frac{dB_\nu}{dT}\frac{dT}{dz}d\nu = -\frac{4ac}{3\bar{k}}T^3\frac{dT}{dz} \quad (2\text{-}5\text{-}17)$$

이 된다. 여기서 $\frac{dB}{dT} = \frac{4\sigma T^3}{\pi}$, $a = \frac{4\sigma}{c}$를 이용하였다.

이제 구형의 별의 경우는 $F = \frac{\sigma T_{eff}^4}{\pi}$, $L(r) = 4\pi r^2 \pi F$이기에 식 (2-5-17)은

$$L(r) = -\frac{16\pi ac}{3\bar{k}}r^2 T^3\frac{dT}{dr} \quad (2\text{-}5\text{-}18)$$

이 된다. 이 식은 복사로 에너지가 전달될 때의 관계식이다. 식 (2-5-18)을 다시 쓰면,

$$\frac{\bar{k}L}{4\pi r^2 c} = -\frac{d}{dr}\left(\frac{1}{3}aT^4\right) = -\frac{dp_R}{dr} = f_R \quad (2\text{-}5\text{-}19)$$

이 되는데, 여기서 f_R은 단위 질량당 복사력(radiation force)이다. $\bar{k} = \bar{\kappa}\rho$로 놓으면, 복사가속도는 $a_R = \frac{\bar{\kappa}L}{4\pi r^2 c}$이 된다. 그런데 이 복사가속도가 별의 중력가속도보다 크면, 즉 $\frac{\bar{\kappa}L}{4\pi r^2 c} > \frac{GM}{r^2}$이면, 별의 대기 중의 물질은 별 바깥으로 흘러 나가게 된다. 즉 항성풍이 발생한다. 복사가속도와 중력가속도 사이의 임계 광도를 에딩턴 광도(Eddington luminosity)라 부르고,

$$L_{edd} = \frac{4\pi cGM_\odot}{\bar{\kappa}}\left(\frac{M}{M_\odot}\right) = \frac{5.03\times10^{37}}{\bar{\kappa}}\left(\frac{M}{M_\odot}\right) \quad (2\text{-}5\text{-}20)$$

이라 표시할 수 있다. 만약 불투명도가 $\bar{\kappa} = 0.2(1+X)$이면,

$$L_{edd} = 1.5\times10^{38}\left(\frac{M}{M_\odot}\right)\ \text{erg/s} \quad (2\text{-}5\text{-}21)$$

가 된다.

이제 식 (2-5-10)은

$$c\frac{dp_R}{d\tau} = \sigma T_{eff}^4 \quad (2\text{-}5\text{-}22)$$

이 되기에 이를 적분하면,

$$p_R = \frac{\sigma}{c} T_{eff}^4 (\tau + q) \tag{2-5-23}$$

이 된다. 그런데 별의 표면($\tau = 0$)에서 바깥으로 향하는 복사압은 전체 복사압의 반이기에 $p_R(\tau = 0) = \frac{2\pi}{3c} B(T_{eff}) = \frac{2\sigma T_{eff}^4}{3c}$ 이 된다. 따라서 $q = \frac{2}{3}$ 가 되어 식 (2-5-23)은

$$T^4 = \frac{3}{4} T_{eff}^4 \left(\tau + \frac{2}{3}\right) \tag{2-5-24}$$

으로 쓸 수 있다. 이는 별의 대기의 깊이에 따른 온도 변화를 나타낸다. 이제 정유체역학 평형 방정식을 이용하면,

$$\frac{dP}{dh} = -\frac{GM}{R^2} \rho = -g\rho \tag{2-5-25}$$

이고, 이 식은

$$\frac{dP}{d\tau} = \frac{g\rho}{\bar{k}} = \frac{g}{\bar{\kappa}} \tag{2-5-26}$$

이 된다. 식 $P = \frac{\rho k T}{\mu m_H}$ 를 이용하여 별의 대기의 기체 압력 변화는

$$P = P_0 \exp\left[\frac{g\mu m_H}{k} \int_0^\tau \frac{d\tau'}{\bar{k} T(\tau')}\right] \tag{2-5-27}$$

이 되고, 이에 해당하는 밀도의 변화는

$$\rho = P_0 \frac{\mu m_H}{k T(\tau)} \exp\left[\frac{g\mu m_H}{k} \int_0^\tau \frac{d\tau'}{\bar{k} T(\tau')}\right] \tag{2-5-28}$$

이 된다.

별의 대기에서 나오는 $\mu = 1$인 광선의 입장에서 보면, 식 (2-5-3)은

$$\frac{dI_\nu}{d\tau_\nu} = -I_\nu + S_\nu \tag{2-5-29}$$

이 되고, 이 방정식의 해는

$$I_\nu(\tau_\nu) = I_\nu(0) e^{-\tau_\nu} + \int_0^{\tau_\nu} \frac{j_\nu}{k_\nu} e^{-(t-\tau_\nu)} dt \tag{2-5-30}$$

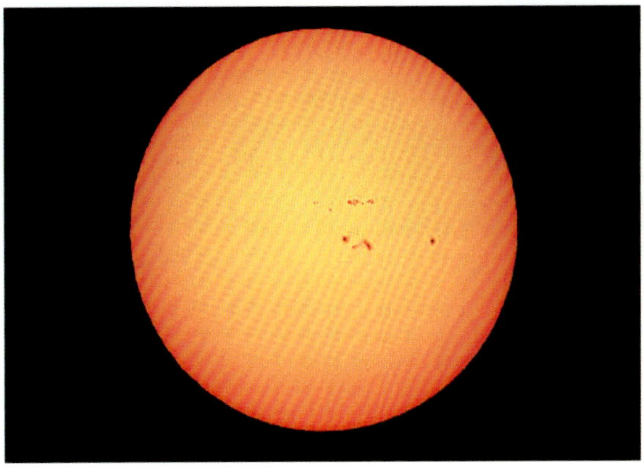

▶ **그림 2-5-4** 주연 감광 효과

이 된다. 별의 표면에서 식 (2-5-30)은 식 (2-5-3)에 의하여

$$I_\nu(0,\mu)-\int_0^\infty S(t)c^{-t/\mu}\frac{dt}{\mu} \tag{2-5-31}$$

로 쓸 수 있다. 식 (2-5-7), (2-5-11), (2-5-13)에 의하여 $J_\nu=B_\nu=S_\nu$이기에 $S=\dfrac{\sigma T^4}{\pi}=\dfrac{3\sigma}{4\pi}T_{eff}^4\left(\tau+\dfrac{2}{3}\right)$가 되기에 $S(\tau)=a+b\tau$의 형태이다. 이를 식 (2-5-31)에 대입하면 $I_\nu(0,\mu)=a+b\mu$를 얻는다. 따라서 태양의 경우, 태양의 중심부와 주변의 빛의 세기의 차가 다음 식과 같은 주연 감광(limb darkening) 효과가 일어난다(그림 2-5-4). 즉

$$\frac{I(\cos\theta)}{I(\theta=0)}=0.4+0.6\cos\theta \tag{2-5-32}$$

이다.

이제 별의 관측 플럭스는

$$l_\nu=\int_0^{\pi/2}I_\nu(\theta)\cos\theta\,2\pi\sin\theta\,d\theta=\pi F_\nu^+ \tag{2-5-33}$$

이고,

$$F_\nu^+=2\int_0^1 I_\nu(\mu)\mu d\mu=2\int_0^\infty S(t)\int_0^1\mu e^{-t/\mu}\frac{d\mu}{\mu}dt=a+\frac{2}{3}b=\frac{\sigma T_{eff}^4}{\pi} \tag{2-5-34}$$

이기에 $l_\nu=\dfrac{L_\nu}{4\pi d^2}$로부터 별의 광도

$$L_\nu = 4\pi d^2 \sigma T_{eff}^4 \tag{2-5-35}$$

이 된다.

이제 별의 대기를 통해 나오는 스펙트럼의 형태를 고찰해 보자. 광선(ray)을 따르는 복사 전달 방정식은 $\frac{dI_\nu}{d\tau_\nu} = -I_\nu + S_\nu$이기에 매질이 비균질한 경우 이 식을 적분하면 $I_\nu(\tau_\nu) = I_\nu(0)e^{-\tau_\nu} + \int_0^{\tau_\nu} S_\nu(t_\nu)e^{-(\tau_\nu - t_\nu)}dt_\nu$가 된다. 그러나 매질이 균질하면 위 식은

$$I_\nu(D) = I_\nu(0)e^{-\tau_\nu(D)} + S_\nu\left(1 - e^{-\tau_\nu(D)}\right) \tag{2-5-36}$$

가 된다. 여기서 $\tau_\nu(D) = \int_0^D k_\nu(z)dz$이다. 만약 매질의 광학적 깊이의 값이 크다면, 즉 $\tau_\nu \gg 1$이 되면,

$$I_\nu \simeq S_\nu \tag{2-5-37}$$

가 된다. 즉 그림 2-5-5와 같이 매질에 의한 연속스펙트럼이 나오게 된다.

그러나 매질의 광학적 깊이가 아주 작다면, 즉 $\tau_\nu \ll 1$이면, $e^{-\tau_\nu} \simeq 1 - \tau_\nu$가 되기에

$$I_\nu(D) \simeq I_\nu(0) + [S_\nu - I_\nu(0)]\tau_\nu(D) \tag{2-5-38}$$

가 된다. 이 경우, $I_\nu(0) = 0$일 때에는 $I_\nu(D) \simeq S_\nu\tau_\nu(D)$가 되기에 그림 2-5-6과 같이 연속스펙트럼 없는 방출선이 나오게 된다. 그러나 $I_\nu(0) \neq 0$이고, $S_\nu = 0$이면 $I_\nu(D) = I_\nu(0)e^{-\tau_\nu(D)}$

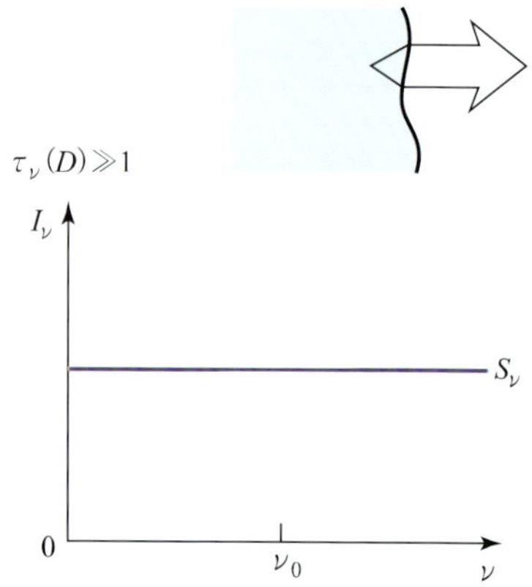

▶ 그림 2-5-5

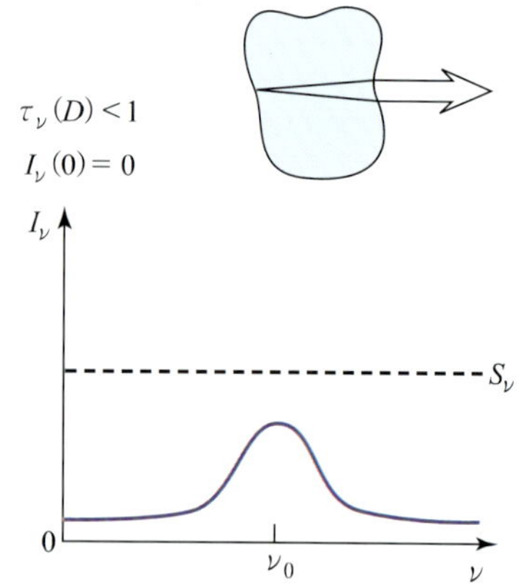

▶ 그림 2-5-6

이 되어 매질 뒤에서 나오는 연속스펙트럼이 약간의 흡수만을 겪으면서 바깥으로 나온다. 그러나 $I_\nu(0) \neq 0$, $S_\nu \neq 0$일 때, $S_\nu > I_\nu(0)$인 경우는 그림 2-5-7과 같이 연속스펙트럼에 방출선이 나타난다. 그런데 선의 중심에 해당하는 진동수에서의 광학적 깊이의 값이 크면, 즉 $\tau_{\nu_o} > 1$이면 그림 2-5-8과 같이 방출선이 포화(saturation) 상태가 된다. $S_\nu < I_\nu(0)$인 경우는 연속스펙트럼에 흡수선이 그림 2-5-9와 같이 나타난다. 그러나 이때에 $\tau_{\nu_o} > 1$이면 그림 2-5-10과 같이 흡수선이 포화 상태가 된다.

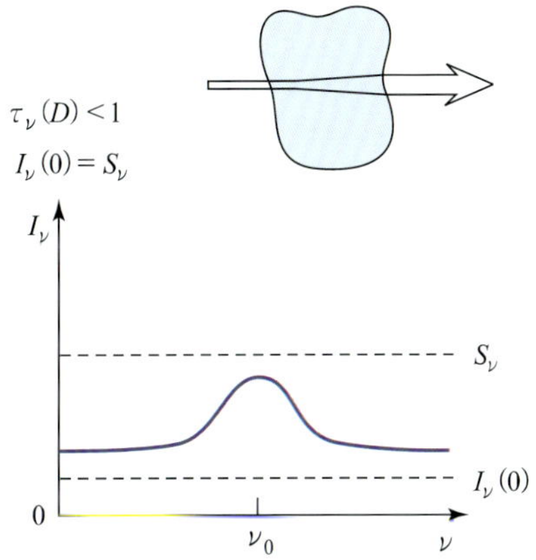

▶ 그림 2-5-7

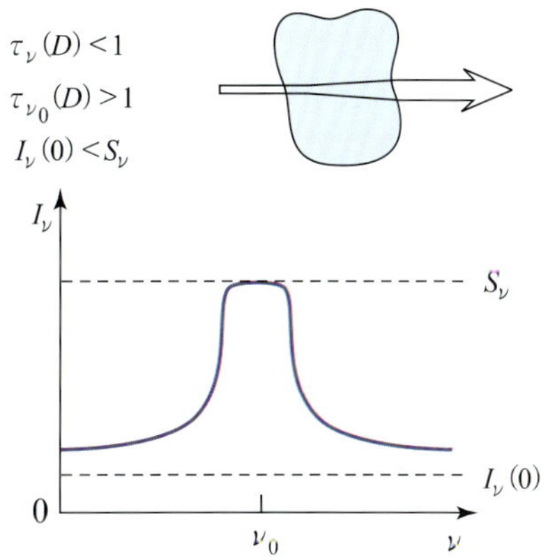

▶ 그림 2-5-8

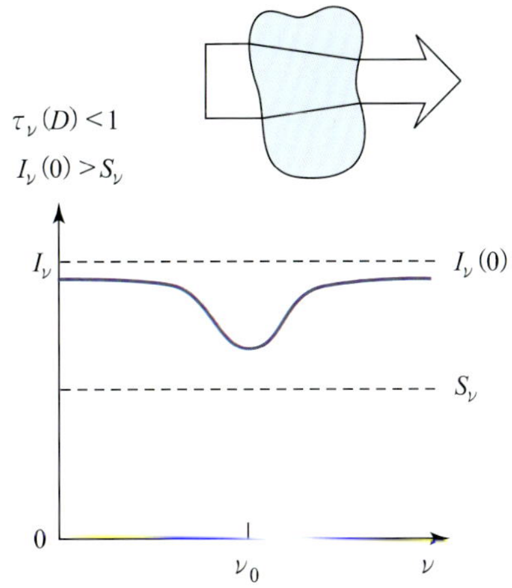

▶ 그림 2-5-9

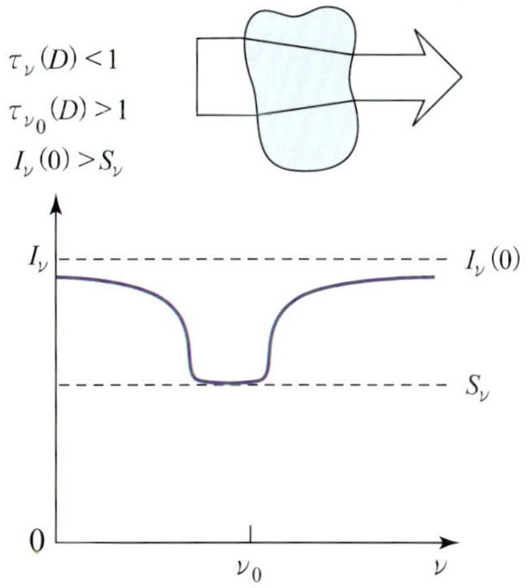

▶ 그림 2-5-10

2-6 스펙트럼선의 성장 곡선*

도플러 효과와 충돌 과정으로 인하여 광학적 깊이가 증가함에 따라 스펙트럼선의 등가폭(equivalent width)이 복잡한 변화를 하게 된다. 이제 N을 일정 파장대의 빛을 흡수하는 원자들의 개수라 하고, w를 그 스펙트럼선의 등가폭이라 하면, 원자의 개수가 적을 때에는 광학적 깊이도 작아

$$w \propto N \tag{2-6-1}$$

의 관계가 있고, 광학적 깊이가 $\tau > 5$이 되면, 스펙트럼선이 포화되어

$$w \propto \sqrt{\ln N} \tag{2-6-2}$$

의 관계를 가진다. 그러나 결국에는 충돌 확장(collisional broadening)의 효과가 도플러 효과에 의한 스펙트럼선의 날개에 압도적인 영향을 주게 되면, 비록 충돌 확장의 효과가 선의 중심에는 아주 적은 영향을 주더라도 결국 등가폭은

$$w \propto \sqrt{N} \tag{2-6-3}$$

으로 어림된다. 이러한 관계를 자세히 계산한 그림 2-6-1**에서 보아도 명확하게 세 구간으로 구분된다. 이러한 그래프를 성장 곡선(curve of growth)이라 부른다. 그림 2-6-1에서 N은 원자의 기둥 밀도(column density)에, f는 그 원자의 천이 상태에 따른 진동 세기(oscillator strength)를 의미한다. 이 성장 곡선을 이용하면, 관측된 스펙트럼선에 해당하는 원자의 함량이 관측하는 별에 얼마나 있는지를 알게 해 준다.

이제 이 방법을 알아보자. 어떤 별의 흡수선을 관측한 다음, 그 선의 등가폭 w을 측정한다. 성장 곡선의 선을 이용하여 $\log\left(\frac{w}{\lambda}\right)$에 해당하는 $\log Nf\left(\frac{\lambda}{5{,}000\ \text{Å}}\right)$의 값을 읽는다. 그 스펙트럼선에 해당하는 원자의 천이에 대한 진동 세기 f를 찾아 원자의 기동밀도 N을 얻는다. 볼츠만과 사하 방정식을 이용하여 원자의 에너지 상태에 따른 개수 상태를 파악하여 그 원자의 총 기둥 밀도를 구한다. 그리고 수소 원자의 밀도와 비교하면 별의 원소 함량비를 구할 수 있다.

---

* http://spiff.rit.edu/classes/phys440/lectures/curve/curve.html에서 제시한 것을 정리한 것이다.

** Carroll과 Ostlie, “An Introduction to Modern Astrophysics” (Addison-Wesley 1996)에서 채택한 것이다.

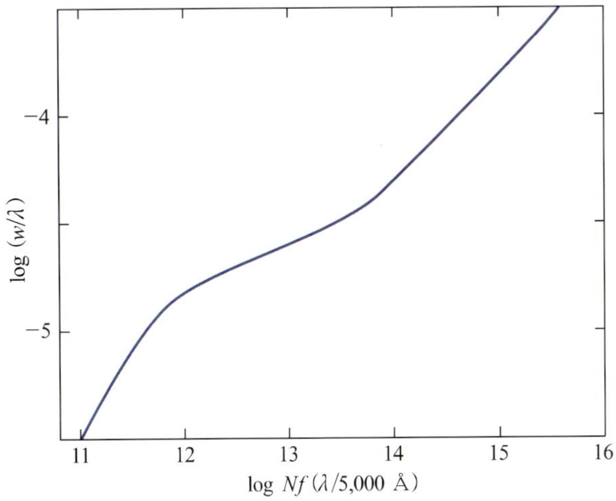

▶ **그림 2-6-1** 태양의 경우 스펙트럼선의 성장 곡선(출처: *Aller, Atoms, Stars, and Nebulae*, Revised Edition, Harvard University Press, Cambridge, WA, 1971)

이제 태양의 경우, 5,890 Å 부근의 중성 나트륨(Na)에 의한 스펙트럼선을 이용하여 나트륨의 함량비를 구해보자. 이 흡수선은 $3S^1$ 기저 상태에서 $3p^1$ 여기 상태로 천이되면서 5,890 Å 부근에 흡수가 일어난다. 이 천이에 해당하는 진동 세기는 $f = 0.645$이다. 이를 순서대로 살펴보면 다음과 같다.

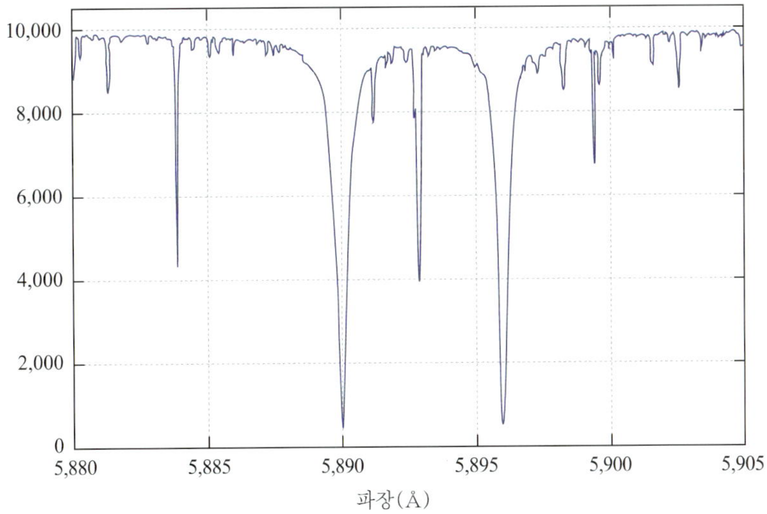

▶ **그림 2-6-2** 태양의 5,890 Å 부근의 흡수 스펙트럼

(1) 중성 나트륨에 의한 흡수선(5,890 Å 부근)의 등가폭을 그림 2-6-1에서 측정하면 $w = 0.76$ Å 이다. 따라서 $\log\left(\frac{w}{5{,}980\ \text{Å}}\right) \simeq -3.89$가 된다.

(2) 이제 그림 2-6-1의 성장곡선으로부터 $\log\left(\frac{w}{5{,}980\ \text{Å}}\right) \simeq -3.89$에 해당하는 $\log Nf\left(\frac{\lambda}{5{,}000\ \text{Å}}\right) = 14.82$를 읽는다.

(3) 이제 $\lambda = 5{,}890$ Å, $f = 0.645$이기에 이 파장의 빛을 흡수한 나트륨 원자의 기둥 밀도를 N_o이라 하면, $N_o \simeq \frac{10^{14.82}}{0.645 \times (5{,}890/5{,}000)} = 8.74 \times 10^{14}$ 개/cm^2를 얻는다.

(4) 모든 나트륨 원소가 모두 중성의 기저 상태에 있는 것이 아니기에 볼츠만 방정식

$$\frac{N_1}{N_o} = \left(\frac{g_1}{g_o}\right) e^{-\Delta E/kT} \tag{2-6-4}$$

을 이용하여 $\frac{N_1}{N_o}$ 비를 얻는다. 기저 상태는 $3S^1$이기에 $l = 0$, $m = 0$, $s = \pm\frac{1}{2}$이기에 $g_o = 2$가 되고, 첫 번째 여기 상태인 $3p^1$은 $l = 1$, $m = -1, 0, 1$, $s = \pm\frac{1}{2}$이기에 $g_1 = 6$이 된다. 또한 $\Delta E = \frac{hc}{\lambda} = 3.37 \times 10^{19}\ \text{J} = 2.105\ \text{eV}$이고 $k = 1.38 \times 10^{-23}\ \text{J/K}$, $T \simeq 6{,}000$ Å 이다. 따라서

$$\frac{N_1}{N_o} = \left(\frac{6}{2}\right) e^{-(3.37 \times 10^{-19}\text{J})/(1.38 \times 10^{23}\ \text{J/K})(6{,}000\text{K})} \approx 0{,}0512$$

가 된다. 그런데 여기 상태를 모두 계산해서 더해보면 6,000 K 온도에서 중성 나트륨의 80 % 정도가 기저 상태에 있다.

(5) 전리된 상태의 나트륨과 중성 상태의 나트륨 사이의 개수 비는 사하 방정식

$$\frac{N_{II}}{N_I} = \frac{2kT}{P_e}\frac{Z_{II}}{Z_I}\left(\frac{2\pi m_e kT}{h^2}\right)^{3/2} e^{-\chi/kT} \tag{2-6-5}$$

을 만족한다. 그런데 $Z_I = 2.4$, $Z_{II} = 1.0$, $\chi = 5.1\ \text{eV} = 8.17 \times 10^{-19}\ \text{J}$, $P_e = 200\ \text{dyne/cm}^2 = 20\ \text{N/m}^2$이기에 식 (2-6-5)의 값은 대략 $\frac{N_{II}}{N_I} \simeq 200$이 된다. 즉 대부분의 나트륨이 전리된 상태에 있다.

(6) 나트륨 원자의 총 개수 N_{tot}는

$$N_{\text{tot}} = N_o \times \frac{N_g + N_{ex}}{N_g} \times \frac{N_{II}}{N_I} \tag{2-6-6}$$

으로 계산이 된다. 따라서 $N_{tot} \simeq 2.2 \times 10^{17}$ 개/cm^{2}를 얻는다.

(7) 이제 태양의 경우, 수소 원자의 총 기둥 밀도가 $N_H = 6.6 \times 10^{23}$ 개/cm^{2}이기에 나트륨 원자의 함량비는 $\frac{N_{Na}}{N_H} = \frac{2.2 \times 10^{17}}{6.6 \times 10^{23}} = 3.3 \times 10^{-7}$가 된다. 일반적으로 천문학에서는 함량비로

$$12 + \log\left(\frac{\text{금속 X의 질량 밀도}}{\text{수소 H의 질량 밀도}}\right) \tag{2-6-7}$$

을 쓴다. 따라서 나트륨에 대한 이 값은 $12 + \log\left(\frac{2.2 \times 10^{17} \times 23}{6.6 \times 10^{23} \times 1}\right) \simeq 6.9$를 얻는다. 실제 태양 광구의 나트륨 함량비는 대략 6.4이다.

2-7 별의 진화

별의 간단한 선형 모형

별의 내부를 결정하는 물리 방정식은 저자의 책 《천문학의 이해》(2008, 서울대출판부)의 185~189쪽에 나와 있다. 또한 이 물리 방정식을 이용하여 간단하게 연립미분방정식을 풀 수 있는 방법은 저자의 또 다른 책 《수학과 컴퓨터를 이용한 과학이해하기》(2008, 청범출판사) 178~183쪽을 참고로 하면 된다. 여기서는 별의 내부 물리량의 변화를 대략 이해하기 위하여 별의 내부를 결정하는 연립미분방정식을 푸는 대신 별의 내부 밀도가 밖으로 갈수록 선형의 관계로 줄어드는

$$\rho = \rho_c\left(1 - \frac{r}{R}\right) \tag{2-7-1}$$

관계를 이용하여 별 내부의 다른 물리량의 변화를 보고자 한다.

질량 보존 방정식인 $dm = 4\pi r^2 \rho dr$은 $\frac{dm}{dr} = 4\pi r^2 \rho$으로도 쓸 수 있다. 여기에 식 (2-7-1)을 대입하여 적분하면

$$m(r) = \frac{4\pi}{3} r^3 \rho_c - \frac{\pi}{R} r^4 \rho_c \tag{2-7-2}$$

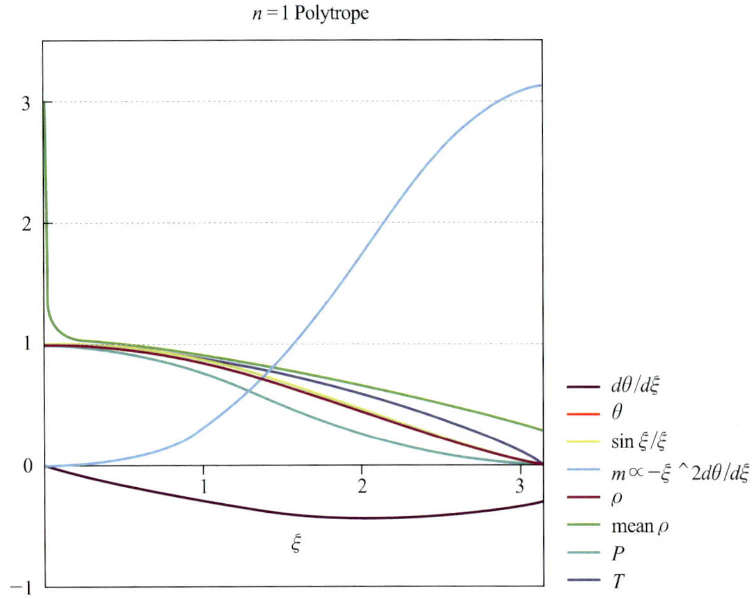

▶ 그림 2-7-2

퓨터를 이용한 과학이해하기》(2008, 청범출판사) 175쪽에 나와 있다. 이 식을 풀기 위한 경계조건은 $\xi=0$에서 $\theta=1$, $\frac{d\theta}{d\xi}=0$이다. $P=K\rho^{\gamma}$의 관계는 $\frac{P}{P_c}=\left(\frac{\rho}{\rho_c}\right)^{1+\frac{1}{n}}$이기에 $\rho=\rho_c\theta^n$, $P=P_c\theta^{n+1}$, $\alpha=\left[\frac{(n+1)P_c}{4\pi G\rho_c^2}\right]^{1/2}$가 된다. $n=1$인 경우 방정식 (2-7-10)의 해석학적인 해는 $\theta=\frac{\sin\xi}{\xi}$이다. 또한 $m\propto-\xi^2\frac{d\theta}{d\xi}$이기에 이를 이용하면 질량의 분포도 알 수 있다. 이렇게 그린 그림이 그림 2-7-2이다. 밀도, 압력, 온도, 질량의 분포가 그림 2-7-1과 비슷하지만 보다 합리적으로 보인다. 이 방정식들의 해들은 주로 밀도가 높은 별로 별의 중심에서 에너지를 생성하지 않는 백색왜성이나 중성자별과 행성의 내부 물리 구조를 이해할 때 자주 쓰인다.

선형 모델에 의한 별의 광도–질량–반지름 관계

이제 식 (2-7-6)에 의하면 $T_c=\frac{5\pi}{36}\frac{G\mu m_H}{k}\rho_c R^2$, $x=\frac{r}{R}$이 되고,

$$T=T_c\left(1+x-\frac{19}{5}x^2+\frac{9}{5}x^3\right) \tag{2-7-11}$$

이 된다. 따라서 $\frac{dT}{dr} = \frac{T_c}{R}\left(1 - \frac{38}{5}x + \frac{27}{5}x^2\right)$이기에 복사 전달 방정식인

$$\frac{dT}{dr} = -\frac{3\kappa\rho}{16\pi ac}\frac{L(r)}{r^2 T^3} \tag{2-7-12}$$

와 $x = \frac{1}{2}$일 때, $\frac{dT}{dr} = -1.45\frac{T_c}{R}$, $T = 0.775\,T_c$, $\kappa = \kappa_0 \rho T^{-3.5}$인 크래머 불투명도 법칙 (Kramer's opacity law)을 이용하면, 별의 광도-질량-반지름 관계는

$$\frac{L}{L_\odot} = \frac{1.43\times 10^{25}}{\kappa_0}\mu^{7.5}\left(\frac{M}{M_\odot}\right)^{5.5}\left(\frac{R}{R_\odot}\right)^{0.5} \tag{2-7-13}$$

으로 얻을 수 있다. 여기서 $\kappa_0 = 4.34\times 10^{25}\left(\frac{\bar{g}_{bf}}{t}\right)Z(1+X) + 3.68\times 10^{22}\bar{g}_{ff}(1+X)(1-Z)$, $\left(\frac{\bar{g}_{bf}}{t}\right) \simeq \frac{1}{3}$, $\bar{g}_{ff} = 2$, $\mu = \frac{1}{2X + \frac{3}{4}Y + \frac{1}{2}Z}$이다. 또한 X, Y, Z는 수소, 헬륨, 금속의 함량비이다. 태양과 같은 pop I ($X = 0.7$, $Y = 0.272$, $Z = 0.028$)의 경우, 식 (2-7-13)에 의하면 $\frac{L}{L_\odot} \simeq 0.92$가 된다. 전자산란인 경우 $\kappa = 0.2(1+X)$이기에 식 (2-7-13)은

$$\frac{L}{L_\odot} = \frac{179}{1+X}\mu^4\left(\frac{M}{M_\odot}\right)^3 \tag{2-7-14}$$

와 같다.

대류 별

태양과 같은 질량을 가진 별의 표면 근처 $\tau = \frac{2}{3}$에서는 온도가 3,500 K 정도이고, H^- 이온에 의한 불투명도(opacity)는

$$\kappa = \kappa_0 P^a T^b \tag{2-7-15}$$

의 형태를 갖는다. 별의 표면 근처에서는 $\frac{dP}{d\tau} = \frac{g}{\kappa}$이기에

$$P_{ph} = \frac{2}{3}(a+1)\frac{g}{\kappa} \tag{2-7-16}$$

이다. 그런데 별의 표면이 낮은 밀도인 경우는 표면에서 대류에 의한 에너지 전달이 바로

복사로 에너지가 바깥으로 전달되기에 $F_{\rm rad} = F_{\rm conv}$ 이고, $F_{\rm rad} = \sigma T_{\rm eff}^4 = \frac{ac}{4} T_{\rm eff}^4$ 이다. 그런데 대류 에너지 플럭스는

$$F_{\rm conv} = \frac{1}{2} \rho c_p \bar{v} \Delta T \tag{2-7-17}$$

$$\bar{v} \simeq \frac{1}{2} c_s = \frac{1}{2} \left(\frac{\gamma k T}{\mu m_H} \right)^{1/2} \tag{2-7-18}$$

$$\rho c_p \Delta T \simeq \frac{3}{2} \gamma \rho \left(\frac{k}{\mu m_H} \right) \Delta T \tag{2-7-19}$$

$$\Delta T \approx T \tag{2-7-20}$$

인 관계가 있기에

$$F_{\rm conv} = \frac{3\gamma}{8} \left(\frac{\gamma k}{\mu m_H} \right)^{1/2} P T^{1/2} \tag{2-7-21}$$

가 된다. $F_{\rm rad} = F_{\rm conv}$ 조건으로

$$P_{ph} = \frac{8}{3\gamma} \left(\frac{\mu m_H}{\gamma k} \right)^{1/2} \sigma T_{\rm eff}^{3.5} \tag{2-7-22}$$

을 얻는다. 이제 식 (2-7-16)을 이용하게 되면,

$$T_{\rm eff} \sim \left[\frac{M}{\mu^{(a+1)/2} \kappa_0 R^2} \right]^{1/[b+3.5(a+1)]} \tag{2-7-23}$$

이 된다. 별의 광도는

$$L = 4\pi R^2 \sigma T_{\rm eff}^4 \tag{2-7-24}$$

이다. 식 (2-7-15)의 κ_o, a, b의 값은 표 2-7-1과 같다.

▶ **표 2-7-1** 별의 종족에 따른 불투명도

종족	κ_0	a	b
I	6.9×10^{-26}	0.7	5.3
II	6.1×10^{-40}	0.6	9.4

이 값을 식 (2-7-23), (2-7-24)에 대입하면, 종족 I의 별은

$$T_{\mathrm{eff}} = 7.5 \times 10^3 \left(\frac{M}{M_\odot} \right)^{0.089} \left(\frac{R}{R_\odot} \right)^{-0.178} \tag{2-7-25}$$

$$\frac{L}{L_\odot} = 2.86 \left(\frac{M}{M_\odot} \right)^{0.356} \left(\frac{R}{R_\odot} \right)^{1.288} \tag{2-7-26}$$

의 관계가 있고, 종족 II의 별의 경우에는

$$T_{\mathrm{eff}} = 6.2 \times 10^3 \left(\frac{M}{M_\odot} \right)^{0.066} \left(\frac{R}{R_\odot} \right)^{-0.133} \tag{2-7-27}$$

$$\frac{L}{L_\odot} = 1.33 \left(\frac{M}{M_\odot} \right)^{0.267} \left(\frac{R}{R_\odot} \right)^{1.466} \tag{2-7-28}$$

의 관계가 있다.

별의 표면이 높은 밀도인 경우는 표면에서도 대류로 에너지가 전달되기에

$$P = KT^{\gamma/(\gamma-1)} \tag{2-7-29}$$

인 관계가 있다. 그런데 $\gamma = \frac{5}{3}$ 이기에 식 (2-7-29)를 이용하면

$$\frac{P_c}{T_c^{2.5}} = \frac{P_{ph}}{T_{\mathrm{eff}}^{2.5}} \tag{2-7-30}$$

이다. 이제 식 (2-7-16)인 $P_{ph} = \frac{2}{3}(a+1)\frac{g}{\kappa}$ 와 식 (2-7-5), (2-5-11)의 P_c, T_c를 이용하면, 종족 I의 밀도가 높은 별은

$$T_{\mathrm{eff}} = 2.2 \times 10^3 \left(\frac{M}{M_\odot} \right)^{0.194} \left(\frac{R}{R_\odot} \right)^{0.0576} \tag{2-7-31}$$

$$\frac{L}{L_\odot} = 0.02 \left(\frac{M}{M_\odot} \right)^{0.776} \left(\frac{R}{R_\odot} \right)^{2.23} \tag{2-7-32}$$

이고, 종족 II의 밀도가 높은 별은

$$T_{\mathrm{eff}} = 2.5 \times 10^3 \left(\frac{M}{M_\odot} \right)^{0.172} \left(\frac{R}{R_\odot} \right)^{0.0298} \tag{2-7-33}$$

$$\frac{L}{L_\odot} = 0.035\left(\frac{M}{M_\odot}\right)^{0.686}\left(\frac{R}{R_\odot}\right)^{2.119} \quad (2\text{-}7\text{-}34)$$

이 된다.

만약 $T_c > 2\times10^5$ K 이면 부분적으로 수소가 전리된 층(partially ionized H zone)이 생기고, 그 경계에서 $\frac{P_c}{T_c^{2.5}} = \frac{P_b}{T_b^{2.5}}$ 가 성립한다. 이 경계에서 엔트로피가 일정하다는 조건을 이용하면 종족 I의 별인 경우에는

$$T_{eff} = 5.7\times10^3\left(\frac{M}{M_\odot}\right)^{0.27}\left(\frac{R}{R_\odot}\right)^{0.288} \quad (2\text{-}7\text{-}35)$$

$$\frac{L}{L_\odot} = 0.93\left(\frac{M}{M_\odot}\right)^{1.08}\left(\frac{R}{R_\odot}\right)^{3.15} \quad (2\text{-}7\text{-}36)$$

이 되고, 종족 II의 별의 경우에는

$$T_{eff} = 4.6\times10^3\left(\frac{M}{M_\odot}\right)^{0.193}\left(\frac{R}{R_\odot}\right)^{0.204} \quad (2\text{-}7\text{-}37)$$

$$\frac{L}{L_\odot} = 0.42\left(\frac{M}{M_\odot}\right)^{0.77}\left(\frac{R}{R_\odot}\right)^{2.82} \quad (2\text{-}7\text{-}38)$$

가 된다.

전주계열별의 진화

전주계열별의 헬륨이 모두 전리되는 데 흡수된 단위 질량당 총에너지는

$$\begin{aligned} E_i &= N_0\left[XE_H + \frac{1}{2}XE_D + \frac{1}{4}Y(E_{HeI} + E_{HeII})\right] \\ &= 1.9\times10^{13}(1-0.2X) \end{aligned} \quad (2\text{-}7\text{-}39)$$

이다. 그런데 중력 수축 에너지의 반 정도가 수소와 헬륨을 모두 전리하는 데 사용되므로

$$\frac{1}{2}\frac{GM^2}{R} \simeq ME_i \quad (2\text{-}7\text{-}40)$$

이 된다. 따라서 전주계열별의 반지름은

$$\frac{R}{R_\odot} = \frac{43.2(M/M_\odot)}{1-0.2X} \tag{2-7-41}$$

이 된다. 이 반지름에 의한 전주계열별의 중심 온도는

$$T_c \approx 3\times 10^5 \mu(1-0.2X)\ K \tag{2-7-42}$$

이 된다. 이러한 온도에서는 핵반응이 일어날 수는 없다.

중력 수축 에너지의 반이 복사로, 반은 내부에너지로 전환되기에 전주계열별의 광도는

$$L = \frac{dE_T}{dt} = \frac{1}{2}\frac{d}{dt}\left(\frac{GM^2}{R}\right) = -\frac{1}{2}\frac{GM^2}{R}\frac{\dot{R}}{R} \tag{2-7-43}$$

로 계산할 수 있으며, 진화시간은

$$\Delta t \simeq \frac{\Delta E}{L} = \frac{1}{2}\frac{\Delta\Omega}{L} \sim \frac{GM^2}{2RL} \sim 1.6\times 10^7 \left(\frac{M}{M_\odot}\right)^2 \left(\frac{R_\odot}{R}\right)\left(\frac{L_\odot}{L}\right)\text{년} \tag{2-7-44}$$

이다.

전주계열별은 하야시 경로(Hayashi Track)를 따라 H-R도에서 진화하는데, 별이 수축하면서 별의 표면이 낮은 밀도에서 높은 밀도로 가기에 식 (2-7-25), (2-7-26)에서

$$\log L = 10\ \log M - 7.24\ \log T_{\rm eff} + \text{일정} \tag{2-7-45}$$

의 관계에서 식 (2-7-31), (2-7-32)를 이용한

$$\log L = -6.74 \log M + 38.7\ \log T_{\rm eff} + \text{일정} \tag{2-7-46}$$

의 관계를 따라 원시별이 진화하고, 더욱 수축하면 내부 온도가 증가하면서 크래머 불투명도가 중요하게 됨에 따라 κ가 감소하면서 복사에 의하여 에너지가 전달되기에 식 (2-7-13)에 의하여

$$\log L = 4.4\ \log M + 0.8\ \log T_{\rm eff} + \text{일정} \tag{2-7-47}$$

이 된다.

질량이 큰 별의 경우에는 전자 산란 불투명도가 중요하고, 복사로 에너지가 전달된다. 따라서 식 (2-7-14)에 의하여

$$\log L = 3 \log M + \text{일정} \tag{2-7-48}$$

$$P_{1,\max} = \left(\frac{\pi}{G^3 M_c^2}\right)\left(\frac{kT_c}{\mu_c m_H}\right)^4 \tag{2-7-54}$$

를 얻고, 선형 모델(linear model)에서

$$T_c = \frac{5}{12}\frac{\mu m_H}{k}\frac{GM}{R} \simeq T_1 \text{ (등온핵)} \tag{2-7-55}$$

이며, 등온핵의 반지름은 대략

$$\frac{r_1}{R} = 0.32\left(\frac{M_c}{M}\right)\left(\frac{\mu_c}{\mu}\right) \tag{2-7-56}$$

이 된다. 이제 선형 모델에서 $T = T_c\left(1 + x - \frac{19}{5}x^2 + \frac{9}{5}x^3\right)$, $x = \frac{r}{R}$이기에 $x = 0.3$, 즉 $r_1 = 0.3R$일 때 $T_c = T_1$(등온핵)이다. 따라서 $P = \frac{5}{4\pi}\frac{GM^2}{R^4}\left(1 - \frac{24}{5}x^2 + \frac{28}{5}x^3 - \frac{9}{5}x^4\right)$에서 $P_1 = 0.7\frac{5}{4\pi}\frac{GM^2}{R^4}$이 된다. 즉 $P_1 < P_{1,\max}$이기에 $\frac{M_c}{M} \leq 0.58\left(\frac{\mu}{\mu_c}\right)^2$의 조건을 얻게 된다. 주계열에서는 $M_c \leq M_{SC} = 0.12M$이다. 여기서 M_{SC}를 쇤베르크-찬드라세카르(Shönberg-Chandrasekhar) 질량 한계라 부른다. 그러나 $M_c > M_{SC}$가 되면서 핵에서 중력수축이 일어나게 된다.

2) 핵의 함량 변화

핵에서의 핵반응에 의하여 핵 내의 수소, 헬륨, 금속의 함량(composition)비가 변하게 된다. 즉 수소핵반응인 pp 반응을 통하여 나오는 에너지는 $Q_{pp} \simeq 26.73\text{ MeV}$이다. 이때에 4개의 수소 입자가 필요하기에 단위 질량당의 에너지는 $\frac{Q_{pp}}{4m_H} = E_{pp}$이 된다. 이제 CNO 반응, 헬륨 반응인 3α 반응까지 고려하면 핵에서의 수소 함량비 X, 헬륨 함량비 Y, 금속함량비 Z는

$$\frac{dX}{dt} = -\frac{\epsilon_{pp}}{E_{pp}} - \frac{\epsilon_{CNO}}{E_{CNO}} \tag{2-7-57}$$

$$\frac{dY}{dt} = -\frac{\epsilon_{3\alpha}}{E_{3\alpha}} - \frac{dX}{dt} \tag{2-7-58}$$

$$Z = 1 - X - Y \tag{2-7-59}$$

의 변화를 겪는다. pp 반응과 CNO 반응을 통하여 수소 함량비는 줄어들지만 헬륨의 함량비는 늘어나고, 3α 반응을 통하여 헬륨의 함량비는 줄어들지만 금속의 함량비는 증가하게 된다.

3) 중심부 응축

핵반응에 의하여 별 중심부의 밀도가 증가하면서 중심부 응축(Central condensation)이 일어난다. 이제 U라는 함수를 다음과 같이 정의해 보자.

$$U = \frac{3\rho(r)}{\bar{\rho}(r)} = \frac{d\ln m(r)}{d\ln r} = \frac{d\ln q}{d\ln r},\ 0 \le U \le 3 \tag{2-7-60}$$

여기서 $\bar{\rho} = \frac{3m(r)}{4\pi r^3}$, $\frac{dm(r)}{dr} = 4\pi r^2 \rho(r)$, $q = \frac{m(r)}{M}$를 이용하였다. 그런데 핵의 경계에서는 압력과 온도가 연속되기에, 즉 $P_c = P_e$, $T_c = T_e$이기에

$$\frac{\rho_c}{\mu_c} = \frac{\rho_e}{\mu_e} \tag{2-7-61}$$

가 되고, 따라서 식 (2-7-60)에 의하여

$$\frac{U_c}{\mu_c} = \frac{U_e}{\mu_e} \tag{2-7-62}$$

이 된다. 그런데 $\mu_c > \mu_e$이기에

$$U_c > U_e \tag{2-7-63}$$

가 된다. 즉 중심부 응축이 일어난다. 그런데 식 (2-7-60)에 의하여

$$\ln R = \ln r_s + \int_{q_c}^{1} \frac{d\ln q}{U} \tag{2-7-64}$$

이다. 그런데 구각(shell)의 반지름 $r_s \sim$ 일정이고, 핵 중심의 밀도가 증가할수록 U는 증가하지만 핵의 가장자리부터는 밀도가 감소하기에 U는 감소한다. 따라서 $\frac{1}{q} = \frac{M}{m(r)}$의 값은 핵의 가장자리에서 가장 크다. 따라서 $\int_{q_c}^{1} \frac{d\ln q}{U}$ 값은 증가한다. 따라서 식 (2-7-64)에 의하여 중심부 응축이 일어날수록 별의 반지름인 R은 증가한다. 즉 점점 거성이 되어 간다.

별의 외피가 폴리트로프 기체($\rho = KT^n$)를 만족하기에 정유체역학 평형 방정식에 의하여

$$\frac{dP}{dr} = \frac{dP}{dT}\frac{dT}{dr} = \frac{dT}{dr}\frac{d}{dT}\left(\frac{\rho kT}{\mu m_H}\right) = \frac{k\rho(n+1)}{\mu m_H}\frac{dT}{dr} = -\frac{GM_c}{r_s^2}\rho \tag{2-7-65}$$

이다. 따라서

$$T_s = \frac{\mu m_H GM_c}{k(n+1)}\frac{1}{r_s} + \text{일정} \tag{2-7-66}$$

의 관계를 갖는다. 따라서 별의 외피는

$$T \sim \frac{1}{r} \tag{2-7-67}$$

$$\rho \sim \frac{1}{r^3} \tag{2-7-68}$$

의 관계를 갖는다.

핵반응 생성률이 $\epsilon = \epsilon_0 X^2 \rho T^n$ 이라면 구각에서의 핵에너지 생성 변화는

$$\frac{\Delta\epsilon}{\epsilon} \simeq -(3+n)\left(\frac{\Delta R}{R}\right)_s \tag{2-7-69}$$

이다. 즉 핵이 수축하면 핵반응 에너지의 발생이 증가한다. 그런데 구각의 불투명도가 $\kappa = \kappa_0 \rho^a T^b$ 관계를 가진다면, 복사 전달 방정식과 이를 이용하여 열평형 상태에서

$$\left(\frac{\Delta T}{T}\right)_{T.E} \simeq -\frac{3a+n+3}{4-b}\left(\frac{\Delta R}{R}\right)_s \tag{2-7-70}$$

를 얻게 된다. 그런데 핵의 밀도는 거의 일정하기에 $\frac{\Delta P}{P} \simeq \frac{\Delta T}{T}$ 이다. 정유체역학 평형을 이루기 위해 상동(homologous) 변화가 일어나므로 외피의 반지름 변화는

$$\left(\frac{\Delta R}{R}\right)_e \simeq -\frac{3a+n+3}{4(4-b)}\left(\frac{\Delta R}{R}\right)_s \tag{2-7-71}$$

이 된다. 즉 구각의 크기가 작아지면(커지면) 외피의 크기가 커진다(작아진다).

4) 구각 핵반응을 하는 별의 진화

구각을 가진 별의 구각에서의 핵에너지 생성률과 불투명도가 각각 $\epsilon = \epsilon_0 X^2 \rho T^n$, $\kappa = \kappa_0 \rho^a T^b$이고, 온도와 밀도의 변화는 $T \sim \frac{1}{r}$, $\rho \sim \frac{1}{r^3}$임을 앞에서 보인 바 있다. 핵에너지 생성 방정식과 복사 전달 방정식을 이용하여

$$L = \frac{4\pi r_s^3}{n+3} \epsilon_0 X^2 \rho_s^2 T_s^n \tag{2-7-72}$$

$$L = \frac{16\pi ac}{3\kappa_0} \frac{r_s T_s^{4-b}}{\rho_s^{1+a}} \tag{2-7-73}$$

가 유도된다. 그리고 $r_s \ll R$, $\rho_c \gg \rho_s$인 관계가 있다. 이에 반하여 선형 모델에 의하여 핵의 질량, 압력, 중심 온도는 각각

$$M_c \simeq \frac{\pi r_s^3}{3} \rho_c \tag{2-7-74}$$

$$P_c = P_s + \frac{5\pi}{36} G \rho_c^2 r_s^2 \tag{2-7-75}$$

$$T_c \simeq \frac{5\pi}{36} \frac{\mu_c m_H}{k} G \rho_c r_s^2 \tag{2-7-76}$$

을 얻을 수 있다. 또한 별의 외피가 $\rho = \rho_s \left(\frac{r_s}{r} \right)^N$의 관계가 있다면

$$M = M_c + \frac{4\pi}{3-N} \rho_s r_s^N \left(R^{3-N} - r_s^{3-N} \right) \tag{2-7-77}$$

$$R = \frac{r_s}{3-N} + \left[\frac{(3-N) M (1-q_c)}{4\pi \rho_s r_s^N} \right]^{1/(3-N)} \tag{2-7-78}$$

$$P_s = P(r_s) = \frac{G M_s \rho_s}{r_s (N+1)} + \frac{2\pi G \rho_s^2 r_s^2}{N^2 - 1} \tag{2-7-79}$$

$$T_s = \frac{2.3 \times 10^7}{N+1} \mu_e \left(\frac{M_s}{M_\odot} \right) \left(\frac{R_\odot}{r_s} \right) + \frac{2.46 \times 10^7}{N^2 - 1} \mu_e \left(\frac{r_s}{R_\odot} \right)^2 \rho_s \tag{2-7-80}$$

가 유도된다. 그런데 식 (2-7-74), (2-7-75), (2-7-76)을 이용하면

$$\frac{r_s}{R_\odot}=0.178\left(\frac{M_c}{M_\odot}\right)^{1/3}\left(\frac{\rho_c}{10^3}\right)^{-1/3} \tag{2-7-81}$$

$$T_c=5.4\times10^7\mu_c\left(\frac{M_c}{M_\odot}\right)^{2/3}\left(\frac{\rho_c}{10^3}\right)^{1/3} \tag{2-7-82}$$

을 얻는다. 이를 이용하면 식 (2-7-80)은

$$T_s=\frac{1.29\times10^8}{N+1}\mu_e\left(\frac{M_c}{M_\odot}\right)^{2/3}\left(\frac{\rho_c}{10^3}\right)^{1/3} \tag{2-7-83}$$

이 되어,

$$\frac{T_c}{T_s}=0.419(N+1)\left(\frac{\mu_c}{\mu_e}\right) \tag{2-7-84}$$

의 관계가 성립한다. 또한 식 (2-7-72), (2-7-73)을 이용하면

$$\rho_s=217\left(\frac{M_c}{M_\odot}\right)^{2(3-n)/9}\left(\frac{\rho_c}{10^3}\right)^{(6-n)/9} \tag{2-7-85}$$

을 얻는다. 이제 이 관계를 식 (2-7-78)에 넣으면

$$\frac{R}{R_\odot}=1.54\times10^{-2}\left(\frac{M}{M_\odot}\right)^{(10n-21)/27}(1-q_c)^{5/3}q_c^{(10n-66)/27}\left(\frac{\rho_c}{10^3}\right)^{(5n+6)/27} \tag{2-7-86}$$

를 얻게 되고, 식 (2-7-72)에 의하여

$$\frac{L}{L_\odot}=39.5\left(\frac{M_c}{M_\odot}\right)^{(2n+21)/9}\left(\frac{\rho_c}{10^3}\right)^{(n+3)/9} \tag{2-7-87}$$

이 유도되고, $L=4\pi R^2\sigma T_{\rm eff}^4$ 의 관계로부터

$$T_{eff}=1.16\times10^5\left(\frac{M}{M_\odot}\right)^{7(15-2n)/108}(1-q_c)^{-5/6}q_c^{(195-14n)/108}\left(\frac{\rho_c}{10^3}\right)^{-(7n+3)/108} \tag{2-7-88}$$

를 얻게 된다. 식 (2-7-87)과 (2-7-88)에 의하면

$$\frac{d\log L}{d\log T_{\rm eff}}=\frac{-12(n+3)}{7n+3}=-1.98,\ n\simeq16 \tag{2-7-89}$$

이 된다. 복사로 에너지가 전달되는 동안에는 H-R도에서 식 (2-7-89)의 관계를 가지면 진

화한다. 이제 별의 외피가 팽창함에 따라 불투명도가 증가하기에 대류로 에너지가 전달되면서 적색거성 단계로 가게 된다. 이때에는 밀도가 낮은 별의 표면을 가정하여 계산하게 되면 H-R도에서의 진화 과정 식이

$$\log L = -6.98 \log T_{eff} + \text{일정} \tag{2-7-90}$$

이 된다. 전주계열별의 진화와 함께 주계열별로부터의 진화를 함께 그려본 것이 그림 2-7-5이다. 그림 2-7-6은 수치해석학적인 방법으로 자세하게 계산한 결과이다. 그림 2-7-5와 그림 2-7-6의 진화 경로의 모습은 비슷하다.

그림 2-7-6에서 별이 1의 위치에서는 별의 핵에서 수소 핵반응이 처음 시작된다. 이는 별의 일생이 시작되는 것이기에 영연령주계열(Zero Age Main Sequence, ZAMS)이라 부른다. 여기서부터 천천히 진화하여 2의 위치에 도달하는데, 이때에는 핵에서 수소가 거의 고갈된다. 따라서 주계열은 어느 정도 H-R도에서 두께를 가진다. 2에서 3의 위치로 가는 단계가 수축 단계인데, 핵의 구각에서 수소 핵반응이 발생할 때까지 수축한다. 이러한 단계는 매우 빨리 진행되어(주계열에 지낸 기간의 1 % 정도) 5의 위치까지 빨리 가게 된다.

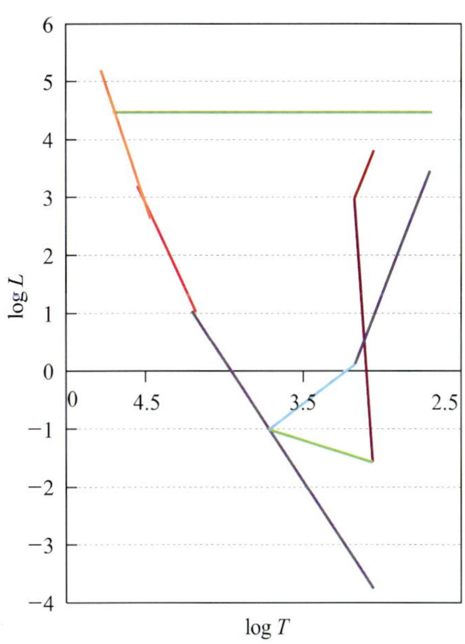

▶ **그림 2-7-5** 별의 해석학적인 진화 경로

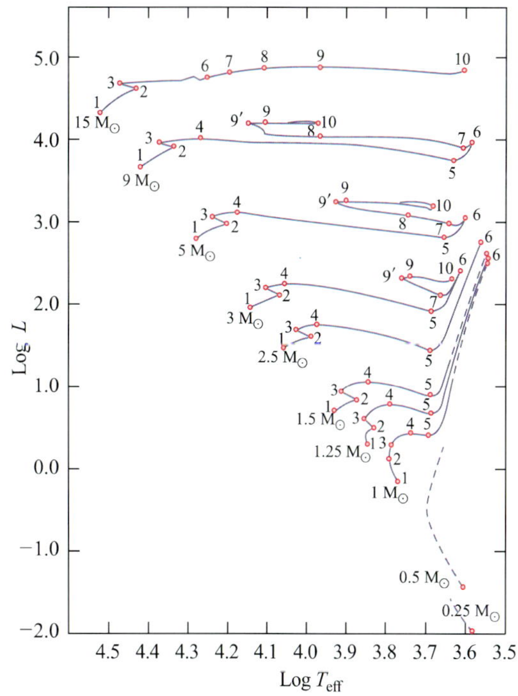

▶ **그림 2-7-6** 주계열 후의 수치해석학적 진화 경로

이 단계의 별은 드물게 관측된다. 이 부분을 H-R도에서 헤르츠스프룽 간격이라 부른다. 이후의 단계는 표 2-7-2를 보면 된다. 또한 별의 질량에 따라 주계열에서의 위치가 달라지기에 별의 진화 모습이 달라진다. 이를 그림 형식으로 표시한 것이 그림 2-7-7이다. 시간이 지남에 따라 별이 여러 형태의 모습을 보여주고, 결국에는 원래 가지고 있던 질량을

▶ **표 2-7-2** 그림 2-7-6의 각 진화 단계에서 별 내부에서의 과정

진화 단계	별 내부에서의 과정
1 → 2	핵에서 수소 핵반응
2 → 3	핵 수축, 구각 핵반응을 위한 각의 온도 증가
3 → 4	$H_{thick\ shell}$(두꺼운 구각에서의 수소 핵반응)
4 → 5	핵의 질량 증가, H_{shell}(핵의 두께는 얇아지지만 수소 핵반응은 계속됨)
5 → 6	대류로 에너지 전달
6	헬륨 핵반응
6, 7, 8, 9′	핵 수축, 수소 구각 수축, 헬륨 구각 핵반응 시작
9	헬륨 구각 핵반응
10	탄소 핵반응

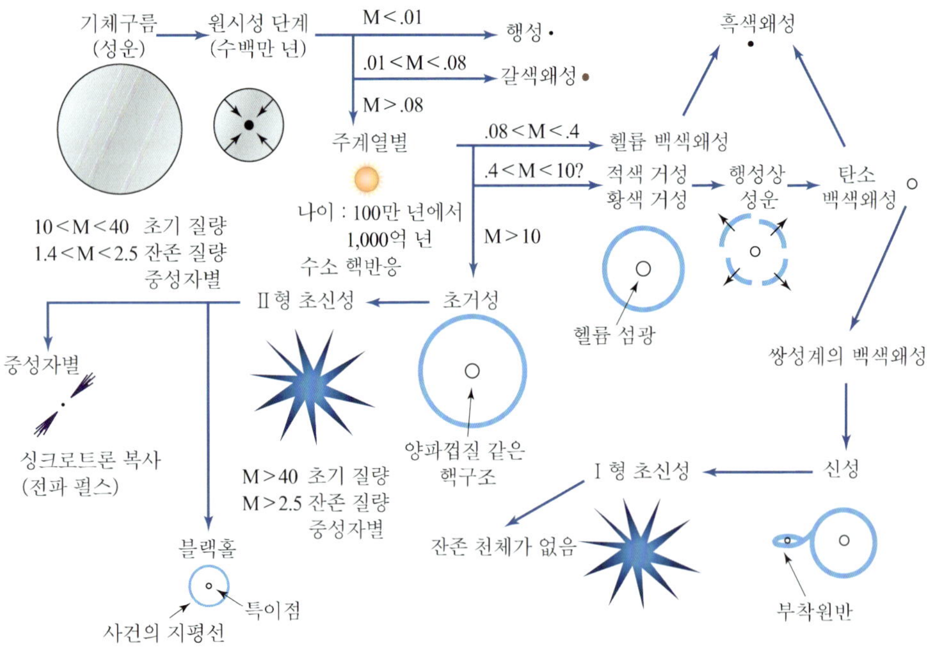

▶ **그림 2-7-7** 항성 진화 과정(모든 질량은 태양 질량 기준)

많이 잃게 된다. 이러한 과정은 그림 2-7-8을 보면 쉽게 알 수 있다. 별의 질량이 클수록 표 2-7-2의 각 단계를 지나는 시간이 짧기에 질량에 따른 진화단계에서 같은 시간대를 연결한 선, 즉 등시선(isochron)을 계산하여 이를 관측된 성단의 H-R도와 비교하면 그림 2-7-9와 같이 성단의 나이를 계산할 수 있다. M55 구상성단은 등시선과 비교하면 그 나

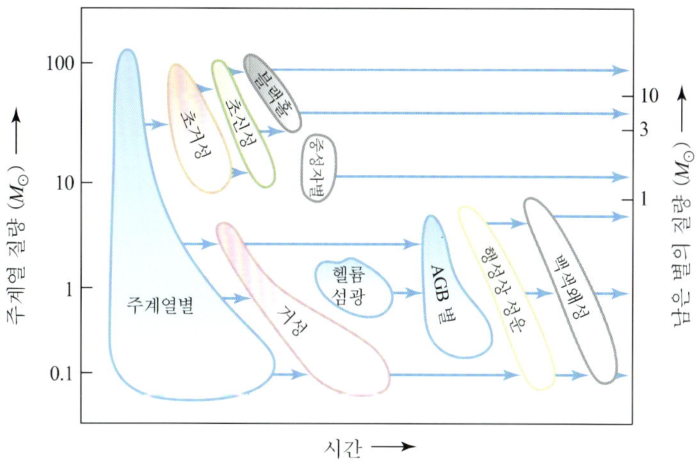

▶ 그림 2-7-8

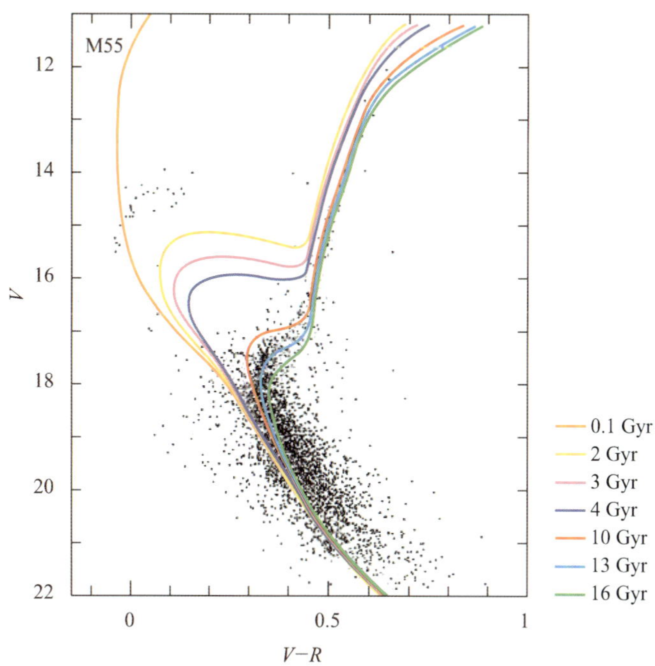

▶ 그림 2-7-9

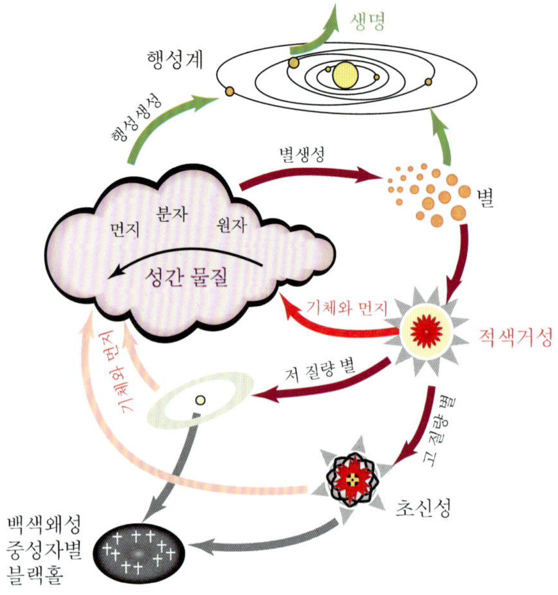

▶ **그림 2-7-10**

이가 130억 년이나 된다. 우주의 나이가 137억 년이기에 거의 우주가 진화하는 초기에 구상성단이 생성된 것을 알 수 있다. 또한 별의 생성과 진화에 따라 그림 2-7-10과 같이 성간 매질로부터 별 혹은 행성계가 생성되고, 별의 진화로 인하여 대부분의 별 내부의 물질은 적색거성 혹은 초신성 폭발의 단계로 다시 성간 공간으로 돌아가고, 일부는 백색왜성, 중성자별, 블랙홀 천체로 성간에 남게 된다. 성간 공간으로 되돌아간 성간 물질로부터 별이나 행성계가 다시 생성된다.

적색거성 이후에 별의 외피의 수소 혹은 헬륨의 이온층이 불안정하여 별의 외피의 크기가 진동한다. 이에 따라 관측되는 별의 등급도 진동하면서 변한다. 이러한 천체를 맥동변광성이라 한다. 이 맥동 주기는 $P \sim \rho^{-1/2}$이다. 따라서

$$P \sim \rho^{-1/2} \sim \left(\frac{M}{R^3}\right)^{-1/2} \tag{2-7-91}$$

의 관계를 가진다. 그런데 $T_{\rm eff} = \left(\frac{L}{4\pi\sigma R^2}\right)^{1/4}$이기에 식 (2-7-91)은

$$\log P = -\frac{1}{2}\log M + \frac{3}{4}\log L - 3\log T_{\rm eff} + C \tag{2-7-92}$$

으로 쓸 수 있다. 그런데 별의 광도 L과 복사 등급(bolometric magnitude) 등급 M_b 사이에 $\log L = \frac{2}{5}M_b +$ 일정이기에

$$\log P = -\frac{1}{2}\log\left(\frac{M}{M_\odot}\right) + 0.3(M_b - M_{b,\odot}) - 3\log\left(\frac{T_{\rm eff}}{T_\odot}\right) - 1.294 \tag{2-7-93}$$

관계를 갖는다. 그런데 세페이드 변광성의 경우,

$$M_b \simeq 2.86 - 8.22\log\left(\frac{M}{M_\odot}\right) \tag{2-7-94}$$

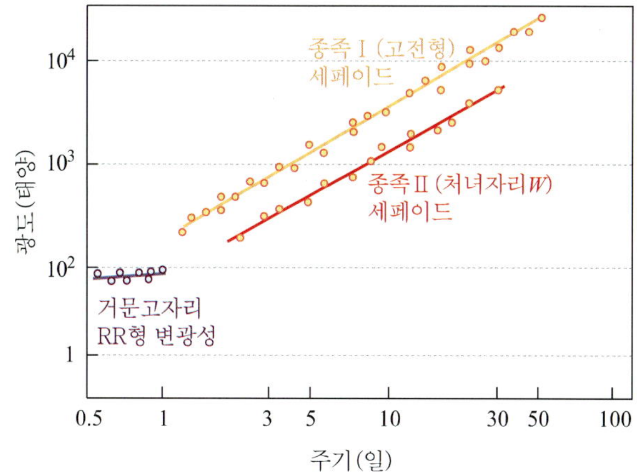

▶ **그림 2-7-11** 주기-광도 관계 광도($L_\odot$)

$$M_b = M_V + 0.145 - 0.322(B-V) \tag{2-7-95}$$

$$\log T_{\rm eff} = 3.886 - 0.175(B-V) \tag{2-7-96}$$

인 관계가 있기에 세페이드 변광성의 주기-광도 관계는 이론적으로

$$\log P + 0.239 M_V = 0.602(B-V) - 0.456 \tag{2-7-97}$$

이 유도된다. 관측으로 얻은 주기-광도 관계는

$$\log P + 0.394 M_V = -0.657 \tag{2-7-98}$$

으로 식 (2-7-97)과 비교된다. 그림 2-7-11은 각 맥동 변광성들의 주기-광도 관계를 보여준다.

2-8 변광성

어떤 원인에 의하여 별의 물리량이 변하여 그 별의 광도가 시간에 따라 변하면, 이러한 별을 변광성이라 부른다. 전통적으로 변광성의 이름은 별자리 앞에 R, S, T, … Z를 붙이고, 그 별자리에 변광성이 더 있으면 별자리 앞에 RR, … RZ, SS, … SZ, … ZZ까지 붙

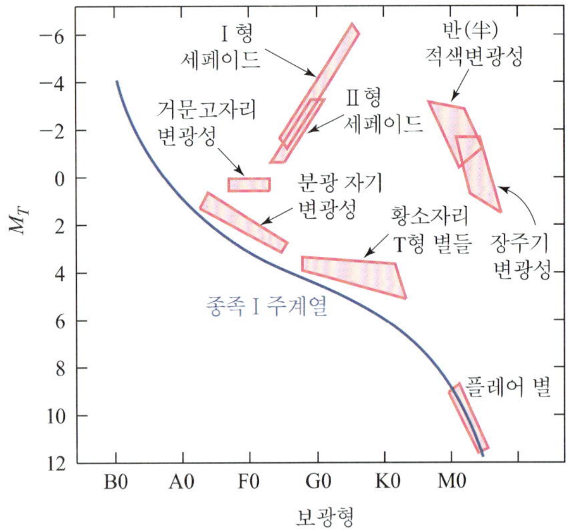

▶ **그림 2-8-1** H-R도에서의 변광성의 위치

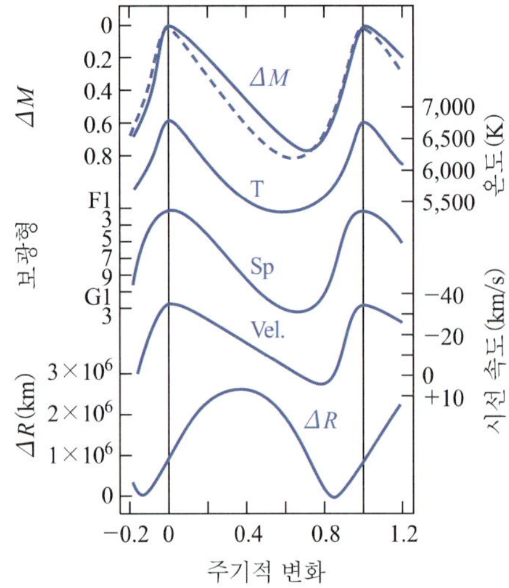

▶ **그림 2-8-2** 변광성의 물리량 변화

이고, 그래도 변광성이 더 있으면, V335, V336, …을 붙인다.

변광성의 대부분은 실제로 그 크기가 주기적으로 변한다. 그림 2-8-1의 H-R도에는 다양한 종류의 주기 변광성들의 위치를 표시하였다. 대표적으로 RR Lyrae 변광성은 변광 주기가 P~1일 정도이고, 세페이드 변광성은 P~1에서 50일 정도이다. 그러나 종족 II 세페이드 변광성(W Vir. 별)은 P~2-45일 정도이다. 그러나 Mira 변광성과 같은 장주기 변광성(Long period variable)은 P~100-500일 정도이다. 반면에 RV Tauri 변광성은 P~20-150일 정도, 준규칙 변광성(semi-regular variable)은 P~100-200일 정도이다. 그러나 주기가 몇 시간밖에 안 되는 변광성도 있다.

이러한 변광성의 크기가 변하면서 별이 냉각되기도 하고, 가열되기도 하기에 변광성의 광도도 변하게 된다. 광도는 그 별의 반지름과 표면 온도에 의하여 $L=4\pi R^2\sigma T^4$ 이기에 서로 다른 관측 시각에 관측되는 광도가 각각 L_1, L_2라 하면 $\frac{L_1}{L_2}=\frac{R_1^2 T_1^4}{R_2^2 T_2^4}$ 이 된다. 따라서 변광성의 표면 온도 비를 관측하면, 별의 크기 변화를 알 수 있다.

이러한 변광성은 주기-광도 관계(P-L relation)를 가지는데, 질량이 큰 별일수록 광도가 크고, 맥동 주기도 길다. 별의 핵에 대하여 별의 바깥 껍질은 케플러의 제3법칙을 만족하는 맥동 운동을 한다. 즉 P를 맥동 주기, R을 변광성의 반지름, M을 별의 질량이라면, $\frac{P^2}{R^3}=\frac{4\pi^2}{GM}$ 을 만족하는데, $\bar{\rho}$를 별의 평균 밀도라 하면, $M=\frac{4\pi}{3}R^3\bar{\rho}$ 이기에 $P=\sqrt{\frac{3\pi}{G\bar{\rho}}}$

가 된다. 따라서 적색거성은 별의 밀도가 적어 주기가 길고, 밀도가 큰 세페이드 변광성일수록 주기가 짧아진다. 따라서 그림 2-8-3과 같은 주기-광도 관계를 가진다.

T Tauri 별은 전주계열별로 아직 유체역학적 평형에 이르지 못하였다. 변광은 자기폭풍에 의한 플레어와 같은 형태를 보인다. 플레어 별(Flare star)은 젊은 M형 왜성으로 태양의 전형적인 플레어와 같은 폭발을 보이면서 2배 이상 밝기가 증가함을 보인다. 이러한 별들은 강한 자기장을 가지고 있어 이와 관련된 활동을 보인다. 젊은 별들은 태양보다 빨리 자전하기에 자기장이 관련되어 격한 활동을 하게 된다. 별들은 나이가 들면서 행성으로 각운동량이 전달되면서 자전속도가 줄어든다.

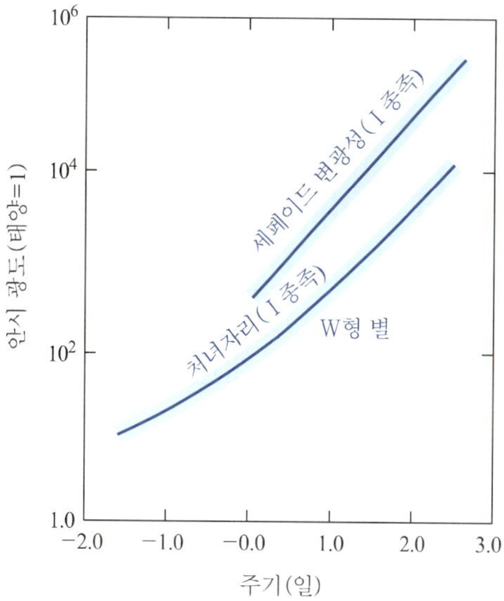

▶ **그림 2-8-3** 주기 변광성의 주기-광도 관계

자기 변광성(Magnetic variable)은 강한 자기장을 가지고 있고, 자기축과 자전축이 정렬되지 않아 변화하는 스펙트럼을 보인다. 격변변광성(Cataclysmic variable)인 RS CVn 별은 수일 정도의 주기로 서로 마주보면서 공전(동주기 자전)하는데, 이렇게 빨리 자전을 하면 자기 활동과 플레어를 유발한다. 폭발 변광성(eruptive variable)으로는 신성(novae)과 초신성(supernovae)이 있다.

식변광성(Eclipsing variable)은 쌍성으로 각각의 궤도가 그림 2-8-4와 같이 시선 방향으

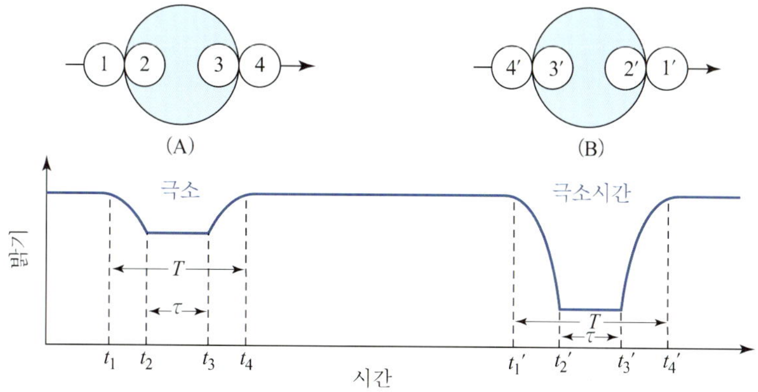

▶ **그림 2-8-4** Edge-on 식변광성의 광도 곡선

문제 3 그림 1은 INTEGRAL위성의 Optical Monitoring Camera(OMC)가 광전측광한 광도 곡선이다. 그림 2는 식변광성 광도변화 시뮬레이터이다. 이를 이용하여 그림 1의 광도 곡선의 모양을 시뮬레이션해 보라.

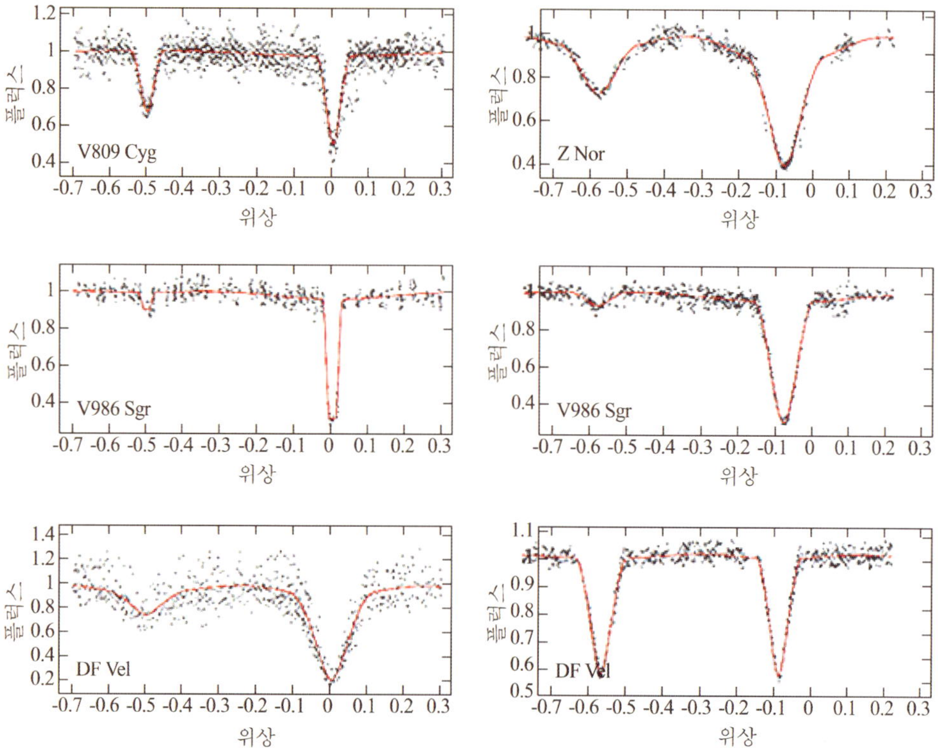

▶ **그림 1** (출처: http://spacespin.org/article.php/90136-first-light-curve-analysis)

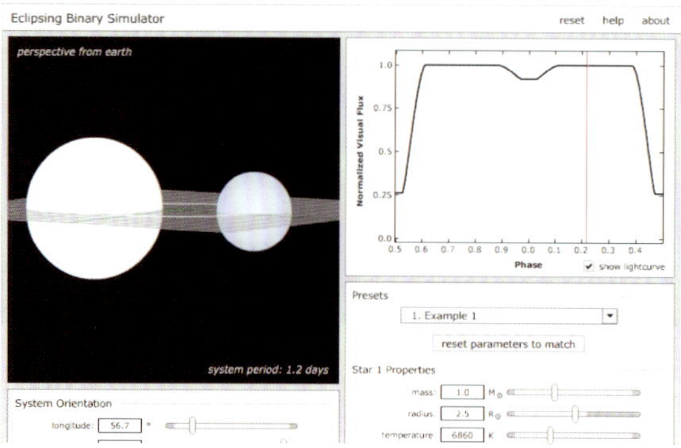

▶ **그림 2** (출처: http://astro.unl.edu/naap/ebs/animations/ebs.html)

문제 4 그림은 분광쌍성의 속도곡선 시뮬레이터이다. 그림 2의 HD 80715 분광쌍성의 스펙트럼을 이용하여 속도곡선을 그리고, 그림 1의 시뮬레이터를 이용하여 HD 80715의 속도곡선을 시뮬레이션해 보라. 또한 그림 3의 여러 속도 곡선의 모양도 시뮬레이션해 보라.

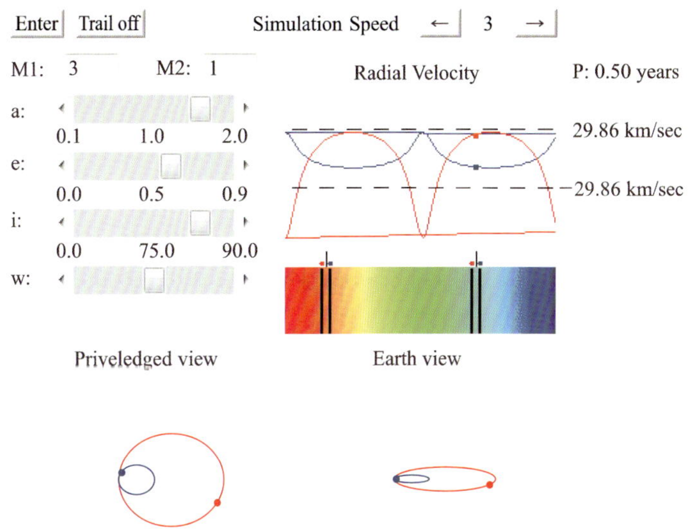

▶ **그림 1** (출처: http://sonic.net/~rknop/php/astronomy/classes/a103/fall2006/labs/binary.shtml)

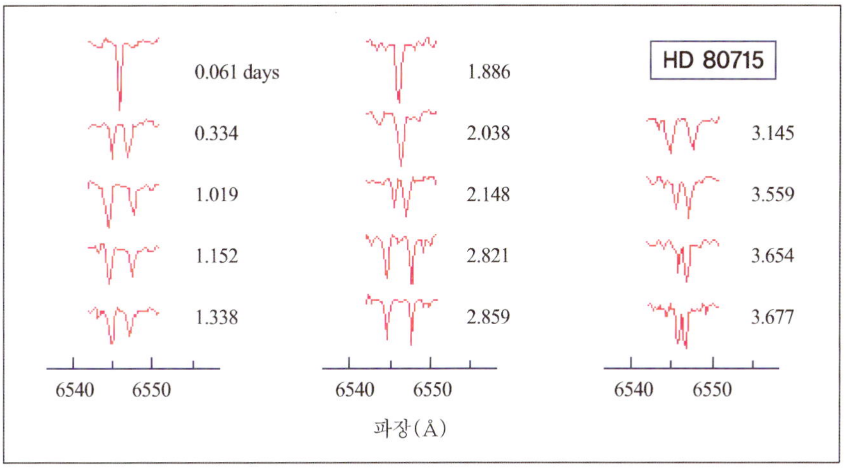

▶ **그림 2**

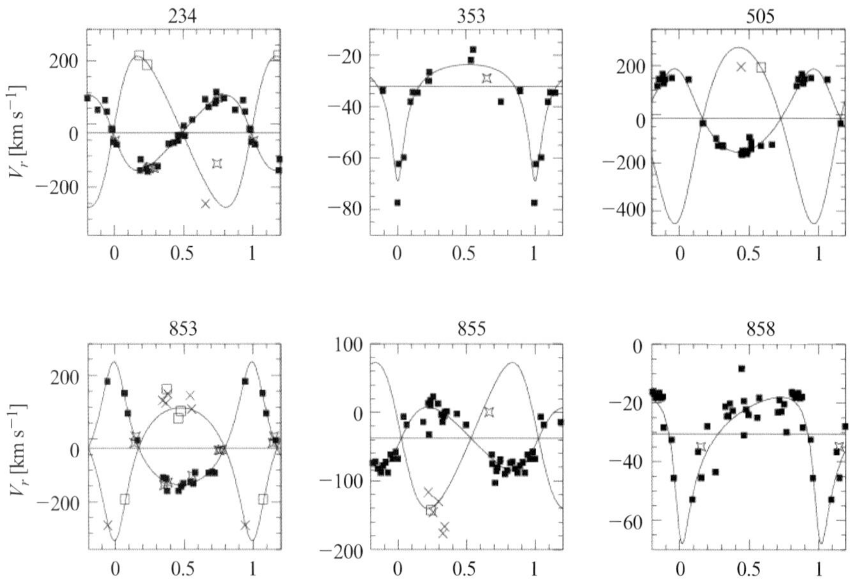

▶ 그림 3

문제 5 쌍성의 궤도 주기가 10년으로 관측되었다. 두 별의 속도가 10 km/s와 20 km/s로 관측될 때 궤도 기울기에 따른 각 별의 질량을 구하라(1 AU=1.5×10^8 km, 1년=3.16×10^7 s, 단, 별의 질량을 태양의 질량의 배수로 나타내라).

(1) 궤도 기울기가 90°일 때

(2) 궤도 기울기가 45°일 때

문제 6 그림과 같이 두 별로 이루어진 어떤 쌍성계를 장기간 관측하여 얻은 결과를 정리하면 다음 자료와 같다.

(1) 지구로부터 이 쌍성계까지 거리는 얼마인가?

(2) 두 별의 질량 M1과 M2는 각각 얼마인가?

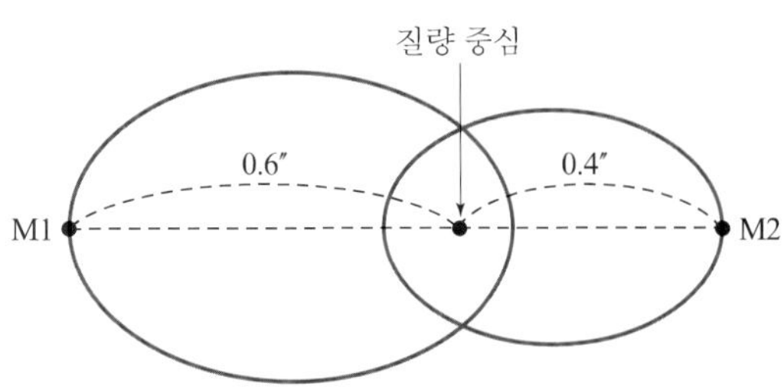

자료

- 공전주기 $P=2$년
- 연주시차 $\theta=0.5''$
- 천구면에 대한 궤도면의 경사각 $\alpha=0°$
- 질량 중심으로부터의 최대각거리 $a_1=0.6''$, $a_2=0.4''$

2-9 안시 쌍성의 궤도 구하기

대부분의 안시 쌍성을 관측하면 이 쌍성 궤도의 정면(face on)을 관측하게 해주지는 않는다. 표 2-9-1은 Zeta Herculis 쌍성의 관측자료이다. 위치각은 북쪽(그림 2-9-1의 y축)에서 시계 방향으로 잰 각이다. 이를 이용하여 그린 실궤도(apparent orbit)는 그림 2-9-1과 같다. 원점에 쌍성의 주성이 위치해 있고, 질량이 작은 반성은 궤도상에 위치해 있다. 실궤도는 타원 궤도로 보이지만 실제 궤도는 아니다. 실제 궤도도 물론 타원 궤도이기는 하지만 관측되는 실궤도는 시선 방향의 수직인 평면에 대하여 기울어져 있다. 따라서 실제 궤도를 구하기는 쉽지 않다.

일반적으로 안시 쌍성이 우리 눈에 관측되려면 주성과 반성이 상당히 떨어져 있어야 한다. 그렇지 않으면 쌍성으로 관측되지 않고, 마치 하나의 항성처럼 보인다. 따라서 안시 쌍성의 공전 주기는 대부분 상당히 길어 수십 년이 된다. 그럼에도 불구하고 관측으로 쌍성의 공전주기 P와 궤도의 긴반지름인 a를 관측으로 구할 수 있다. 그러면 케플러의 제3법칙 $P^2 = \frac{4\pi^2}{GM}a^3$을 이용하여 주성과 반성의 질량의 합인 M을 구할 수 있고, 주성과 반

▶ **표 2-9-1** Zeta Herculis 쌍성의 관측자료

날짜	위치각	주성과 떨어진 각	날짜	위치각	주성과 떨어진 각
1931. 9	352.0	0.58	1957. 6	73.8	1.58
1935. 9	227.0	0.92	1959. 6	64.2	1.52
1937. 6	207.6	1.07	1961. 7	52.6	1.36
1939. 8	188.6	1.14	1963. 7	37.7	1.09
1941. 8	170.3	1.16	1965. 7	7.2	0.70
1943. 8	154.3	1.20	1967. 4	305.5	0.49
1945. 8	138.7	1.26	1968. 2	270.5	0.57
1947. 6	125.8	1.32	1969. 0	248.4	0.73
1949. 7	115.2	1.39	1969. 3	242.7	0.78
1951. 7	101.5	1.48	1969. 8	233.6	0.87
1953. 7	91.9	1.55	1970. 7	222.1	0.97
1955. 8	82.0	1.59	1949. 8	117.3	1.41

$$\frac{\text{중심}-\text{초점}}{\text{중심}-\text{근점}}=\frac{ae}{e}=e \tag{2-9-1}$$

가 된다. 따라서 그림 2-9-5와 같이 투영된 타원에서도

$$e=\frac{CS}{CA} \tag{2-9-2}$$

가 된다.

그림 2-9-2에서 타원과 편심 원 사이에서 타원의 장경에 수직으로 선을 그으면 타원과 편심 원을 지나가게 된다. 타원의 짧은 반지름을 b라 하면 $b=a\sqrt{1-e^2}$ 이기에 비율인 $\frac{a}{b}$는

$$\frac{a}{b}=k=\frac{1}{\sqrt{1-e^2}}=\frac{\text{장경에서 수직으로 편심 원까지 길이}}{\text{장경에서 수직으로 타원까지 길이}} \tag{2-9-3}$$

관계가 있다. 따라서 이를 이용하면 그림 2-9-5의 실궤도에 대여 투영된 편심 원을 그릴 수 있다.

그림 2-9-7과 같이 CA와 평행하게 선을 긋는다. 이 선의 중심은 실제 궤도의 짧은 반지름이 그림 2-9-8과 같이 지나간다. 이제 그림 2-9-9와 같이 실궤도의 X 위치에서 그림 2-9-8의 CM과 평행하게 그어 CA의 연장선과 만나는 점 사이의 거리가 d라 하자. 이제 그림 2-9-11과 같이 X를 지나도록 kd를 연장한다. 같은 방법으로 실궤도의 여러 위치에 대하여 같은 방법으로 반복하여 그림 2-9-12같이 그린 다음 그 끝점을 연결하면, 그림 2-9-13과 같이 투영된 편심 원을 그릴 수 있다. 이제 그림 2-9-14와 같이 투영된 편심 원의 가장 긴 길이가 실제 궤도의 긴반지름이고, 가장 짧은 길이는 원이 기울어져 시선 방향과 수직인 평면과 기울어져 있기에 그렇게 짧게 보인다. 따라서 가장 긴 길이의 반이

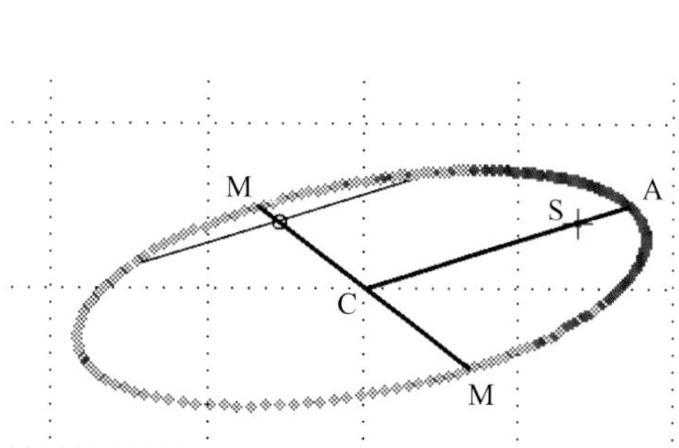

▶ 그림 2-9-8

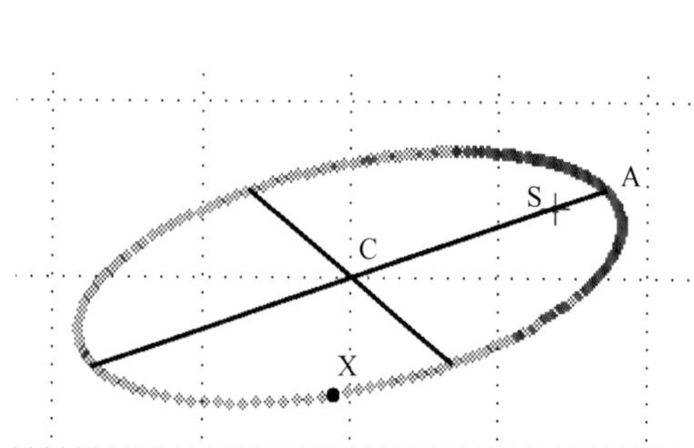

▶ 그림 2-9-9

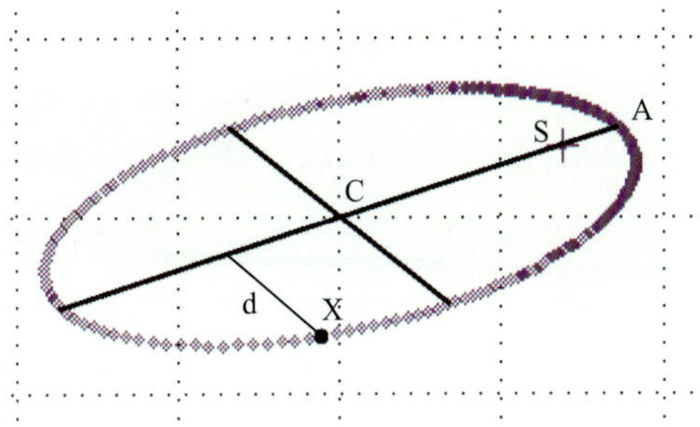

▶ 그림 2-9-10

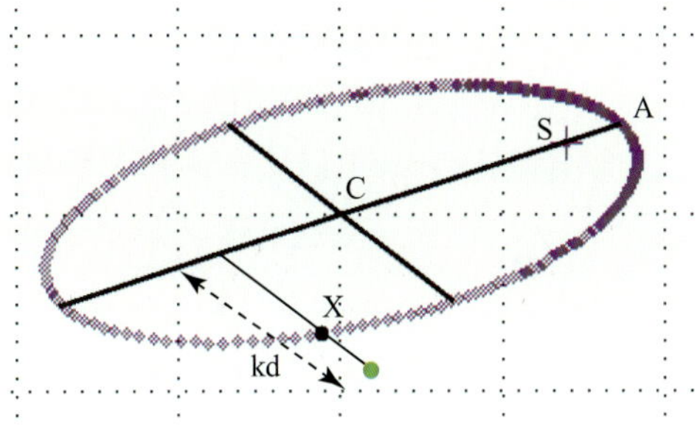

▶ 그림 2-9-11

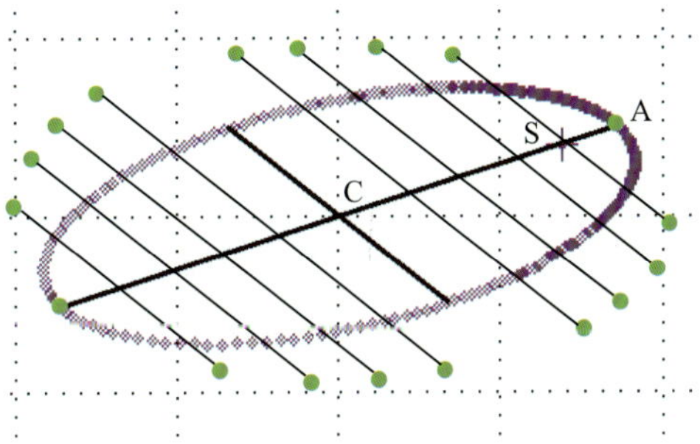

▶ 그림 2-9-12

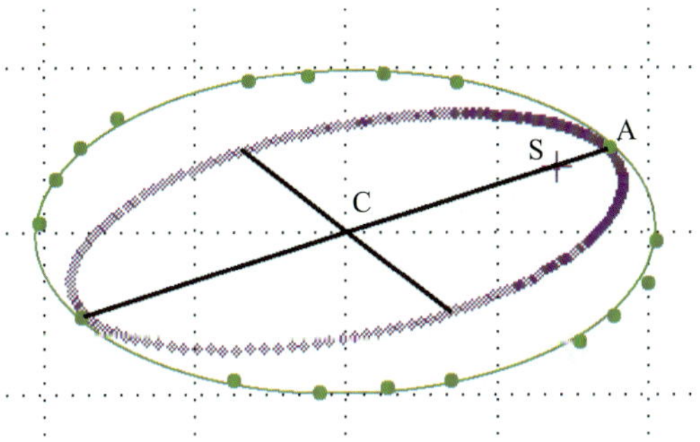

▶ 그림 2-9-13

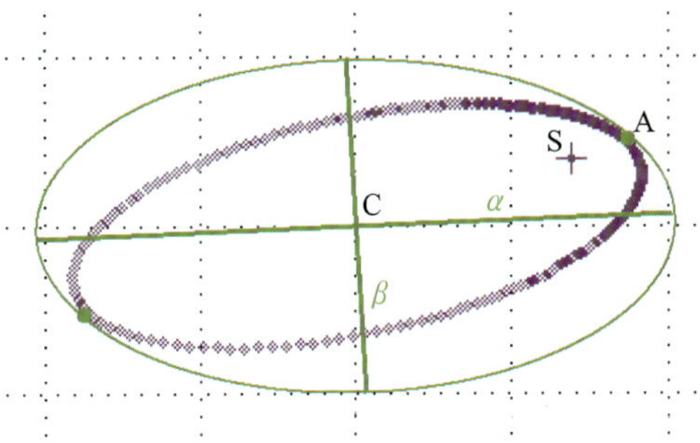

▶ 그림 2-9-14

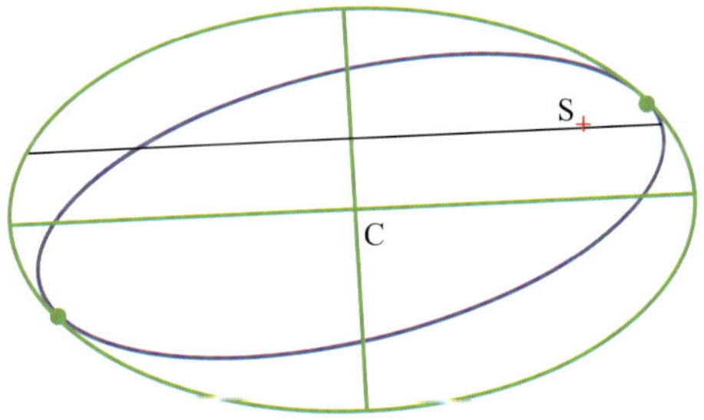

▶ 그림 2-9-15

실제 궤도의 긴반지름 α이고 가장 짧은 길이를 β라 하면 $\beta = \alpha\cos(i)$이기에 실제 궤도의 기울기 각도인 i를 구할 수 있다.

일반적으로 교점선은 초점을 지나고 장경에 평행하기에 그림 2-9-15와 같이 그릴 수 있다. 그러나 그림 2-9-16과 같은 근점 편각인 ω는 직접 구할 수는 없다. 그림 2-9-15에서 A 위치를 자세하게 그린 것이 그림 2-9-17이다. S Ω가 교점선이기에 $\tan\lambda$ 길이는 그림 2-9-16의 $\tan\omega$만큼의 길이가 i 각도만큼 기울어져 있다. 따라서

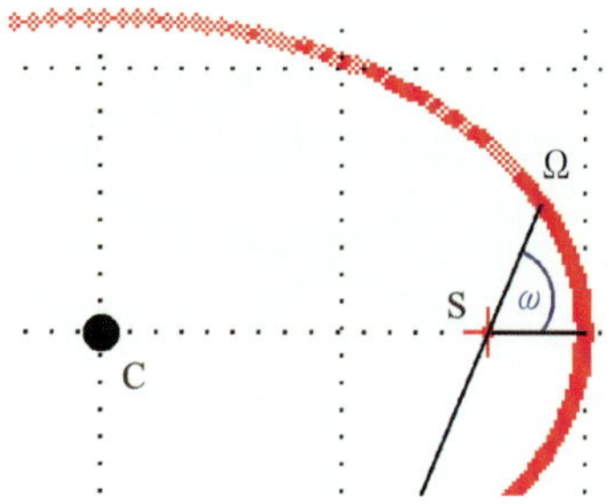

▶ 그림 2-9-16

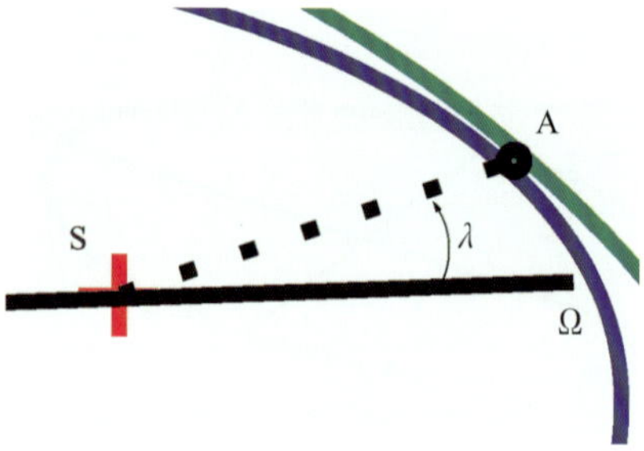

▶ 그림 2-9-17

$$\tan\omega = \frac{\tan\lambda}{\cos i} \tag{2-9-4}$$

가 된다.

이제 우리는 실제 궤도의 이심률 e, 긴반지름 a, 경사각 i, 교점선 Ω, 근점 편각 ω 그리고 관측으로 공전 주기 P, 근점 통과 시각 T를 얻게 되었다. 따라서 안시 쌍성의 질량도 얻을 수 있다.

문제 그림에 주어진 시리우스 쌍성의 실궤도를 이용하여 궤도 요소들과 쌍성의 질량을 구하라.

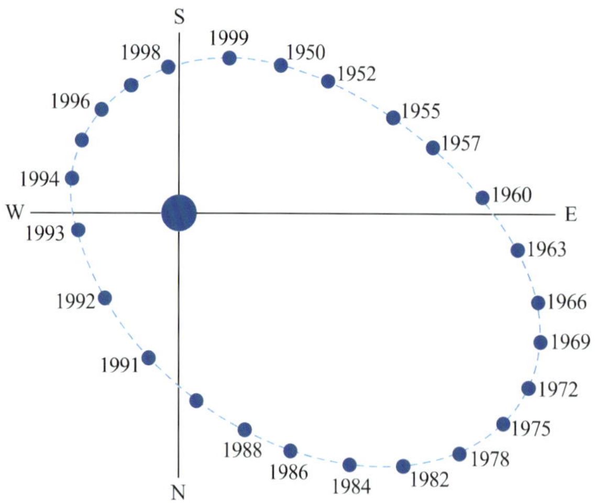

시리우스 A와 B의 실궤도

2-10 성단의 나이

별이 수소 핵반응을 하는 동안에는 H-R도에서 주계열에 머물러 있다. 따라서 수소 핵반응의 거의 마지막에 이르러 주계열을 떠나게 된다. 일반적으로 주계열에 머무는 시간을 $\tau = \frac{E}{\dot{E}}$으로 구할 수 있다. 그런데 별의 에너지는 수소 핵반응에 의하여 얻어지기에 $E \propto M$이고, $\dot{E} = L$(별의 광도)이다. 그런데 태양이 주계열에 머물 수 있는 나이가 10^{10}년 정도이기에

$$\tau \simeq 10^{10}\left(\frac{M/M_{\odot}}{L/L_{\odot}}\right)\text{년} \qquad (2\text{-}10\text{-}1)$$

이다.

주계열성의 질량-광도 관계는 다음과 같다.

$$\frac{L}{L_{\odot}} = \left(\frac{M}{M_{\odot}}\right)^{4} \quad M > 0.4M_{\odot} \qquad (2\text{-}10\text{-}2)$$

$$\frac{L}{L_{\odot}} = \left(\frac{M}{M_{\odot}}\right)^{2.3} \quad M < 0.4M_{\odot} \qquad (2\text{-}10\text{-}3)$$

따라서 $M > 0.4M_{\odot}$인 경우에는

$$\tau = 10^{10}\left(\frac{M}{M_{\odot}}\right)^{-3} = 10^{10}\left(\frac{L}{L_{\odot}}\right)^{-3/4}\text{년} \qquad (2\text{-}10\text{-}4)$$

이 된다. 이제 이를 그림 2-10-1의 산개성단에 적용해 보자. 성단은 여러 질량을 가진 별들의 집단이다. 별의 질량이 클수록 주계열에서 빨리 떠나기에 나이가 많은 성단일수록 그림 2-10-2의 H-R도에서 주계열의 전향점이 광도가 작은 쪽으로, 혹은 절대등급이 낮은 쪽으로 나타난다. 따라서 성단의 나이에 따라 그림 2-10-3과 같이 주계열의 모습이 변화한다. 그림 2-10-3의 오른쪽 위의 그림이 산개성단의 H-R도와 같고, 오른쪽 아래 그림이 구상성단의 H-R도와 같다.

예를 들어 플레이아데스 성단의 전향점이 $M_V \simeq -1.77$ 근처이다. 그런데 태양의 절대등급이 $M_V \simeq 4.83$이기에 전향점의 광도 L은 $2.5\log\left(\frac{L}{L_{\odot}}\right) = 4.83 - (-1.77) = 6.6$이 된

▶ **그림 2-10-1** 플레이아데스 성단

다. 따라서 $\frac{L}{L_\odot} = 436.5$가 되고, 플레이아데스 성단의 나이는 $\tau = 1.047 \times 10^8$ 년을 얻게 된다. 이는 등나이 곡선(isochron curve)으로 얻은 $\tau = 0.5 \times 10^8$ 년과 비슷하다(그림 2-10-6).

이제 이 방법을 구상성단의 나이를 구하는 데 적용하여 보자. 그림 2-10-4는 M3 구상성단이다. 이 성단의 거리는 대략 10.4 kpc이다. 그런데 그림 2-10-5에서 전향점의 V 실시

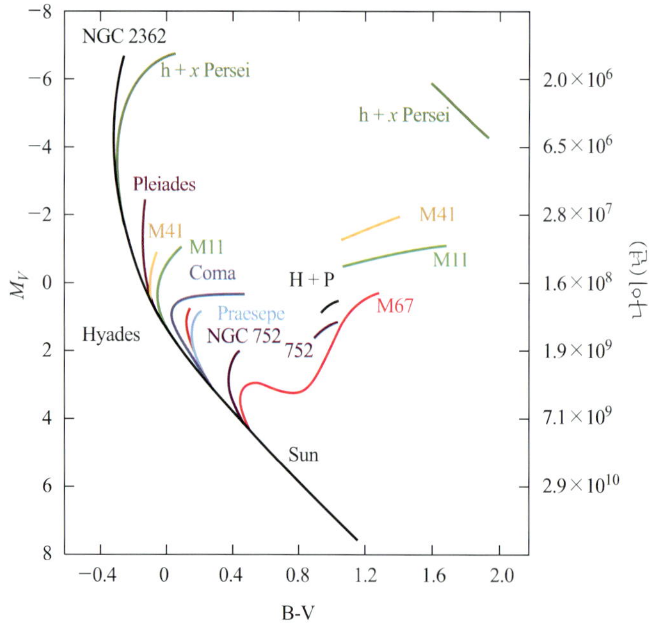

▶ **그림 2-10-2** 산개성단의 H-R도와 나이

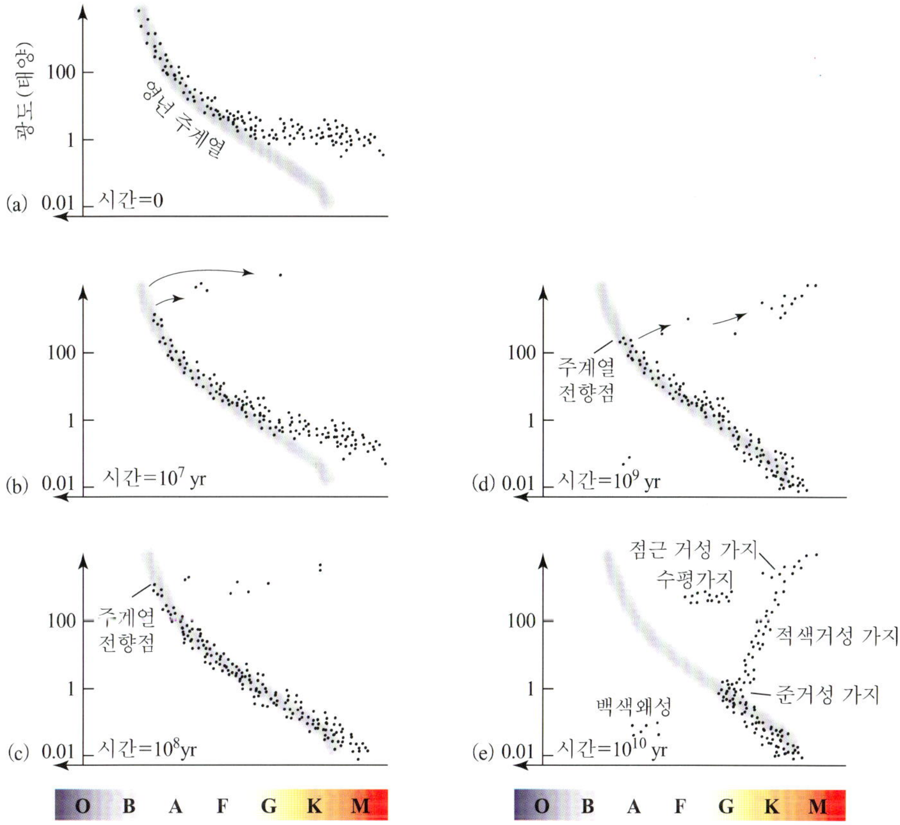

▶ **그림 2-10-3** 성단의 나이에 따른 주계열의 변화

▶ **그림 2-10-4** M3 구상성단

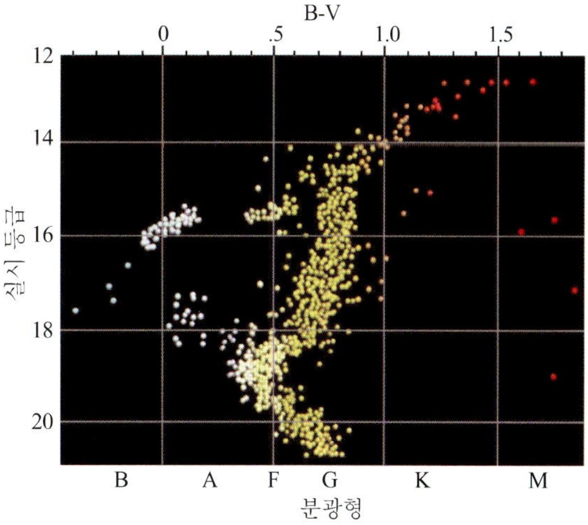

▶ **그림 2-10-5** M3 구상성단의 H-R도

의 같기 때문에 $\frac{1}{T_{eff}}\frac{dT_{eff}}{dt}=\frac{7}{8}\frac{1}{T_c}\frac{dT_c}{dt}$ 이기에 표면 온도는 내부 온도에 비하여 조금 천천히 감소한다. 일반적으로 백색왜성의 크기는 거의 지구만 하기에 백색왜성의 표면 온도는 위 값들을 대입하면 1.08×10^4 K 정도가 된다.

2-12 비구형 행성상 성운의 팽창

성간 버블과 행성상 성운의 실제 모습은 그림 2-12-1과 2-12-2와 같이 관측된다. 이러한 흐름이 매우 빠른 속력을 가지기에 흐름의 종단에는 매우 강한 충격파가 형성된다. 따라서 충격파 조건을 이용하여 이 흐름의 모습을 그려보기로 하자.

매우 강한 충격파(shock wave)인 경우, 랭킨-후고니오트 도약 조건은

$$v_s^2=\frac{\gamma+1}{2}\frac{P_1}{\rho_0} \tag{2-12-1}$$

$$P_1=(\gamma-1)e=\lambda(\gamma-1)\frac{E}{V} \tag{2-12-2}$$

이다. 팽창하는 동안 e가 거의 일정하다고 가정한다. 즉 충격파를 미는 압력인 P_1이 팽

▶ 그림 2-12-1

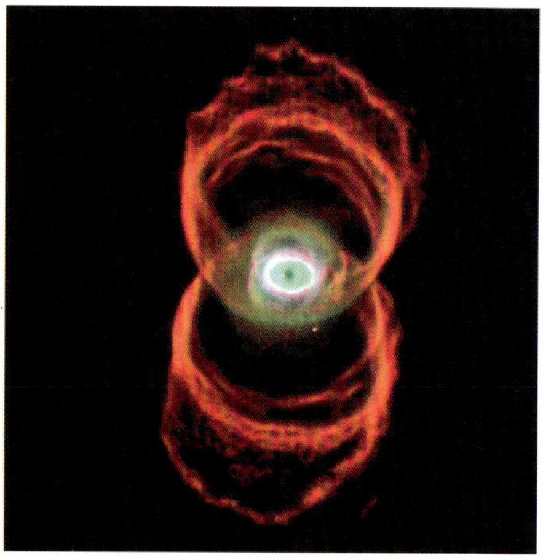

▶ 그림 2-12-2

창하는 동안 일정하다고 가정한다. 그런데 충격파의 모양을 $r(\theta, t)$라 하자. 그러면

$$v_s = -\frac{\partial r/\partial t}{|\overrightarrow{\nabla} r|} \tag{2-12-3}$$

이다. 따라서

$$\frac{\partial r}{\partial t} = v_s \sqrt{1+\left(\frac{1}{r}\frac{\partial r}{\partial \theta}\right)^2} \tag{2-12-4}$$

가 된다. 그런데 $\rho_0 = \rho_* A(\theta)\left(\frac{r_0}{r}\right)^2$의 밀도 분포를 가진다고 가정하고, $x = \ln(r/r_0)$, $\tau = \frac{t}{r_0}\sqrt{\frac{\gamma+1}{2}\frac{P_1}{\rho_*}}$ 라 놓으면, 식 (2-12-4)는

$$\frac{\partial x}{\partial \tau} = \sqrt{A(\theta)\left[1+\left(\frac{\partial x}{\partial \theta}\right)^2\right]} \tag{2-12-5}$$

가 된다.

별 주변의 부착 원반의 밀도 분포가 $A(\theta) = 1-\alpha+\alpha\exp[\beta\cos(2\theta)-\beta]$, $\alpha = 0.99$, $\beta = 1.5$, $r_0 = 1$이라 하면 $\frac{\rho_0}{\rho_*}$의 분포는 그림 2-12-3과 같다. 이러한 밀도 분포를 가진 성

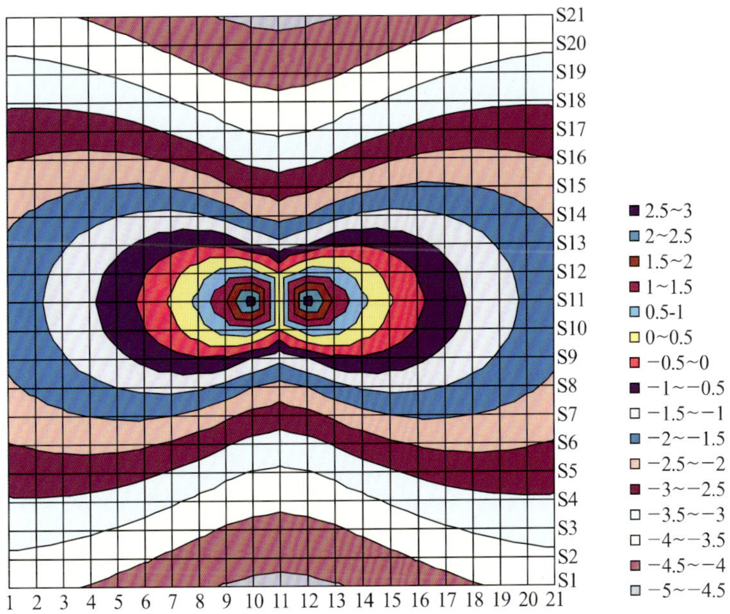

▶ **그림 2-12-3**

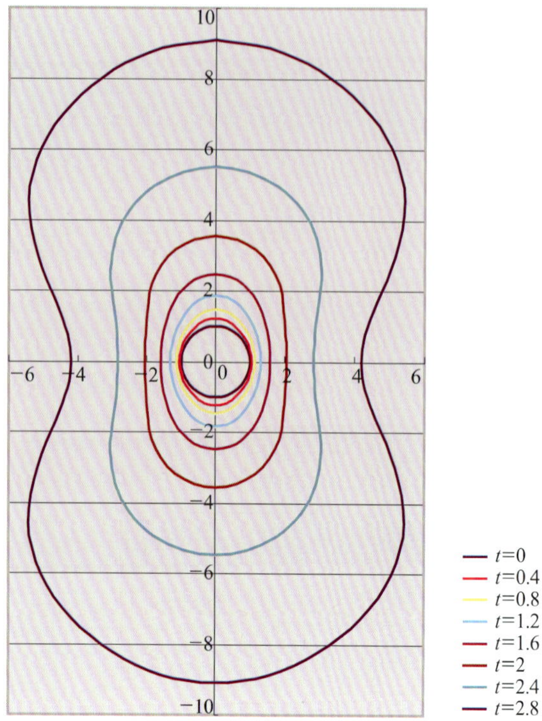

▶ **그림 2-12-4**

간운의 중심에 위치한 별에서 발생하는 RGB 항성풍의 충격파 팽창 모습은 각 τ값에 따라 그림 2-12-4와 같이 보인다.

2-13 전리파면(Ionization Front): HII 거품

개수 밀도가 n_0인 성간 매질에서 별 S가 N_*의 전리광자를 매초 발한다고 하자. 이 전리광자는 별 S에서 거리 R의 구형 공간을 완전히 전리하고(HII 영역), $4\pi R^2$ J만큼의 전리광자가 남았다고 하자. 또한 별에서 나온 전리광자 하나는 반드시 성간 매질에 있는 수소 원자 하나를 완전히 전리한다고 가정하자. 그리고 전리평형(ionization equilibrium)을 가정하면

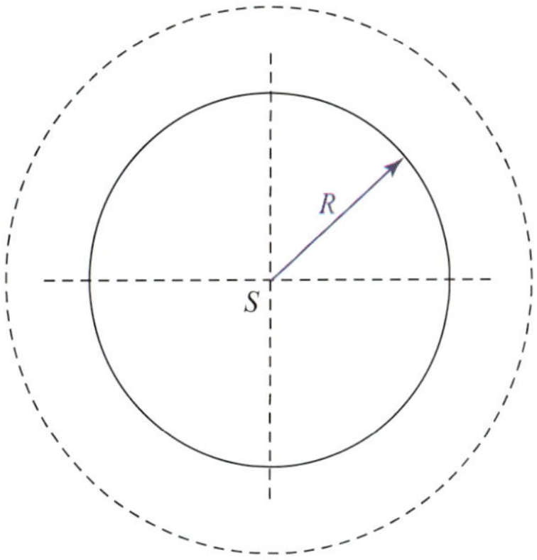

▶ **그림 2-13-1**

$$N_* - 4\pi R^2 \,\mathrm{J} = \frac{4\pi}{3} R^3 n_0^2 \beta_2 \tag{2-13-1}$$

로 쓸 수 있다. 그런데 $4\pi R^2 \,\mathrm{J}\, dt = 4\pi R^2 n_0 \, dR$이기에

$$\frac{dR}{dt} = \frac{N_*}{4\pi R^2 n_0} - \frac{1}{3} R n_0 \beta_2 \tag{2-13-2}$$

가 된다. 만약 $R_s = \left(\frac{3}{4\pi}\frac{N_*}{n_0^2\beta_2}\right)^{1/3}$(스트룀그렌 반지름)이고, $t_R = \frac{1}{n_0\beta_2}$(재결합 시간 척도)를 단위로 하고, $r = \frac{R}{R_s}$, $\tau = \frac{t}{t_R}$, $\dot{r} = \frac{(dR/dt)}{(R_s/t_R)}$로 놓으면,

$$\dot{r} = \frac{1}{3}\frac{(1 - r^3)}{r^2} \tag{2-13-3}$$

이 된다. 이 방정식의 해는

$$r = (1 - e^{-\tau})^{1/3} \tag{2-13-4}$$

가 된다. 따라서 $\tau \to \infty$이면, $r = 1$, 즉 스트룀그렌 반지름인 R_s에 이른다. 그런데 $\tau = 1$, 즉 $t = t_R = \frac{1}{n_0\beta_2}$일 때 벌써 $R \simeq 0.86 R_s$, 즉 거의 스트룀그렌 반지름에 이른다. 또한 $\tau \ll 1$일 때 $r \simeq \tau^{1/3}$의 형태로 근사된다.

이제 식 (2-13-1)을 다시 써보면

$$N_* - 4\pi R^2 n \frac{dR}{dt} = \int_{R_*}^{R} 4\pi r^2 n^2 \beta_2 dr \tag{2-13-5}$$

이 된다. 여기서 $\mathrm{J} = n\frac{dR}{dt}$이다. 따라서

$$N_* = 4\pi R^2 n \frac{dR}{dt} + \int_{R_*}^{R} 4\pi r^2 n^2 \beta_2 dr \tag{2-13-6}$$

이 된다.

만약 $R \rightarrow R_s$이면 $\frac{dR}{dt} \rightarrow 0$이 되므로

$$N_* = \int_{R_*}^{R_s} 4\pi r^2 n^2 \beta_2 dr \tag{2-13-7}$$

이 된다. 만약 성간운의 개수 밀도 분포가 $n = n_0 e^{-z/h}$라 하자. 여기서 h는 성간운 밀도 분포의 높이척도이다. $\frac{R_*}{h} \ll 0$이다. 따라서

$$\frac{N_*}{4\pi h^3 n_0^2 \beta_2} = \int_0^{R_s/h} x^2 e^{-2z/h} dx \tag{2-13-8}$$

가 된다 여기서 $x = r/h$이다. 만약 $\zeta = x\cos\theta = z/h$, $\xi = x\sin\theta$라 하면

$$\frac{N_*}{4\pi h^3 n_0^2 \beta_2} = \int_0^{R_s/h} x^2 e^{-2x\cos\theta} dx \tag{2-13-9}$$

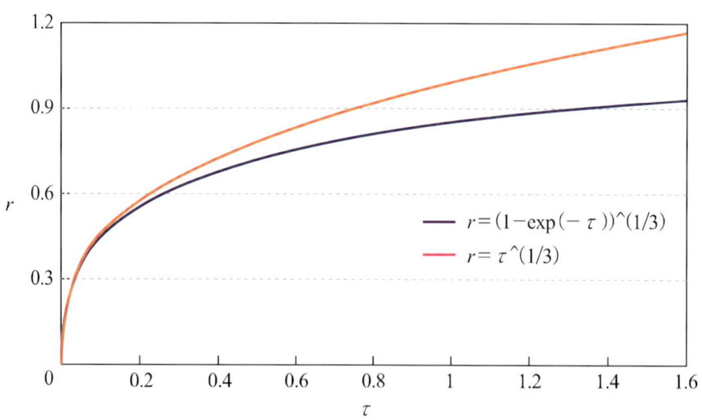

▶ 그림 2-13-2

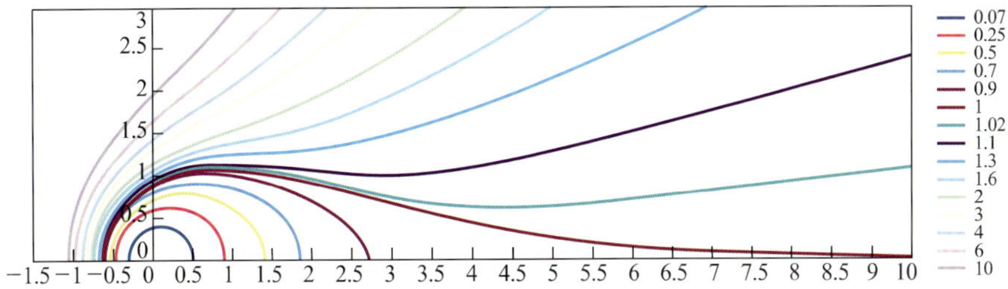

▶ 그림 2-13-3

가 된다. $A = \dfrac{N_*}{\pi h^3 n_0^2 \beta_2}$ 로 놓고, 이를 적분하면

$$A\cos^3\theta = \{1-(2\zeta^2+2\zeta+1)e^{-2\zeta}\} = A(1+\xi^2/\zeta^2)^{3/2} \tag{2-13-10}$$

가 된다. $\theta = 0$인 경우는 $A = 1-(2\zeta^2+2\zeta+1)e^{-2\zeta}$ 이 된다. $\theta = \pi/2$일 때에는 $A = \dfrac{4}{3}\zeta^3$ 이 된다. 그림 2-13-3은 A값에 따라 식 (2-13-10)을 그린 것으로 별에서 나오는 전리광자의 양에 따라 성간운의 개수 밀도 분포가 $n = n_0 e^{-z/h}$일 때, 각 입체각 방향의 스트룀그렌 거리로 보여지는 HII 영역의 모습이다. 그림 2-13-3에서 보면 $A = 1$이 되면 비로소 HII 영역이 열리기 시작하는데, 이는 $\theta = 0$ 방향으로 $A = 1$이 되려면 $\zeta \to \infty$이기 때문이다.

이제 식 (2-13-4)에서 초기 팽창에서는

$$N_* = 4\pi R^2 n \frac{dR}{dt} \tag{2-13-11}$$

으로 근사할 수 있다. 따라서

$$dt = \frac{4\pi R^2 n dR}{N_*} \tag{2-13-12}$$

이 된다. $n = n_0 e^{-z/h}$, $r = R/h$, $T = \dfrac{A}{4}\dfrac{t}{t_R} = \dfrac{tN_*}{4\pi h^3 n_0}$ 로 놓으면,

$$T = \int_0^r e^{-r\cos\theta} r^2 dr \tag{2-13-13}$$

이 된다. $\zeta = r\cos\theta = z/h$ 이면,

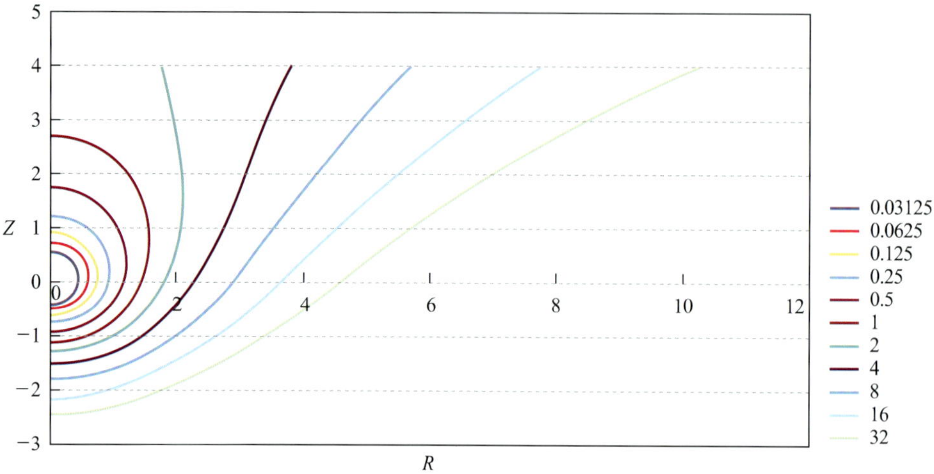

▶ **그림 2-13-4** HII 거품

$$T\cos^3\theta = \int_0^\zeta e^{-\zeta}\zeta^2 d\zeta = 2-(\zeta^2+2\zeta+2)e^{-\zeta} \qquad \text{(2-13-14)}$$

이다. 그런데 $\theta=0$인 경우는 $T=2-(\zeta^2+2\zeta+2)e^{-\zeta}$이 된다. $\theta=\pi/2$일 때에는 $T=\frac{1}{3}\zeta^3$이 된다. 그림 2-13-4는 식 (2-13-11)을 $T=2^{n-6}$, $n=1,\cdots,11$인 경우의 HII 영역의 팽창 모습이다. $T=2$일 때 비로소 HII 영역이 열리기 시작한다. 즉 $t=\frac{8}{A}t_R$이 된다. $\beta_2 \simeq 2.6\times10^{19}\ \mathrm{m^3/s}$, $n_0=3\times10^8\ /\mathrm{m}^3$이면 $t_R\simeq 406.3$년이다. 그림 2-13-4의 모습은 매우 거친 근사이기는 하지만 그림 2-13-3에서 거의 $A\simeq 6\sim 12$의 모습과 비슷하므로 $t\sim t_R$일 때 HII 영역이 열리기 시작하며, $t\sim 10t_R\sim 4{,}000$년 정도가 되면 HII 거품(HII blister)의 모습이 된다. 이러한 모습은 오리온 대성운에서 볼 수 있다.

ASTROPHYSICS

CHAPTER 03

우리 은하계

3-1 우리 은하의 질량

기본적인 아이디어

천체의 질량을 구하기는 쉽지 않다. 그러나 우리가 저울에 올라 몸무게를 재듯이 중력을 이용하면 된다. 우리가 저울에 오르면 지구의 질량과 우리 몸의 질량 때문에 서로 만유인력이 작용한다. 저울의 용수철은 이를 반발하는 힘(수직항력)이 발생한다. 따라서 이 두 힘의 평형으로 우리는 우리 몸의 질량을 측정한다.

천체의 경우에는 그 천체의 위성이 공전하면 우리는 쉽게 그 천체의 질량을 계산할 수 있다. 지구의 경우에는 달이라는 위성을 가지고 있다. 달은 지구를 대략 27.3일의 주기로 공전한다. 따라서 달의 공전 속도는 대략

$$v = \frac{2\pi r}{P} = \frac{2\pi \times 3.8 \times 10^8}{27.3 \times 24 \times 3600} = 1012.25 \text{ m/s} \tag{3-1-1}$$

가 된다. 따라서 달의 공전으로 인한 원심력은 중력과 평형을 이룬다. 즉

$$\frac{GM_\oplus}{r^2} = \frac{v^2}{r} \tag{3-1-2}$$

이다. 따라서 이 식에 의해 지구 질량의 값은 $M_\oplus = 5.84 \times 10^{24}$ kg 이 된다.

마찬가지로 태양의 질량은 지구의 공전 주기 365.25일, 지구-태양 간 거리 1.5×10^8 km를 이용하면 쉽게 $M_\odot = 2 \times 10^{30}$ kg을 얻는다. 지구와 태양의 질량비는 대략 1 : 343468.5가 되기에 태양에 비해 지구 질량은 무시할 정도로 작다.

우리 은하 중심을 공전하는 태양의 공전 속도

우리 은하 내의 별들의 운동을 관측하면 우리는 우리 은하 전체가 어떻게 움직이는지 알 수 있다. 그러나 우리 은하 내의 성간 매질은 별빛을 흡수하여 가시광선을 관측하는 광학 망원경으로 멀리 있는 별을 관측하기는 불가능하다. 그럼에도 불구하고 태양이 우리 은하를 회전하는 속도를 알아야 우리 은하의 질량을 어림할 수가 있다.

그림 3-1-1을 보면 우리가 태양계에 위치해 있기에 우리가 관측할 수 있는 시선속도 v_r은

$$v_r = v\cos\alpha - v_{\odot}\sin l \tag{3-1-3}$$

이 된다. 이때 $\angle SPC = 90 + \alpha$이기에

$$\frac{\sin(90+\alpha)}{R_{\odot}} = \frac{\sin l}{R} = \frac{\cos\alpha}{R_{\odot}} \tag{3-1-4}$$

이다. 따라서

$$v_r = v\cos\alpha - v_{\odot}\sin l = v\frac{R_{\odot}}{R}\sin l - v_{\odot}\sin l \tag{3-1-5}$$

$$= R_{\odot}\left(\frac{v}{R} - \frac{v_{\odot}}{R_{\odot}}\right)\sin l$$

$$= R_{\odot}(\omega - \omega_{\odot})\sin l$$

$$v_t = R_{\odot}(\omega - \omega_{\odot})\cos l - d\omega \tag{3-1-6}$$

가 된다. 여기서 $R^2 = R_{\odot}^2 + d^2 - 2R_{\odot}d\cos l$이다.

이제 태양 부근의 천체에 대해서는 $d \ll R_{\odot}$, $d \ll R$이기에 이를 이용하면 태양 부근의

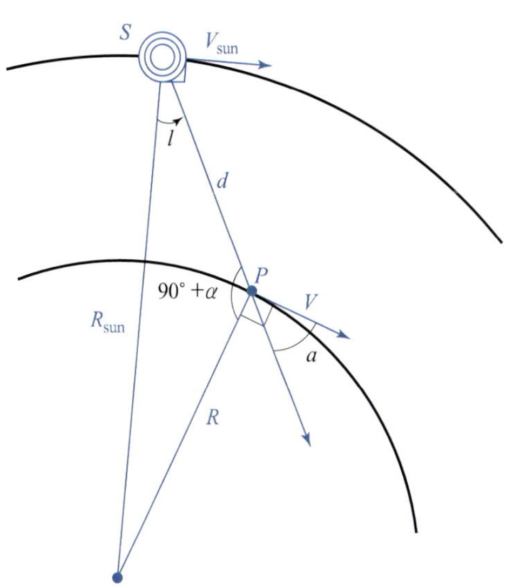

▶ 그림 3-1-1

천체에 대하여 위 식은

$$v_r = A\,d \sin 2l \tag{3-1-7}$$

$$v_t = d(A\cos 2l + B) \tag{3-1-8}$$

으로 근사된다. 여기서 $A = \frac{1}{2}\left[\omega_\odot - \left(\frac{dv}{dR}\right)_{R_\odot}\right]$, $B = -\frac{1}{2}\left[\omega_\odot + \left(\frac{dv}{dR}\right)_{R_\odot}\right]$이다. 이 상수를 오르트 상수라 부른다.

태양에서 가까운 별들도 은하 회전에 의하여 시선 방향 운동과 접선 방향 운동을 하게 되는데, 접선 방향 운동은 고유운동으로 관측된다. 별의 고유운동은 그 별의 거리가 d이고 접선 속도가 v_t km/s일 때,

$$\mu = \frac{v_t}{4.74d} \tag{3-1-9}$$

인 관계가 있다. 따라서 위의 두 번째 식을 대입하면

$$\mu = \frac{A\cos 2l + B}{4.74} \tag{3-1-10}$$

인 관계를 얻는다. 이 식은 은경 l에만 관여하지 별의 거리 d와는 관련이 없다.

이제 거리 d를 알 수 있는 세페이드 변광성의 시선속도를 은경 l에 대하여 관측하면 A의 값을 알 수 있고, 고유운동 관측으로 B값을 알 수 있다. 최근에는 히파르코스 위성의 관측에 의하여

$$A = \ \ 14.8 \pm 0.8 \text{ km/s/kpc} \tag{3-1-11}$$

$$B = -12.4 \pm 0.6 \text{ km/s/kpc} \tag{3-1-12}$$

를 얻을 수 있다(그림 3-1-2 참조). 그런데 $\omega_\odot = A - B$이기에

$$\omega_\odot = A - B = 27.2 \text{ km/s/kpc} \tag{3-1-13}$$

를 얻을 수 있다. 따라서 태양과 우리 은하까지의 거리 $R_\odot = 8.5$ kpc라 하면 우리 은하가 중심을 공전하는 속도는 231.2 km/s가 된다. 또한 태양이 우리 은하 중심을 공전하는 주기는

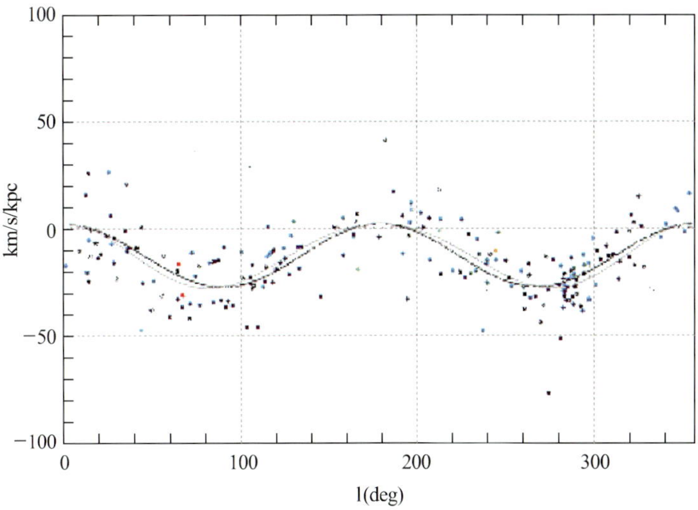

▶ 그림 3-1-2

$$P_{\odot} = \frac{2\pi}{\omega_{\odot}} = 2.265 \times 10^8 \text{ 년} \tag{3-1-14}$$

이다. 이제 우리 태양의 우리 은하 중심 공전 속도를 알기에 우리 은하의 대략의 질량은

$$M_G = \frac{R_{\odot} v_{\odot}^2}{G} = 1.046 \times 10^{11} \ M_{\odot} \tag{3-1-15}$$

이 된다. 이 값은 보통의 나선은하의 질량과 거의 같다.

별의 개수 세기

우리가 밤하늘에서 볼 수 있는 별의 개수는 몇 개나 될까? 밤하늘의 별을 모두 세기는 불가능하므로 어느 한정된 영역에서 볼 수 있는 별을 우리 눈으로 세야 한다. 따라서 밤하늘의 한정된 영역을 볼 수 있는 도구(tool)를 만들어야 한다. 이러한 도구는 두루마리 화장지의 가운데 종이심(tube)을 이용한다. 이 관을 2개 정도 이어 붙이면, 그림 3-1-3과 같다. 여기서 ω는 입체각으로

$$\omega = \frac{\pi R^2}{r^2} \tag{3-1-16}$$

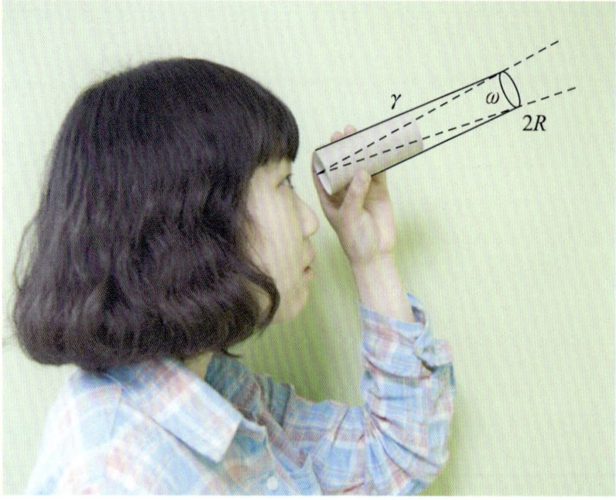

▶ **그림 3-1-3**

이다. 밤하늘에서 이 입체각으로 볼 수 있는 별의 개수를 n이라 하면 밤하늘 전체에서 볼 수 있는 별의 총 개수 N은

$$N = n\frac{2\pi}{\left(\frac{\pi R^2}{r^2}\right)} = \frac{2nr^2}{R^2} \tag{3-1-17}$$

이 된다. 그림 3-1-3에서 관의 $r = 194\,\mathrm{mm}$, $R = 19\,\mathrm{mm}$이고, 이 도구를 통해 관측된 별의 평균 개수가 10개 정도라면, $n = 10$이 된다. 따라서 $N \simeq 2{,}000$ 정도가 된다. 이는 지평선 위에 떠 있는 별의 개수이기에 지평선 아래의 하늘까지 고려하면 약 4,000개 정도가 된다. 도시의 불빛이 없는 곳에서는 거의 3,000개 정도를 볼 수 있다 한다. 따라서 지평선 아래까지 고려하면, 우리 맨눈으로 관측할 수 있는 별의 총 개수는 거의 6,000개나 된다.

일반적으로 우리 눈은 6등급까지의 별밖에 관찰하지 못한다. 그런데 우리가 관측하는 별들이 평범한 태양과 같은 별($M = 5$)들이라고 하자. 그렇다면, 우리 눈은 16 pc(=52광년) 정도까지만 관측할 수 있다고 볼 수 있다. 왜냐하면 $m - M = 5\log d - 5$를 이용하면 쉽게 구할 수 있다. 그렇다면 $\frac{4\pi}{3}52^3 = 5.89 \times 10^5\,\mathrm{ly}^3$ 안에 6,000개의 별이 있다는 것이 된다. 그런데 그림 3-1-4를 보면 우리 은하의 부피는 대략 $2.36 \times 10^{13}\,\mathrm{ly}^3$이 된다. 따라서 우리 은하 내에는 2.4×10^{11}개의 별이 있다고 볼 수 있다. 이 별들이 태양 정도의 질량을 가지고 있기에 우리 은하의 질량은 대략 $2.4 \times 10^{11}\,M_\odot$이 될 것이다. 이 값을 태양의 은

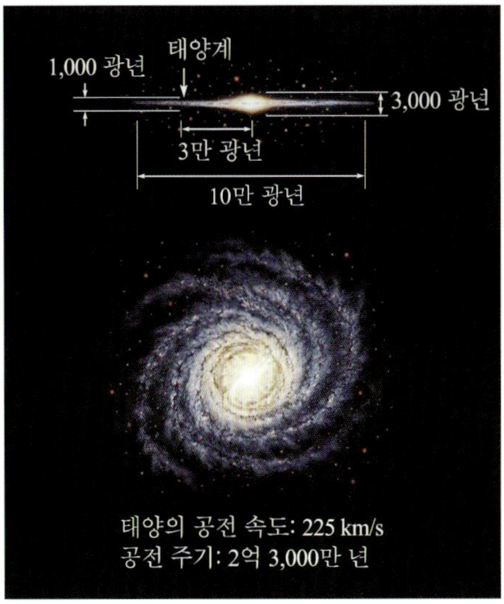

▶ 그림 3-1-4

하 중심 공전 속도로 구한 값과 비교해 보면 거의 그 값들이 비슷하다는 것을 알 수 있다. 즉 우리는 우리 주변의 대부분의 별들을 관측하고 있는 듯하다.

3-2 별 세기(태양계 주변의 별들의 공간분포)

많은 별들의 거리를 측정하여 별들의 공간 분포를 구하기란 거의 불가능하다. 거리를 측정하는 대신에 별의 겉보기 밝기를 관측하기는 이보다 쉽다. 만약 관측된 모든 별들의 절대등급이 모두 같다고 한다면 겉보기 등급을 거리 대신 사용해도 된다. 이제 겉보기 등급을 변수로 별의 개수를 나타내 보자. 만약 입체각이 ω이고 거리 r부터 $r+dr$ 떨어진 곳의 부피는 그림 3-2-1과 같이 $dV=\omega r^2 dr$이 된다.

만약 우리 은하에 별이 균일하게 분포해 있다면, 즉 별의 개수 밀도 n이 일정하다면, 입체각 ω, 거리 r까지 부피 안에 들어 있는 별의 총 개수는

$$N(r)=\omega n\int_0^r r^2 dr=\frac{1}{3}\omega n r^3 \tag{3-2-1}$$

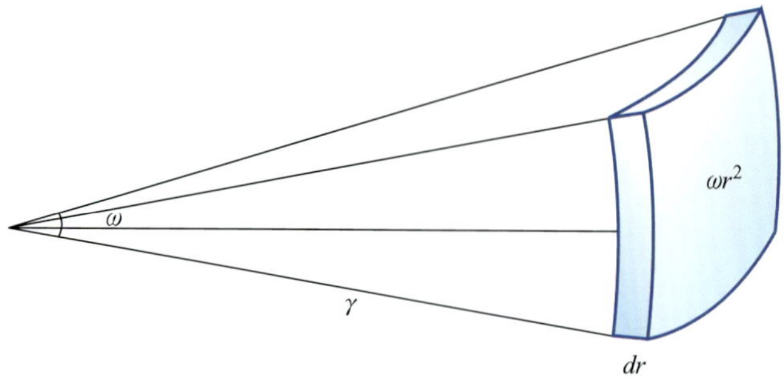

▶ 그림 3-2-1

이다. 그런데 절대등급과 겉보기 등급 사이의 관계는

$$m - M = 5\log(r) - 5 \ \text{혹은}\ r = 10^{[0.2(m-M)+1]} \tag{3-2-2}$$

이다. 따라서 $N(r)$은

$$N(m) = \frac{1}{3}\omega n 10^{(0.6m - 0.6M + 3)} \ \text{혹은}$$

$$\log N(m) = 0.6m - 0.6M + 3 + \log(\omega n/3) = 0.6m + C_1 \tag{3-2-3}$$

가 된다. 즉 1등급 증가할 때마다 별의 총 개수는 $10^{0.6} \simeq 4$배씩 증가해야 한다. 그렇지만 실제로 그렇지 않다.

이제 이러한 별로부터 얼마나 많은 빛들을 관측하게 되나 계산해 보자. 만약 $m = 0$인 별의 겉보기 밝기를 l_o라 하면,

$$l(m) = l_o 10^{-0.4m} \tag{3-2-4}$$

이다. 따라서 겉보기 등급 m인 별들로부터 오는 빛의 총 광도는

$$dL(m) = l(m)\frac{dN(m)}{dm} = C_2 10^{0.2m} \tag{3-2-5}$$

이 된다. 따라서 겉보기 등급 m보다 더 밝은 모든 별들이 보내는 총 광량은

$$L_{tot}(m) = \int_{-\infty}^{m} dL(m)dm = C_2\int_{-\infty}^{m} 10^{0.2m}dm = C_3 10^{0.2m} \tag{3-2-6}$$

이 된다. 만약 m이 매우 커지면 이 값은 거의 무한대로 커진다. 즉 무한대로 밝아진다. 이 문제가 올버의 역설(Olber's paradox)이다. 즉 우리 은하가 균질하고, 거의 무한대로

크다면, 밤하늘은 매우 밝을 것이다. 그렇다면 이렇게 별의 개수를 세는 것이 부적절한가? 그렇지 않다. 특정한 별의 개수 세기를 통해 특정한 별들의 분포를 안다면 우리 은하의 구조를 알 수 있을 것으로 기대된다.

이제 실제 관측 자료인 표 3-2-1을 가지고 $N(m)$의 분포를 그려보면 그림 3-2-2와 같다. 이 그래프를 기울기가 0.6인 이론값과 비교하였다. 실제의 관측 그래프는 이론 그래프의 기울기보다 작다. 왜 그럴까? 천문학자들은 그 이유를 우리 은하의 성간 매질에 의한 빛의 소광 때문인 것으로 밝혀냈다. 빛의 소광을

$$A(r) \simeq 0.8(r/1 \text{ kpc}) = 0.0008r \tag{3-2-7}$$

이라 하면, $r = 10^{[0.2(m-M)+1]}$ 식은 $r = 10^{[0.2(m-M)+1-0.0008r]}$이 된다. 따라서 $N(m) = \frac{1}{3}\omega n 10^{(0.6m-0.6M+3)}$은 $N(m) = \frac{1}{3}\omega n 10^{(0.6m-0.6M+3-0.0024r)}$이 된다. 따라서 거리가 증가함에 따라, 즉 m이 증가함에 따라 $\log N(m)$의 값은 감소하게 된다.

즉 은하면을 따라서는 성간 매질에 의한 소광에 의하여 기울기가 점점 줄어듦이 설명

▶ **표 3-2-1**

m	$\log N(m)$ 은하면에서 은하 북극 방향으로	$\log N(m)$ 은하 중심 방향으로
4	-2.2	-1.55
5	-1.69	-1.08
6	-1.2	-0.6
7	-0.74	-0.16
8	-0.3	0.29
9	0.14	0.78
10	0.55	1.25
11	0.96	1.73
12	1.33	2.18
13	1.69	2.6
14	2.01	3.02
15	2.27	3.42
16	2.54	3.78
17	2.78	4.13
18	3.02	4.5
19	3.2	4.8
20	3.4	5
21	3.5	5.3

*출처: *Allen's Astrophysical Quantities*

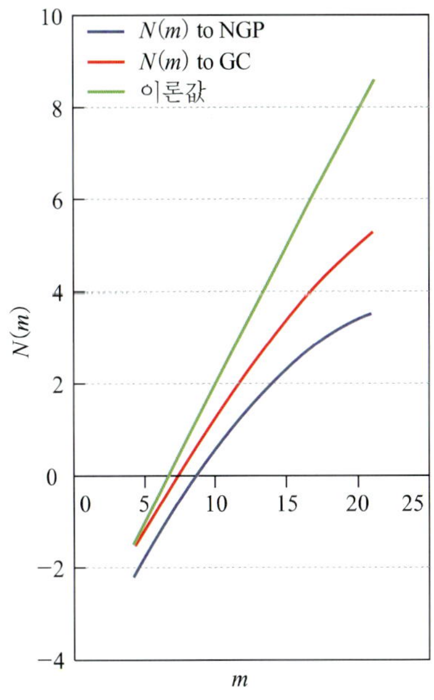

▶ **그림 3-2-2**

된다. 그러나 은하면의 수직으로 성간 매질보다는 별 자체의 개수 밀도가 줄어들기 때문인 것으로 보인다. 표 3-2-2는 은하 북극과 은하 남극 방향으로 관측한 별의 개수 세기 분포이다. 이 별들은 B-V가 거의 0.3~0.6 근처이고 주계열 별들이기에 $M_v = 4$ 정도가 된다. 따라서 $m_v \pm 0.5$에 해당하는 거리를 z_1, z_2라 할 때, $z = 10^{[0.2(m-M)+1]}$의 식을 이용하여 구할 수 있다. 따라서

$$N(m) = \omega \int_{z_1}^{z_2} D(z) z^2 dz = \frac{1}{3} \omega D(\bar{z})(z_2^3 - z_1^3) \tag{3-2-8}$$

▶ **표 3-2-2** 은하 북극과 은하 남극 방향으로 관측한 별의 개수 세기 분포

m_v	N(m)/deg^2	Z	dV	log[$D(Z)$]	m_v	N(m)/deg^2	Z	dV	log[$D(Z)$]
Tokyo NGC					Weistrop				
11	2.71	0.25	2.42E+03	-2.95085	12.5	6.5	0.5	1.92E+04	-3.47039
12	4.75	0.4	9.62E+03	-3.30648	13.5	12	0.79	7.64E+04	-3.80391
13	7.78	0.63	3.83E+04	-3.69222	14.5	21.5	1.26	3.04E+05	-4.15044
14	10.72	1	1.52E+05	-4.15165	15.5	24.3	1.99	1.21E+06	-4.69718
15	16.31	1.58	6.07E+05	-4.57073	16.5	28.5	3.15	4.82E+06	-5.2282
16	23.81	2.51	2.42E+06	-5.00706	17.5	39.5	5	1.92E+07	-5.6867
17	29.22	3.98	9.62E+06	-5.51749	TM				
18	43.94	6.31	3.82E+07	-5.9392			0.1		-2.69
GRH SGP							0.29		-2.84
12.5	6.9	0.5	1.92E+04	-3.44445			0.49		-3.13
13.5	7.9	0.79	7.64E+04	-3.98547			0.68		-3.31
14.5	8.5	1.26	3.04E+05	-4.55345			0.88		-4.18
15.5	9.9	2	1.21E+06	-5.08715			1.07		-4.17
16.5	23.9	3.16	4.82E+06	-5.30465			1.26		-4.8
17.5	38.4	5.01	1.92E+07	-5.69897			1.46		-4.92
18.5	45.7	7.94	7.64E+07	-6.22318			1.65		-4.73
GRH							1.85		-4.35
12.5	10.3	0.39	1.92E+04	-3.27046			2.04		-4.91
13.5	13.3	0.62	7.64E+04	-3.75924			2.43		-5.36
14.5	19.2	0.98	3.04E+05	-4.19957			2.63		-5.43
15.5	23.5	1.55	1.21E+06	-4.71172			2.82		-5.19
16.5	36.8	2.46	4.82E+06	-5.1172			3.02		-5.55
17.5	59	3.89	1.92E+07	-5.51245			3.21		-5.6
18.5	92.6	6.17	7.64E+07	-5.91648			3.4		-5.65
							3.6		-5.7

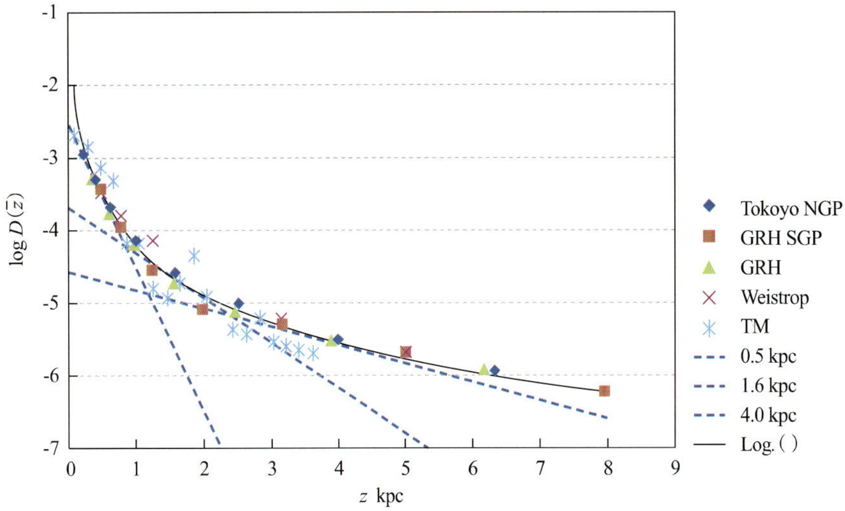

▶ 그림 3-2-3

이다. 여기서 $z=\frac{z_1+z_2}{2}$ 이다. 이렇게 구한 z와 $\log[D(z)]$ 값을 표 3-2-2에 수록하였다. 이를 그래프로 그려보면 그림 3-2-3과 같다. 이 그래프를 보면 은하면에서 은하극 방향으로 올라갈수록 별의 개수 밀도가 감소하고 있음을 볼 수 있다. 따라서 은하 북극 방향으로 $\log N(m)$의 기울기가 줄어듦이 설명되고, 성간 매질의 소광과 함께 이용하면 올버의 역설도 어느 정도 해결된다. 그림 3-2-3의 별의 개수 밀도 분포를 가지고 우리 은하가 얇은 원반(thin disk), 두꺼운 원반(thick disk), 헤일로(halo)도 가지고 있음을 알 수 있다. 분포로부터 각 구조에서 별의 개수 밀도에 대한 거리 척도(scale height)가 0.5, 1.6, 4.0 kpc 정도가 됨을 알 수 있다.

3-3 별들의 속도분포

분광형이 서로 다른 별들의 Z 속도의 분산을 측정해 보면 표 3-3-1과 같다. 그런데 이러한 별 그룹들은 각기 다른 원반 두께를 가지고 있다.

우리 은하 원반에 별들이 고루 잘 섞여 있지는 않다. 일종의 별의 그룹에 따라 차이를 보인다. 별들이 우리 은하 안에서 어떤 속도를 가지고 움직이는데, 중력적으로 흩어져 무

▶ **표 3-3-3** (계속)

m_v	V_r	M_v	m_v	V_r	M_v	m_v	V_r	M_v
7.9	78	1.71	9.11	20	1.2	9.84	31	0.99
8.38	31	2.14	8.4	-7	0.48	10.56	41	1.71
7.31	-9	1.06	9.33	10	1.41	9.65	-22	0.79
7.97	9	1.7	8.23	7	0.3	10.73	70	1.86
7.83	-6	1.54	8.69	1	0.74	10.96	-7	2.05
7.11	-18	0.82	9.42	26	1.46	10.73	-5	1.81
7.37	16	1.06	9	23	1.04	10.22	58	1.29
8.22	-26	1.84	8.59	4	0.63	10.41	10	1.48
7.77	-36	1.35	8.92	2	0.95	9.82	15	0.88
7.04	0	0.61	8.72	-22	0.74	10.4	-50	1.46
7.43	9	0.99	9.01	8	1.03	9.15	24	0.19
7.43	14	0.9	9.35	14	1.36	10.66	-6	1.69
7.47	28	0.9	9.78	3	1.79	10.55	-37	1.56
8.13	2	1.53	8.69	14	0.69	9.82	41	0.81
7.32	8	0.7	8.77	0	0.77	9.79	46	0.78
8.3	10	1.67	8.94	-2	0.94	10.56	24	1.54
8.05	27	1.4	9.4	8	1.4	10.5	49	1.48
7.41	-18	0.74	9.38	2	1.37	10.03	7	1
8.6	-15	1.93	8.33	15	0.32	8.95	-35	-0.09
7.75	3	1.06	9.66	22	1.64	9.6	-2	0.55
7.33	8	0.62	9.6	-2	1.57	9.61	14	0.56
7.94	21	1.23	9.09	-3	1.06	10.87	-32	1.82
7.7	-17	0.94	9.45	34	1.41	10.37	-23	1.32
8	-29	1.22	8.71	-3	0.67	10.79	-24	1.74
8.61	-8	1.81	9.56	24	1.5	8.26	11	-0.79
7.9	-31	1.09	7.59	0	-0.47	10.58	34	1.53
7.8	13	0.97	8.97	27	0.91	10.59	23	1.53
8	18	1.17	8.93	16	0.83	10.43	45	1.35
7.69	10	0.86	8.85	30	0.74	10.58	-34	1.5
8.01	-4	1.17	9.7	-17	1.57	8.78	26	-0.34
7.5	14	0.66	8.37	19	0.23	9.56	-33	0.44
7.97	0	1.11	8.28	0	0.13	9.44	41	0.3
7.49	-5	0.62	9.3	38	1.15	10.45	-73	1.31
8	-6	1.13	9.27	1	1.12	10.08	-29	0.93
9	18	2.11	9.52	14	1.36	10.18	17	1.03
8.02	-9	1.13	9.98	-5	1.81	10.66	-5	1.5
8.45	-13	1.55	9.6	-7	1.43	9.6	2	0.4

▶ **표 3-3-3** (계속)

m_v	V_r	M_v	m_v	V_r	M_v	m_v	V_r	M_v
8.39	3	1.47	9	14	0.83	9.86	15	0.65
7.4	37	0.48	9.27	14	1.09	10.49	-20	1.26
8.4	-3	1.44	9.32	27	1.12	9.2	13	-0.06
8.42	4	1.45	9.98	-2	1.78	10.6	9	1.32
8.2	5	1.21	9.02	-18	0.81	10.66	118	1.38
9.1	-23	2.1	10.3	-5	2.09	10.42	-33	1.13
7.3	-4	0.28	9.75	-43	1.54	9.3	76	0.01
8.15	12	1.12	9.59	-12	1.38	10.96	21	1.67
7.53	8	0.49	9.1	15	0.88	9.82	7	0.52
8.26	19	1.22	9.9	-17	1.68	9.51	5	0.19
8.2	42	1.14	9.06	34	0.83	10.42	8	1.09
8.7	-11	1.63	9.79	15	1.56	9.39	14	0.05
8.2	10	1.12	9.18	18	0.95	9.94	24	0.6
8.21	7	1.12	9.33	0	1.1	10.54	11	1.19
6.7	1	-0.4	9.34	-10	1.1	8.9	17	-0.46
6.58	34	-0.52	9.63	-3	1.39	8.8	38	-0.58
8.5	24	1.36	9.74	18	1.5	10.55	7	1.17
8.66	12	1.52	9.2	6	0.95	10.51	19	1.12
8.8	-14	1.66	9.04	-3	0.79	10.81	30	1.41
7.89	16	0.75	9.5	-1	1.24	10.83	-31	1.41
8.53	32	1.38	8.92	8	0.63	10.15	15	0.72
8.98	0	1.83	9.33	13	1.04	10.74	29	1.3
9.26	-50	2.08	7.21	17	-1.08	10.97	20	1.53
7.57	22	0.39	8.88	10	0.59	10.09	9	0.63
8.2	-5	1.01	9.63	-1	1.34	10.84	-76	1.38
8.33	-14	1.13	9.1	-1	0.8	9.4	-30	-0.11
8	18	0.8	9.62	0	1.32	9.84	15	0.31
8.48	-10	1.28	9.71	10	1.4	9.74	16	0.17
7.8	-17	0.59	9.3	-1	0.98	10.71	22	1.14
8.08	-4	0.86	9.08	25	0.75	9.91	60	0.34
9.17	-38	1.95	9.19	28	0.86	8.8	-50	-0.81
7.83	12	0.6	9.57	1	1.23	10.94	26	1.31
8.83	30	1.59	8.72	14	0.37	10.47	37	0.8
9	-12	1.75	9.48	67	1.12	9.72	-35	0.02
8.14	22	0.88	9.42	5	1.05	10.96	19	1.26
9.1	-4	1.84	8.58	11	0.2	9.47	46	-0.25
7.4	13	0.11	10.01	11	1.63	10.72	5	0.96

▶ **표 3-3-3** (계속)

m_v	V_r	M_v	m_v	V_r	M_v	m_v	V_r	M_v
8.2	3	0.91	7.9	37	−0.49	10.87	33	1.09
7.9	26	0.61	8.11	5	−0.28	10.51	−5	0.73
8.38	−1	1.08	9.61	13	1.21	10.25	13	0.46
9.1	56	1.79	9.28	26	0.88	10.32	−45	0.5
7.08	−1	−0.25	8.42	23	0.02	10.71	8	0.77
8.71	−13	1.38	6.74	−65	−1.67	9.57	8	−0.41
8.4	−4	1.06	9.6	29	1.19	10.73	1	0.66
9.1	−1	1.75	9.93	40	1.52	10.84	11	0.75
8.37	−14	1.02	9.41	4	1	10.43	6	0.31
9.07	−5	1.72	10.23	46	1.82	10.69	0	0.54
7.61	−2	0.26	9.73	3	1.3	9.16	0	−1.02
7.11	−10	−0.25	9.54	3	1.11	10.47	8	0.27
9.35	−1	1.98	9.22	13	0.78	9.92	−11	−0.31
9.4	3	2.01	9.25	26	0.8	8.84	−17	−1.41
7.1	28	−0.3	8.33	2	−0.12	9.3	13	−1.01
8.8	−4	1.4	9.51	2	1.05	10.71	−27	0.35
9.09	22	1.68	9.39	27	0.93	10.7	−16	0.31
7.9	−11	0.48	9.09	11	0.62	10.84	82	0.37
8.13	8	0.69	10	21	1.53	10.41	54	−0.25
8.66	46	1.22	9.9	−47	1.41	9.5	3	−1.17
9.31	−30	1.86	9.33	−21	0.84	10.73	89	−0.01
8.7	24	1.25	9.28	12	0.78	10.95	54	0.16
7.68	2	0.22	8.7	18	0.2	9.2	17	−1.63
9.18	29	1.72	9.41	87	0.9	11	−18	0.02
8.67	−16	1.17	9.75	−16	1.24	10.35	6	−0.96
9	−19	1.49	9.81	13	1.29	9.83	−23	−1.7
8.56	1	1.05	9.99	52	1.47	9.84	−6	−1.74
8.92	23	1.39	10.54	6	2.01	9.46	26	−2.41
8.38	−16	0.85	9.07	11	0.53	10.37	25	−2.13
8.2	59	0.66	9.45	−3	0.91	10.46	76	−2.1
9.2	−15	1.66	9.5	−55	0.96			
9.5	−5	1.94	9.4	8	0.86			
9	47	1.43	10.07	−16	1.53			
9.22	32	1.61	9.78	1	1.23			
9.3	11	1.69	10.11	6	1.55			
8.28	−2	0.67	10.51	−23	1.95			

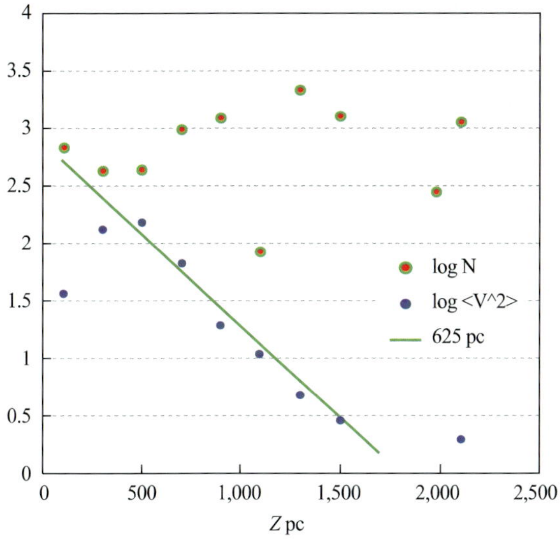

▶ 그림 3-3-1

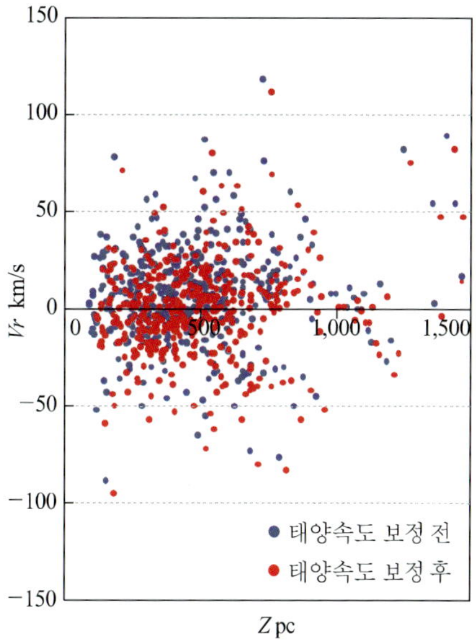

▶ 그림 3-3-2

리를 구한다. 태양은 은하면에서 $z \simeq 30$ pc에 위치해 있기에 각 별들의 z값을 보정한다. 이제 표 3-3-3의 자료를 $\Delta z = 200$ pc로 나누어 별의 개수를 세어 그래프를 그려보면 그림 3-3-1과 같다. 이 자료에 의한 K 거성의 평정거리는 625 pc에 이른다. 또한 이들 별들의 속도분산의 분포도 그림 3-3-1에 그려 넣었다. $\log \sigma_Z^2 \simeq 1{,}000$이다. 이 값은 태양의 Z 방향의 속도 성분을 보정한 것이다. 태양의 Z 성분 속도는 관측된 별들의 시선 속도분포의 평균으로 하였다. 태양의 시선 속도가 이 별들의 무작위한 시선 속도에 반영되었을 것이기에 이 별들의 무작위 속도의 총합이 0이 되어야 한다. 이를 보정하여 그래프로 그려보면 그림 3-3-2와 같다. 각 Z의 범위에 해당하는 속도분산을 구하여 $\log \langle \sigma_Z^2 \rangle$를 그림 3-3-1에 그렸다. 이를 이용하여 구한 면밀도는 $\Sigma_o \simeq 57.3\, M_\odot/\text{pc}^2$이 된다. 표 3-3-1, 표 3-3-2와 비교해 보면 구한 모든 값들이 거의 2배 이상 크다.

3-4 우리 은하 중심까지의 거리를 어떻게 알 수 있었을까?

우리 은하의 대강의 모습은 은하수를 보면 유추할 수 있는데, 가운데가 불룩하고, 가장자리로 갈수록 얇아진다. 더구나 원반같이 보인다. 원반의 장축을 따라 어두운 띠도 보인

▶ **그림 3-4-1**

▶ **그림 3-4-2** NGC 891 원반은하

다. 이러한 모습은 일반적인 원반은하를 90° 옆에서 보는 것과 비슷하다.

그런데 이 은하수가 그림 3-4-3과 같이 우리 지구를 죽 둘러 보이기에 우리 은하 내에 우리 태양계가 있다고 볼 수 있다. 더구나 우리 태양계가 우리 은하의 중심에 있다면 은하수 원반의 두께가 지구를 빙 둘러 거의 비슷하겠지만 두께가 두꺼운 곳이 있고, 그곳을 중심으로 가장자리로 갈수록 얇아지기에 마치 우리가 우리 은하 내에 있지만 밖에서 원반은하를 본 것같이 보여야 하기에 우리 태양계는 우리 은하의 가장자리에 위치해 있을 것으로 보인다. 더구나 은하수 원반의 가운데의 어두운 띠를 중심으로 밝은 부분의 두께가 거의 비슷한 것으로 보아 우리 태양계는 대략 우리 은하 원반의 가운데 면에 위치해 있다고 볼 수 있다. 즉 그림 3-4-4와 같을 것이다.

▶ 그림 3-4-3

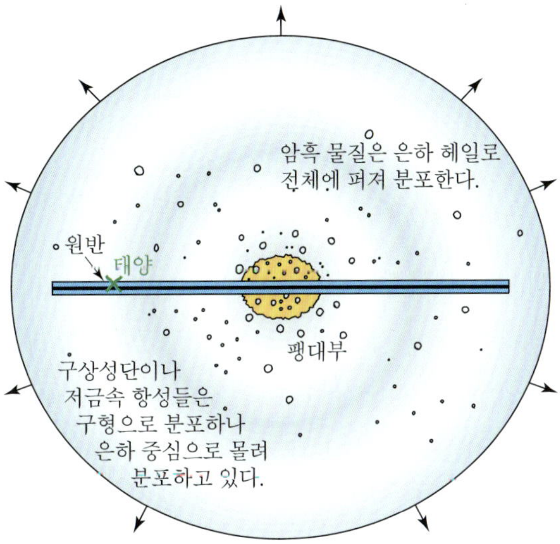

▶ 그림 3-4-4

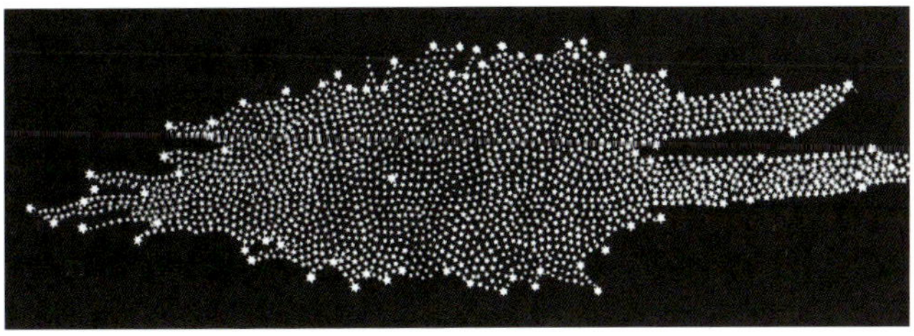

▶ 그림 3-4-5

그렇다면 태양에서 우리 은하의 중심까지의 거리는 얼마나 될까? 불행하게도 우리가 소유한 광학 망원경으로 관측할 수 있는 범위는 기껏해야 2~3 kpc 정도이다. 이는 허셜(Herschel)이 별의 개수를 세어 우리 은하의 모습을 관측으로 그림 3-4-5와 같이 보여주었는데, 허셜의 우리 은하 모양에는 태양이 우리 은하의 거의 중심에 위치한다. 이는 우리의 유추하고는 다르다. 그림 3-4-5의 오른쪽을 보면 위아래로 두 부분이 삐죽 튀어나온 것을 볼 수 있는데, 이는 우리 은하, 즉 은하수 원반 가운데로 보이는 어두운 띠 부분으로 별이 거의 관측되지 않았기 때문이다. 즉 별이 있더라도 성간 매질이 있기에 별빛이 소광(消光, extinction)되어 우리 눈으로 관측할 수가 없다. 허셜이 관측에 사용한 망원경(그림 3-4-6)은 주경의 크기가 1.26 m, 초점거리가 40 m이다. 눈의 한계등급이 6등급이기에 이 망원경의 한계등급은, 눈동자의 크기를 0.5 cm라 한다면 $\left(\frac{126}{0.5}\right)^2 = 63,504$배 더 흐린 별을 관측할 수 있기에 $m-6=2.5\log(63504)$에서 18등급이 된다. 그런데 보통 별의 절대등급이 5등급 정도이기에 $m-M=5\log d-5$에서 $d \simeq 4$ kpc를 얻는다. 그런데 성간 매질의 소광(A ~ 등급/ kpc = 0.001등급/pc)으로 인하여 관측 가능 거리가 줄어든다. $m-M=5\log d-5+0.001d$을 뉴턴 방법으로 풀면 $d=1,765.572$ pc $=1.766$ kpc를 얻는다. 즉 이 망원경으로는 2 kpc 이내의 별들 정도만 관측된다. 그러나 구상성단의 경우는 다르다. 이는 별들의 집단이기에 아주 먼 곳에 위치해 있어도 은하면의 어두운 띠 부분을 통하지만 않는다면 관측이 가능하고, 그림 3-4-5에서와 같이 그 당시에는 구상성단의 거리를 정확하게 측정하기는 어렵지만 아주 멀리 위치해 있음을 알고 있었다.

▶ **그림 3-4-6** 허셜이 관측에 사용한 망원경

나중에 구상성단까지의 거리를 측정해 보니 그림 3-4-4와 같이 우리 은하면의 위아래 헤일로 부근에 거의 원형으로 분포해 있음을 알게 되었다. 따라서 이 구상성단의 질량 분포의 중심이 우리 은하의 중심이 될 것으로 예상된다. 표 3-4-1과 표 3-4-2는 금속량이 높거나 낮은 구상성단의 분포 자료이다. 일반적으로 금속량이 낮은 구상성단들은 은하 초기에 생겨난 것으로 은하 초기의 운동을 반영한다. 그러나 금속량이 높은 구상성단들은 나중에 생겨난 것으로 현재 우리 은하 내에서의 운동을 반영한다고 볼 수 있기에 표 3-4-2의 분포로 추정한 우리 은하 중심 거리가 타당할 것으로 본다.

표 3-4-2의 X, Y, Z 값은 그림 3-4-7과 같은 극좌표를 이용하여 θ는 은경 l로, φ는 은위가 b일 때 $90-b$로, ρ는 지구에서 구상성단까지의 거리 r이 되어

▶ **표 3-4-1** 우리 은하 내 낮은 금속량(metal poor)을 가진 구상성단의 분포

l	b	r	[Fe/H]	V_r	X	Y	Z
152.3	-89.38	8.1	-1.24	-46.6	-0.0776	0.040743	-8.09953
301.5	-46.25	8.3	-1.16	223.5	2.998911	-4.89378	-5.99562
270.5	-52.13	16	-1.35	68.2	0.085712	-9.82158	-12.6305
258.4	-48.47	119.1	-1.8	116	-15.8781	-77.3519	-89.1593
218.1	-41.33	80.8	-1.46	-23.6	-47.7467	-37.4382	-53.3599
170.5	-9.07	26.9	-1.3	-133	-26.1994	4.384268	-4.24054
244.5	-35.04	12.2	-1.26	320.9	-4.30028	-9.01571	-7.00461
227.2	-29.35	12.6	-1.54	207.5	-7.46209	-8.05833	-6.17581
245.6	-16.01	10.6	-1.85	148.9	-4.20906	-9.27883	-2.92353
180.4	25.24	82.3	-2.12	-20	-74.441	-0.5197	35.09362
261.3	7	38.5	-1.2	999	-5.78013	-37.7733	4.69197
282.2	11.25	9.3	-1.37	93.6	1.927558	-8.91531	-1.81434
240.1	41.86	89.4	-1.66	83.4	-33.1909	-57.7207	59.65776
277.2	8.64	5.1	-1.48	494	0.631946	-5.00237	0.766151
202.3	71.8	99.6	-1.48	74.5	-28.7819	-11.8043	94.61722
252.9	77.19	18.8	-1.83	183.2	-1.22565	-3.98404	18.33208
301	-9.88	4.9	-2.09	72.3	2.486258	-4.13783	-0.84077
300.9	11.67	20.6	-1.8	-44	10.36027	-17.3108	4.166856
299.6	36.05	10.1	-2.06	-95.2	4.033474	-7.1002	5.943759
303.6	-8.01	5.9	-1.79	200.2	3.233156	-4.86629	-0.82214
333	79.76	18.4	-2.07	-79.1	2.914483	-1.485	18.10692
335.7	78.94	16.2	-2.29	44	2.83242	-1.27889	15.89911
309.1	14.97	5.1	-1.62	232.3	3.107284	-3.82351	1.317398
42.21	78.71	10	-1.57	-148.6	1.450081	1.315314	9.806488
311.6	10.57	10.7	-1.67	58.3	6.983466	-7.86567	1.962772
320.1	33.54	29.2	-2	999	18.67143	-15.6117	16.13356
42.15	73.59	16.6	-2.22	107.7	3.47686	3.1471	15.92379
342.2	49.26	25.3	-1.82	-45.1	15.72106	-5.04748	19.16928
331.1	30.36	33.9	-1.86	-145.8	25.60837	-14.1366	17.13413
307.3	-20.47	18.4	-1.6	999	10.44611	-13.7125	-6.43479

▶ **표 3-4-1** 우리 은하 내 낮은 금속량(metal poor)을 가진 구상성단의 분포(계속)

l	b	r	[Fe/H]	V_r	X	Y	Z
332.5	22.07	31.3	−1.85	−38.4	25.72909	−13.3937	11.76063
0.85	45.86	22.6	−1.38	−55	15.73722	0.233484	16.21867
342.9	30.29	12.7	−1.8	101.5	10.48146	−3.22452	6.405587
3.86	46.8	7.3	−1.29	52.1	4.985858	0.336405	5.321471
327.6	4.19	12.3	−1.38	119.5	10.35748	−6.57305	0.898689
328.4	4.34	15.2		999	12.90913	−7.94175	1.150258
337	13.27	10.3	−1.67	88.9	9.228044	−3.91707	2.364264
28.75	42.18	72.2	−1.52	76.6	46.90753	25.73435	48.47955
352.7	19.46	8.7	−1.62	9.3	8.136516	−1.04231	2.898394
351	15.97	2.2	−1.2	70.2	2.089053	−0.33087	0.605295
317.7	−15.82	15.1	−1.82	361.4	10.7454	−9.77756	−4.1165
351.9	15.7	10.1	−1.73	188.9	9.626185	−1.37001	2.733065
342.4	6.94	10.5	−1.65	6.7	9.935172	−3.15162	1.268714
3.37	23.01	6.3	−1.04	−33.8	5.788723	0.340872	2.462618
59.01	40.91	7	−1.54	−246.6	2.72385	4.53504	4.584109
73.64	40.31	29.3	−1.44	−154.2	6.293354	21.43823	18.95484
15.72	26.31	4.7	−1.48	−42.1	4.05554	1.141489	2.08317
358.9	13.52	9.7	−1.4	87.3	9.429459	−0.18105	2.267712
15.14	23.08	4.3	−1.52	75.8	3.818517	1.033175	1.685669
18.87	24.3	43.6	−1.9	68.9	37.6015	12.85188	17.94203
353.6	7.32	6.7	−1.29	−65.8	6.603981	−0.74076	0.853653
356.9	9.38	8.5	−1.68	135	8.374075	−0.45352	1.385343
358.3	9.94	14.3	−1.32	29.7	14.07914	−0.41786	2.46842
0.13	11.02	8.4	−2.05	−208	8.245087	0.018708	1.605674
357.6	7.83	8.8	−1.92	−98.9	8.710307	−0.36507	1.198862
68.34	34.86	8.1	−2.29	−121.6	2.453197	6.17716	4.629743
0.97	8	9.4	−1.17	3.1	9.307186	0.157583	1.308227
5.54	10.7	8.3	−1.72	229.1	8.117591	0.787355	1.541033
359.6	5.43	7.1	−1.5	−176.9	7.067967	−0.04934	0.67187
16.53	15.14	24.5	−1.7	999	22.6722	6.728726	6.398873

▶ **표 3-4-1** 우리 은하 내 낮은 금속량(metal poor)을 가진 구상성단의 분포(계속)

l	b	r	[Fe/H]	V_r	X	Y	Z
18.41	16.04	3.6	-0.82	-122.3	3.282777	1.092671	0.99471
356	1.31	8.9	-1.6	-50	8.876	-0.62067	0.20347
357.4	2.12	7.2	-1.5	53.1	7.187665	-0.32639	0.266346
325.5	-17.57	7.5	-1.06	-13.1	5.892598	-4.04987	-2.26403
21.32	14.81	8.7	-1.39	-66.1	7.835365	3.058032	2.223846
3.45	3.98	7.5	-1.12	-65	7.468353	0.450243	0.520562
338.2	-11.96	2.2	-1.95	18.9	1.998328	-0.79927	-0.4559
28.09	16.23	19.9	-2.26	-162	16.85631	8.996651	5.561928
355.7	-3.87	10.9	-1.53	-83.7	10.84453	-0.8154	-0.73567
5.12	0.76	7.5	-1.2	999	7.469418	0.669256	0.099481
3.6	-1.99	7.8	-1	59	7.779914	0.489471	-0.27086
19.23	6.76	10.5	-1.37	-39.6	9.845219	3.434249	1.235963
1.02	-3.93	7	-1.52	-15	6.982433	0.124317	-0.47976
27.18	10.44	6.8	-1.8	-215.1	5.948974	3.054733	1.232199
3.29	-3.31	3.5	-1	999	3.488402	0.200529	-0.20208
5.84	-2.2	2.5	-1.56	-27.3	2.485192	0.25419	-0.09597
349.3	-11.18	7.4	-1.83	-156.2	7.133346	-1.34786	-1.4348
0.2	-6.03	6.4	-1.44	-143.7	6.36455	0.022217	-0.67231
0.48	-6.68	8.5	-0.86	-28.1	8.442	0.070725	-0.98875
342.1	-16.41	13	-1.49	222.9	11.8668	-3.83287	-3.67262
7.8	-5.58	5.7	-1.45	17	5.620503	0.769913	-0.55424
7.9	-7.15	8.2	-0.99	18.1	8.059017	1.118281	-1.02063
9.81	-6.44	7.6	-1.35	-57.2	7.441618	1.286728	-0.85244
1.53	-11.38	9.4	-0.96	-111.7	9.211912	0.246049	-1.85476
9.89	-7.55	3.2	-1.64	-148.9	3.125116	0.544858	-0.42045
2.85	-12.51	8.7	-1.51	218.6	8.482941	0.422306	-1.88451
25.35	-4.32	6.7	-1.01	-107.7	6.03765	2.860433	-0.50469
5.61	-14.09	26.2	-1.59	141.9	25.29005	2.484167	-6.37828
12.88	-10.9	7.1	-1.29	22.8	6.796487	1.554107	-1.34258
0.07	-17.3	8.6	-1.12	-94.5	8.210937	0.010032	-2.55742

▶ **표 3-4-1** 우리 은하 내 낮은 금속량(metal poor)을 가진 구상성단의 분포(계속)

l	b	r	[Fe/H]	V_r	X	Y	Z
36.2	-2.2	7.7	-1.6	999	6.209014	4.544312	-0.29559
336.5	-25.63	3.9	-1.55	-24.5	3.224625	-1.40211	-1.68698
62.66	8.34	9.9	-1.94	-135.7	4.498688	8.701138	1.435965
8.55	-20.78	27.6	-1.76	115	25.51783	3.836434	-9.79195
8.8	-23.27	5.3	-1.81	174.8	4.811548	0.744867	-2.09384
5.76	-24.56	25.4	-1.87	130	22.98533	2.318554	-10.5574
20.3	-25.75	18.4	-1.32	-189.3	15.54349	5.749712	-7.99379
52.1	-18.89	15.2	-1.54	-411.4	8.834254	11.3481	-4.92103
35.16	-32.68	16.8	-1.54	-345.1	11.56056	8.143	-9.0711
63.77	-19.41	40.7	-1.68	-377.6	16.96603	34.434	-13.5257
65.01	-27.31	10.2	-2.22	-107.5	3.828789	8.214608	-4.67981
53.38	-35.78	11.4	-1.62	-5.3	5.51675	7.422896	-6.66529
27.18	-46.83	7.9	-2.12	-184.2	4.808074	2.468893	-5.76168
30.51	-47.68	18.7	-0.93	27.8	10.84693	6.391883	-13.8267
87.1	-42.7	26.3	-1.65	-28	0.977873	19.3035	-17.8356
53.39	-63.48	25.2	-1.51	-207.6	6.710332	9.032177	-22.5484
우리 은하 중심 거리 6.114605 kpc				평균	5.65142	-1.77178	1.520078

▶ **표 3-4-2** 우리 은하 내 높은 금속량(metal rich)을 가진 구상성단의 분포

l	b	r	[Fe/H]	V_r	X	Y	Z
305.9	-44.89	4.3	-0.76	-18.7	1.786319	-2.4677	-3.03472
130.1	19.03	9.7	-0.8	999	-5.90653	7.014234	3.162813
292.3	-19.02	4.2	-0.8	999	1.506707	-3.67373	-1.36877
326.6	4.86	7.4	-0.37	-115.7	6.155663	-4.05891	0.626938
328.8	-2.79	7	-0.62	8	5.980452	-3.62189	-0.34073
345.1	9.19	26.4		999	25.18486	-6.70117	4.216315
351.9	12.1	7.6		999	7.357017	-1.04706	1.593101
347.8	3.31	9.3	-0.7	999	9.074804	-1.96204	0.536966
355.8	5.38	6	-0.59	-107.3	5.957526	-0.43749	0.562565
357.2	5.76	11.5	-0.55	71.5	11.42828	-0.55894	1.15416
4.9	9.73	9.1	-0.65	80.9	8.936318	0.766113	1.53795

▶ **표 3-4-2** 우리 은하 내 높은 금속량(metal rich)을 가진 구상성단의 분포(계속)

l	b	r	[Fe/H]	V_r	X	Y	Z
6.72	10.22	14.6	-0.5	27	14.26964	1.681347	2.590453
341.4	-7.17	5.6	-0.7	120.9	5.265999	-1.7722	-0.69896
356.3	2.3	9.5	-0.25	109	9.472561	-0.61256	0.381252
354.8	-0.16	10.5	0.22	52	10.45675	-0.95164	-0.02932
357.6	1	6.5	-0.35	35	6.493309	-0.27215	0.113441
350.8	-3.42	7.9	-0.5	1.3	7.784488	-1.26081	-0.47127
345.6	-6.74	11.5	-0.6	81.2	11.06173	-2.84017	-1.34969
2.09	1.78	6.7	-0.1	201	6.692312	0.244226	0.208114
356.7	-2.48	9.2		999	9.176142	-0.52909	-0.39809
3.81	1.67	8	-0.28	-94	7.978929	0.531359	0.233143
7.73	3.8	8	-0.34	-78.7	7.909875	1.073675	0.530191
353.5	-5.01	9.7	-0.53	18.3	9.600826	-1.09388	-0.8471
358.6	-2.16	7.5	-0.65	126	7.492434	-0.18311	-0.28268
348	-10.01	11.6	-0.64	-112.7	11.17379	-2.37506	-2.01631
2.76	-2.51	13.8		999	13.77077	0.663866	-0.60435
4.42	-1.86	8.4	-0.7	999	8.370605	0.647022	-0.27264
1.14	-4.17	7.4	-0.17	184.9	7.378949	0.146837	-0.5381
20.8	6.78	7.9	-0.66	-45.6	7.333477	2.785727	0.932653
5.25	-3.02	4.7	-0.25	-6.5	4.673783	0.42946	-0.24762
21.83	5.67	9.3		999	8.590871	3.441322	0.918828
2.79	-7.91	7.9	-0.42	53.9	7.81556	0.380877	-1.08718
1.72	-10.27	8.2	-0.71	39.9	8.064989	0.242181	-1.46195
14.1	-6.8	12.4	-0.48	-43	11.94181	2.999576	-1.46821
36.11	-3.92	7.3	-0.52	-27.5	5.883778	4.292098	-0.49905
3.39	-20.07	23	-0.58	166	21.5655	1.27745	-7.89286
52.44	2.72	5.8	-0.1	999	3.53165	4.592569	0.27524
31.81	-15.58	12.6	-0.39	-68	10.31406	6.397479	-3.38415
56.74	-4.56	3.8	-0.73	-22.9	2.077472	3.167466	-0.30211
우리 은하 중심 거리 8.302348 kpc				평균	8.297524	0.162956	-0.23133

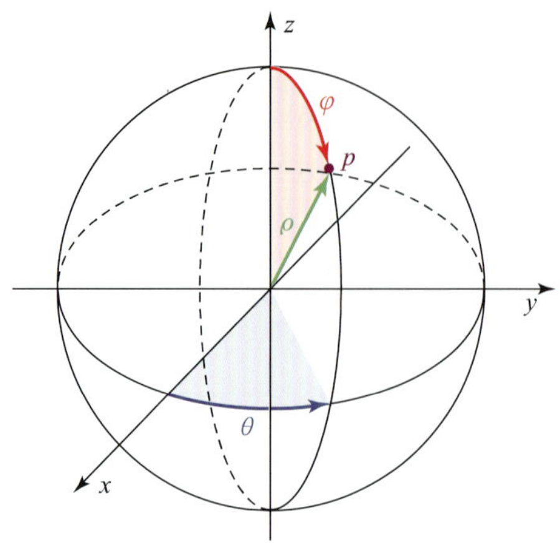

▶ **그림 3-4-7** 극좌표계

$$x = r\cos l \cos b \quad (3\text{-}4\text{-}1)$$

$$y = r\sin l \cos b$$

$$z = r\sin b$$

로 계산할 수 있다.

구상성단의 공간분포를 그려보면, 그림 3-4-8과 그림 3-4-9와 같다.

이제 우리 은하의 중심은 구상성단의 질량이 거의 같다고 가정하고

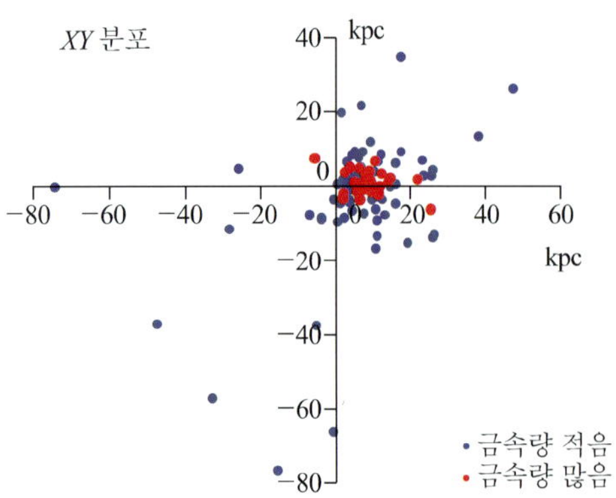

▶ **그림 3-4-8**

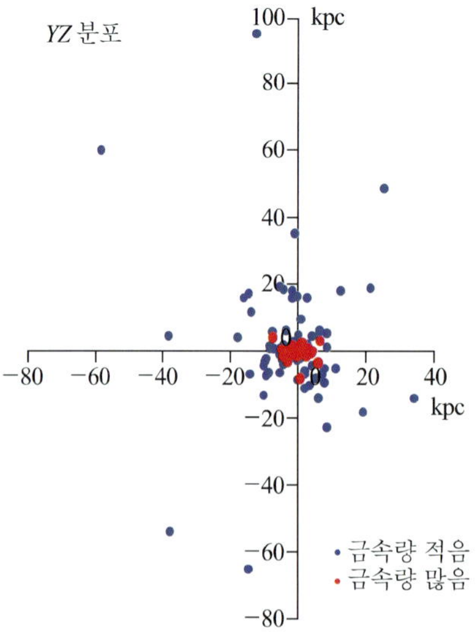

▶ **그림 3-4-9**

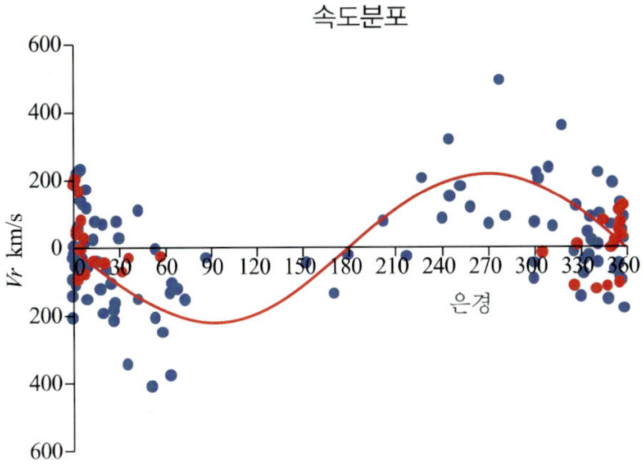

▶ **그림 3-4-10**

$$\overline{X}=\frac{\sum_{i=1}^{n} X_i}{n}, \quad \overline{Y}=\frac{\sum_{i=1}^{n} Y_i}{n}, \quad \overline{Z}=\frac{\sum_{i=1}^{n} Z_i}{n} \qquad (3\text{-}4\text{-}2)$$

식으로 구할 수 있다. 이렇게 구한 우리 은하 중심까지의 거리는 표 3-4-2에서와 같이 8.3 kpc 정도이다.

이제 각 구상성단의 시선속도분포가 표에 주어져 있다. 일반적으로 구상성단의 시선속도는 매우 무질서(random)할 것으로 기대되지만 태양의 시선속도가 반영되었을 것으로 기대된다. 따라서 구상성단들의 시선속도의 분포를 그려보면, 관측되는 시선속도 $V_{r,obs} = -V_{\odot}\sin l$ 식의 주변으로 흩어져 나타날 것으로 기대된다. 그림 3-4-10에서 보면 $V_{\odot} = 220\ \mathrm{km/s}$가 된다. 따라서 이 값이 우리 태양계가 우리 은하를 공전하는 속도로 어림할 수 있다.

3-5 우리 은하도 나선팔이 있을까?

우리 은하는 원반은하인데, 태양은 우리 은하 중심에서 8.3 kpc 정도 떨어져 대략 220 km/s의 속도로 공전하고 있다. 우리 은하에서 가장 가까운 은하가 안드로메다은하이다(그림 3-5-1). 이 은하도 원반은하이다. 그런데 검은 띠로 보이는 나선팔들이 보인다.

▶ **그림 3-5-1**

▶ **그림 3-5-2** M51 나선은하

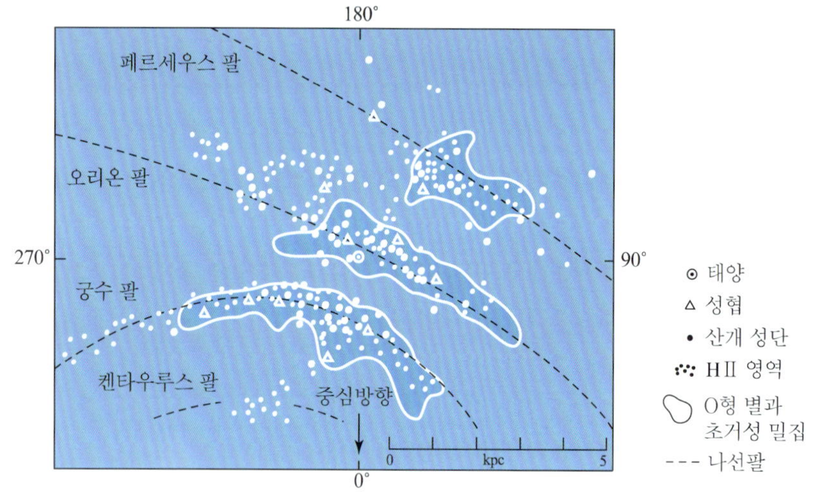

▶ **그림 3-5-3**

그렇다면 우리 은하도 나선팔이 있을까? 우리는 광학망원경을 가지고 기껏해야 2~3 kpc 정도밖에 관측하지 못한다. 나선팔 근처에서는 그림 3-5-2의 M51 나선은하와 같이 O, B형과 같은 젊은 조기형 별들이 태어나고 있는 것을 볼 수 있다. 그림 3-5-2에서 붉게 보이는 부분이 이러한 별들에 의하여 생성된 HII 지역들이다. 이제 우리 은하에서도 이러한 조기형 별들, HII 지역 등과 같은 나이가 젊은 천체들의 분포들을 보면 그림 3-5-3과 같이 3개의 나선팔이 보인다. 이 팔을 우리 은하 중심에서부터 사수 팔, 우리 태양을 포함하는 오리온 팔, 페르세우스 팔로 부른다.

전파는 가시광선보다 성간 매질에 의한 흡수가 거의 없기 때문에 우리 은하 멀리까지

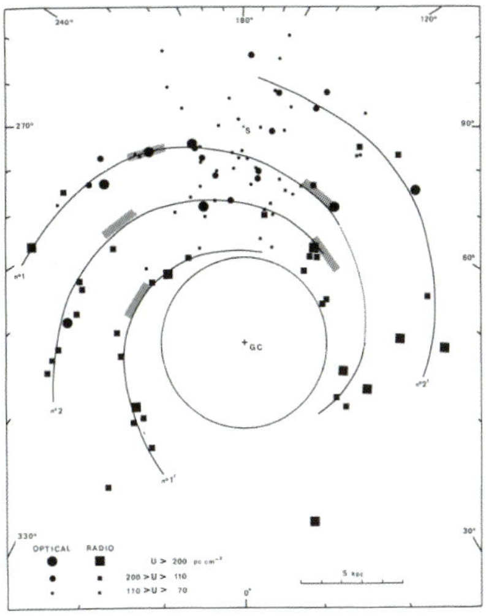

▶ **그림 3-5-4** HII 지역의 분포를 이용한 우리 은하 나선팔(출처: A & Ap 49, 57~79)

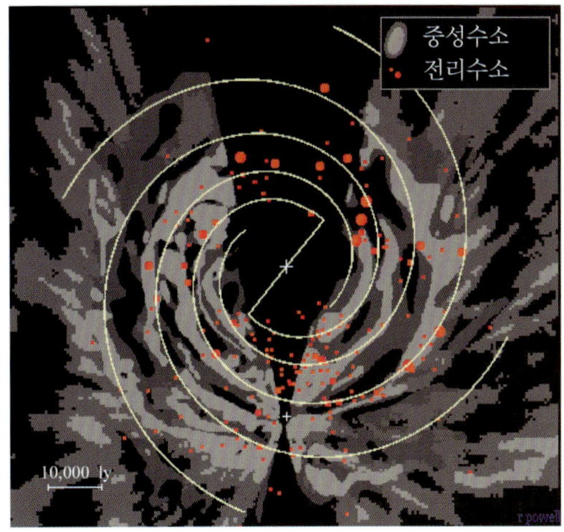

▶ **그림 3-5-5** 21 cm 중성수소선 관측 자료와 HII 지역 분포와 겹쳐 그린 그림

관측 가능하다. 이제 광학영역과 전파영역에 의한 관측에 의하여 관측된 HII 영역들의 분포와 중성 수소선 파장 21 cm로 관측된 나선팔의 분포를 그림 3-5-4와 3-5-5에서 볼 수 있다. 이를 미술가가 지금까지 관측으로 밝혀진 사실을 바탕으로 그린 우리 은하가 그림 3-5-6이다.

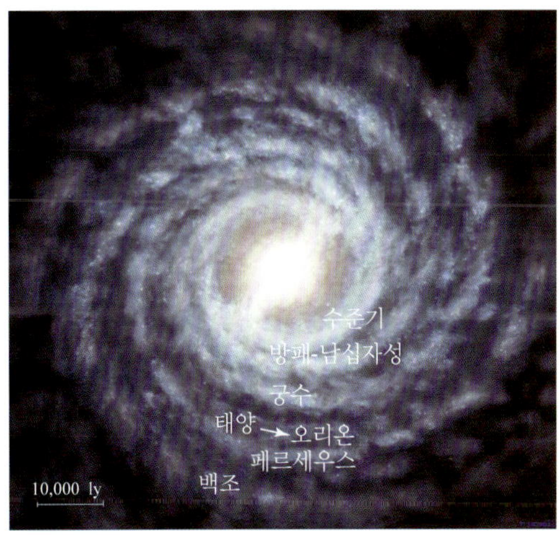

▶ **그림 3-5-6**

그러면 어떻게 전파관측으로 우리 은하 내에서 태양으로부터 천체들까지의 거리를 측정할 수 있나? 그림 3-5-7과 같이 일정한 은경 반향으로 A, B, C, D 위치에 성간운이 위치해 있으면, 21 cm 중성수소선 윤곽이 그림 3-5-7 안의 오른쪽 그림과 같이 관측될 것이다.

이제 그림 3-5-8을 이용하면 $V_r = V(R)\cos\alpha - V_{\odot}\sin l$이고, $\dfrac{\sin(90° + \alpha)}{R_o} = \dfrac{\sin l}{R}$을 이용하면,

$$V_r = R_o \sin l \left(\frac{V(R)}{R} - \frac{V_{\odot}}{R_o} \right) \tag{3-5-1}$$

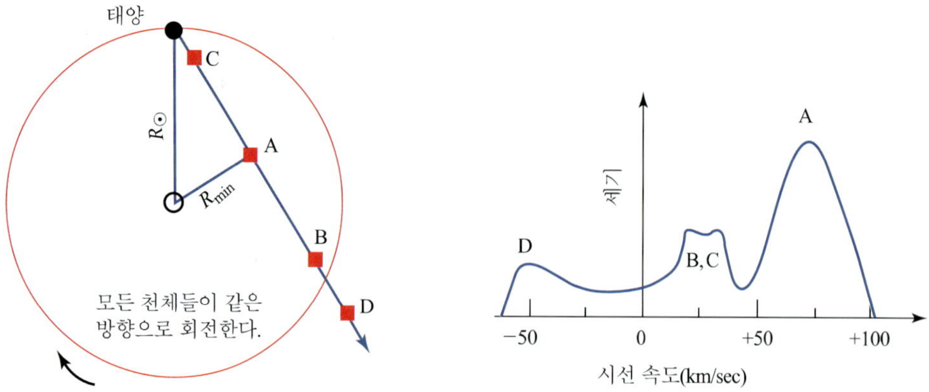

▶ **그림 3-5-7**

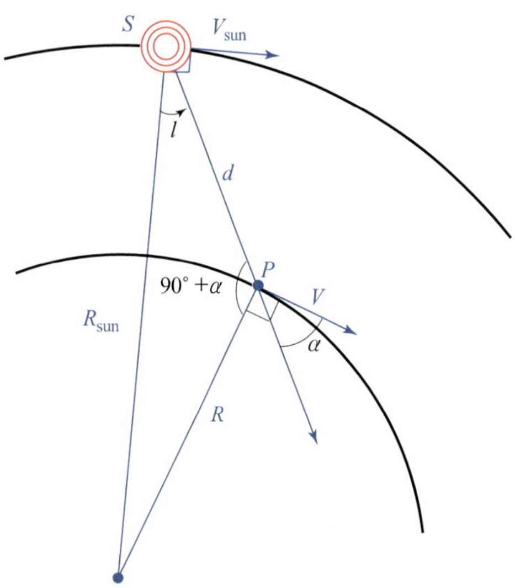

▶ **그림 3-5-8**

이 된다. 그런데 그림 3-5-7의 A 위치는 $\alpha = 90°$가 되기에 $V_r = V(R_{\min}) - V_\odot \sin l$으로 21 cm 선윤곽(line profile)에서는 시선 속도가 최대로 관측된다.

한편 l을 따라 중성수소선을 관측하여 $(R_{\min}, V(R_{\min}))$, 즉 $(R_o \sin l, V_r + V_\odot \sin l)$ 그래프를 그리면 그림 3-5-9와 같은 우리 은하의 회전 속도 곡선을 얻을 수 있다. 이 그림은 은하 중심까지의 거리를 10 kpc, 태양의 회전 속도를 250 km/s로 놓고 계산한 것이다.

그림 3-5-7의 B와 C의 경우에는 $V(R)\cos\alpha$의 값이 거의 같기에 $V_r > 0$으로 21 cm 선윤곽에서 거의 같은 위치에 나타난다. 따라서 V_r만으로는 가까운 거리와 먼 거리 두 위치를 구별할 수 없다. 이제 D의 위치에서는 α의 값이 커지기에 $V_r < 0$으로 관측된다.

만약 그림 3-5-10과 같이 $l > 90°$이면 나선팔 A, B, C의 위치가 21 cm 선윤곽에서 그림 3-5-10과 같이 관측된다. C의 위치가 음으로 관측되지만 가장 시선속도가 크다. 이제 21 cm 선윤곽에서 혹같이 불룩한 부분에 해당하는 시선속도를 이용하여 우리 은하 내 위치의 자취를 그려보면 어떤 모습이 나타날 것이다. 이렇게 21 cm 선 관측으로 그려진 나선팔이 그림 3-5-5에 보인다.

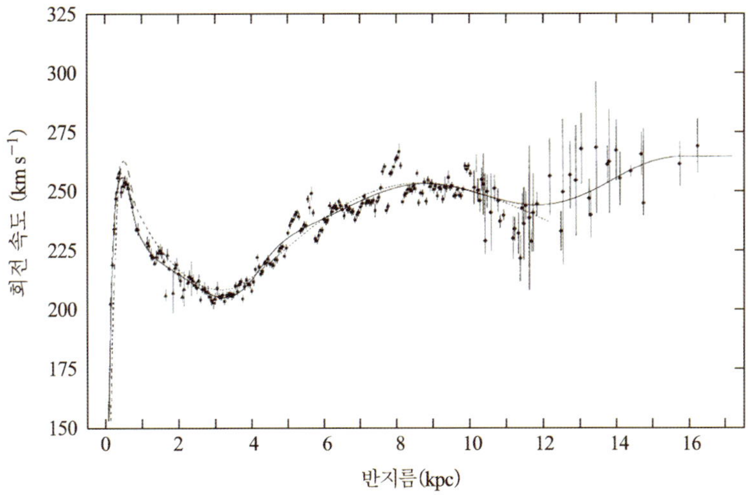

▶ **그림 3-5-9** 우리 은하의 회전 속도 곡선

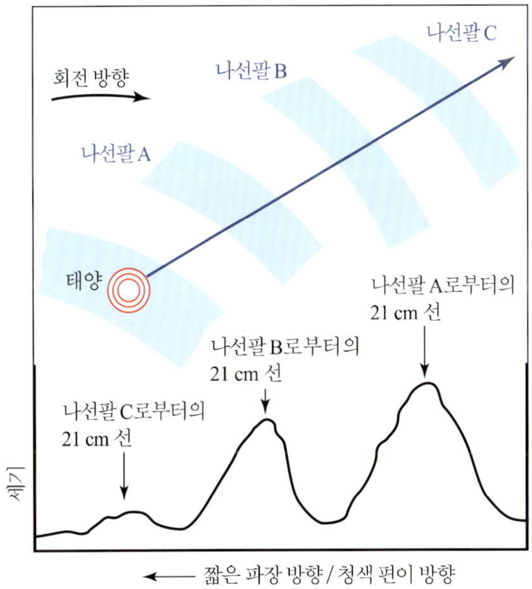

▶ **그림 3-5-10**

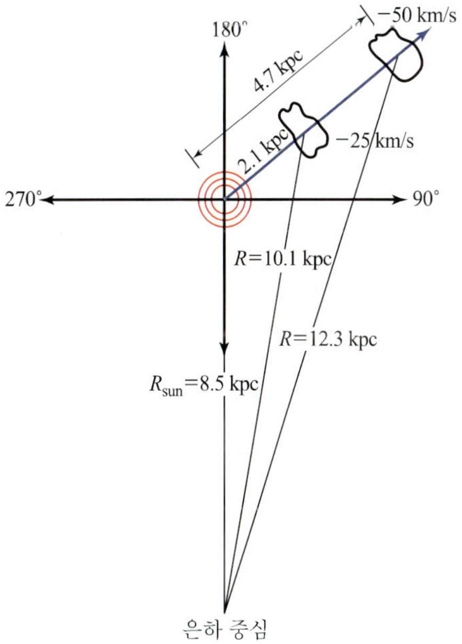

▶ **그림 3-5-11**

이제 V_r을 관측으로 알면, 어떻게 거리를 구할 수 있을까? 식 (3-5-1)에서 $V(R) \sim 220$ km/s 이기에 R을 구할 수 있고, $R^2 = R_o^2 + d^2 - 2R_o d \cos l$ 식을 이용하면 d를 구할 수 있다.

이제 그림 3-5-11과 같이 태양에서 $l = 135°$ 방향에 있는 어떤 성간운의 시선속도를

$-50\ \mathrm{km/s}$로 관측하여 얻었다. 그러면 이제 위 식에서

$$\frac{V(R)}{R} = \frac{V_r}{R_o \sin l} + \frac{V_\odot}{R_o} = \frac{-50}{8.5\sin(135°)} + \frac{220}{8.5} = 17.8\ \mathrm{km/s/kpc} \qquad (3\text{-}5\text{-}2)$$

를 얻는다.

그런데 $R = \frac{V(R)}{\omega(R)} = \frac{220}{17.8} = 12.3\ \mathrm{kpc}$이기에 $d = R_o \cos l \pm \sqrt{R_o^2 \cos^2 l - R_o^2 + R^2} = 4.7\ \mathrm{kpc}$가 된다. 즉 이 값이 이 성간운까지의 거리이다. 일반적으로 $0° < l < 90°$일 때에는 $V_r > 0$이면 우리 은하 중심과 태양까지의 거리를 반지름으로 하는 원 안의 두 곳에 위치한 천체가 같은 V_r의 양의 값으로 관측된다. 그러나 원 밖의 천체는 음의 값의 V_r로 관측된다. 그러나 $90° < l < 180°$인 경우에는 모두 V_r이 음의 값으로 관측되며, 따라서 그 값으로 관측되는 천체의 거리도 한 곳이 된다(그림 3-5-12).

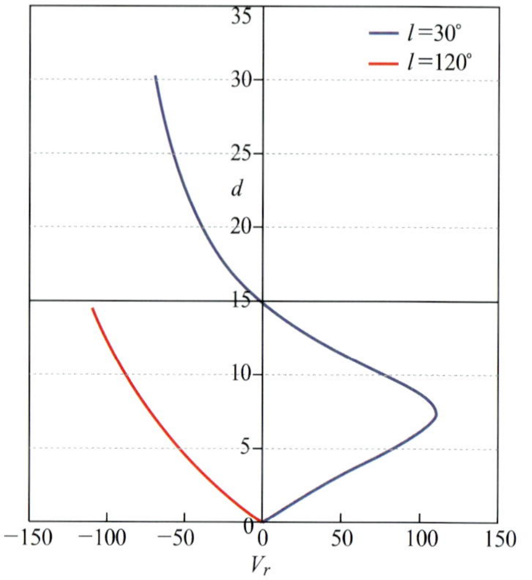

▶ 그림 3-5-12

문제 그림 1의 중성수소선 $l-v$ 도표는 그림 3-5-12와 같다. 이제 그림 2를 이용하여 그림 3-5-9와 같은 우리 은하 회전 속도 곡선과 나선팔을 구할 수 있는지 알아보자. 그리고 그림 2는 은경에 따른 21 cm 중성수소선 선윤곽들이다. 이 선윤곽들을 이용하여 우리 은하의 나선팔을 확인해 보자.

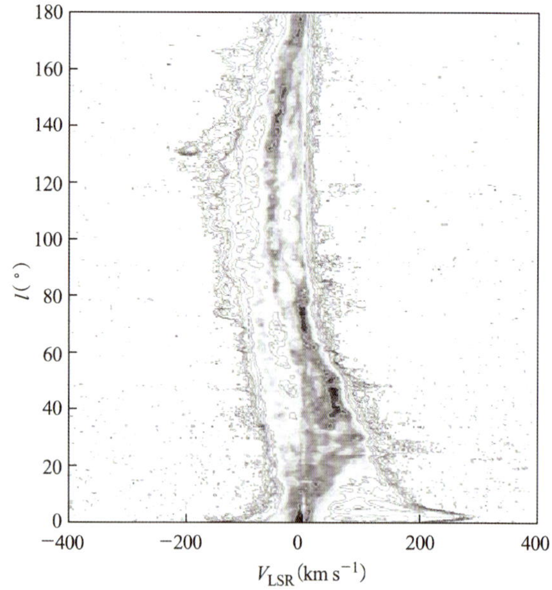

▶ 그림 1

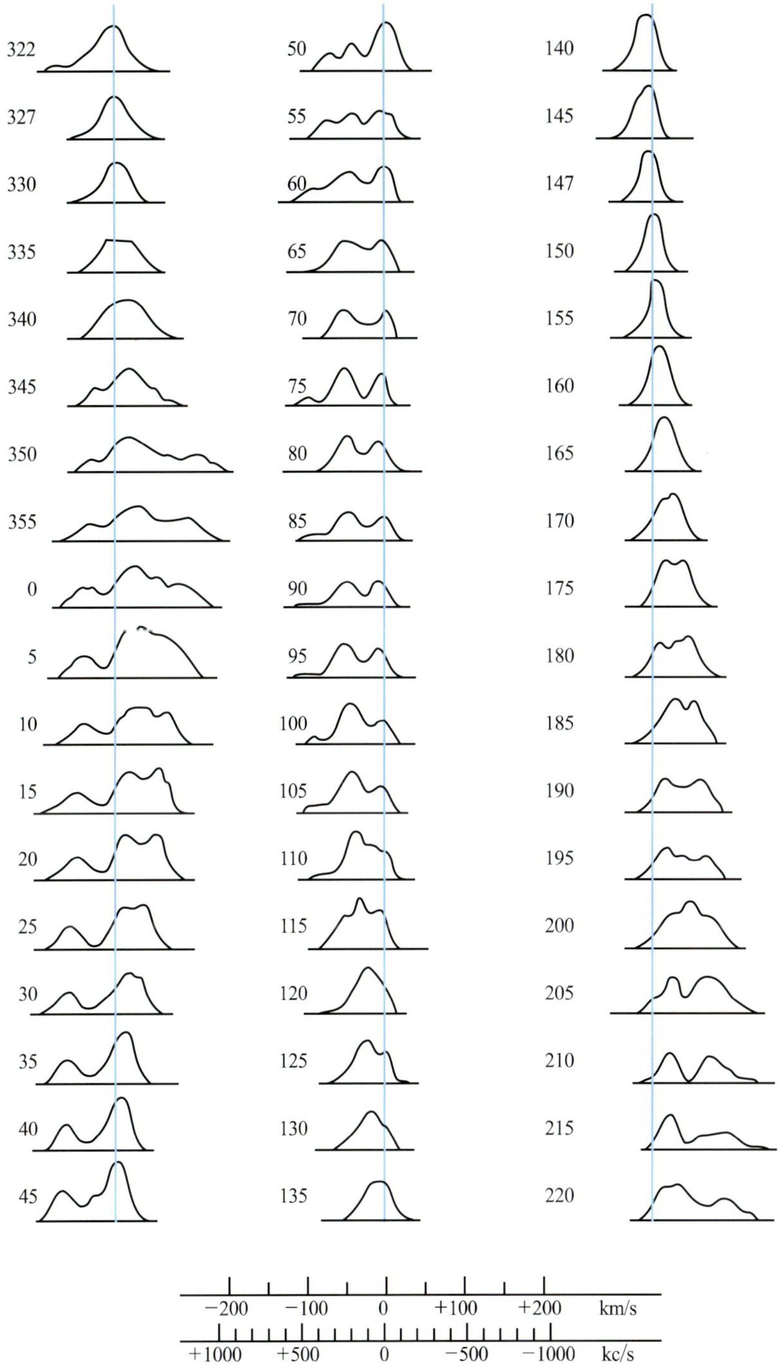

▶ **그림 2** 여기서의 은경은 l^{I}으로 현재는 $l^{II} = l^{I} + 32.31°$가 된다. 따라서 $l^{I} = 20°$는 $l^{II} = 52.31°$가 된다.(출처: H.C. van de Hulst et. al., Bull. of the Astron. Inst. of the Netherlands, XII, 117, May 14, 1954)

3-6 은하의 중력 퍼텐셜*과 태양의 궤도

은하의 중력 퍼텐셜(gravitational potential)은 주로 은하의 별들에 의한다. 성간 기체가 적은 타원은하의 경우에는 이 가정이 아주 좋은 어림이고, 성간 기체와 별들로 이루어진 나선/원반 은하의 경우에는 기체보다는 별에 의한 기여가 크므로 적절한 어림이다.

점 질량 M에서 r만큼 떨어진 거리에서의 중력 퍼텐셜 Φ는

$$\Phi(r) = -\frac{GM}{r} \qquad (3\text{-}6\text{-}1)$$

이다. 이 거리에 작용하는 힘 F는

$$F(\vec{r}) = -\frac{GM}{r^2}\hat{r} = -\frac{GM}{r^3}\vec{r} \qquad (3\text{-}6\text{-}2)$$

이다. 은하의 경우에는 별들이 많기 때문에 각 별들을 m_i라 하면 이 별에 의하여 생성된 중력 퍼텐셜은

$$\Phi(r) = -\frac{G\sum_{i=1}^{n} m_i}{|r - r_i|} \qquad (3\text{-}6\text{-}3)$$

이다. 일반적으로 은하 내에는 $10^9 \sim 10^{11}$ 정도의 별들이 있기에 식 (3-6-3)의 n값이 $10^9 \sim 10^{11}$의 값을 갖는다. 따라서 식 (3-6-3)을 직접 컴퓨터로 계산하는 것은 거의 불가능하다. 이러한 문제를 해결하기 위하여 별들을 하나의 질점으로 보고 이 별들이 공간상에서 부드럽게 분포한다고 보고 이 별들의 질량에 의하여 중력 퍼텐셜이 생성되고, 각 별들은 이 퍼텐셜에 의하여 은하 내의 운동을 결전한다. 따라서 은하 내의 별들의 분포에 의한 별 밀도 분포 ρ와 중력 퍼텐셜 Φ는

$$\nabla^2 \Phi = 4\pi G\rho \qquad (3\text{-}6\text{-}4)$$

인 푸아송 방정식(Poisson Equation)을 만족한다. 이에 따라 위치 $\vec{r}$에서 받는 힘은

---

* http://www.astro.utu.fi/~cflynn/galdyn/를 참고로 작성하였음.

$$F(\vec{r}) = -\nabla\Phi(r) \tag{3-6-5}$$

이 된다.

물질이 지구같이 구형(반지름 R)으로 분포되어 있을 때, 중심에서 $r(<R)$만큼 떨어진 위치에서 느끼는 중력은 그 위치 r의 구각 내부의 질량에 의하여 결정되며, 구 밖에 위치한 위치 $r(>R)$에서의 중력은 부피를 가진 구가 마치 중심에 모여 하나의 질점이 생성하는 중력과 같다. 따라서 구형의 질량 분포는 원운동 속력(circular speed) $v_c(r)$에 의하여 특징지어지는데 이에 따른 힘은

$$F(r) = \frac{v_c^2(r)}{r} \tag{3-6-6}$$

이 된다. 그런데 $F(r) = -\nabla\Phi(r) = -\dfrac{d\Phi}{dr}$이다. 따라서 반지름 r 내부의 질량 분포가 $M(r)$일 때,

$$v_c^2(r) = r\frac{d\Phi}{dr} = \frac{GM(r)}{r} \tag{3-6-7}$$

이 된다.

이제 중력장 내의 두 위치 사이에 움직이는 에너지는 경로에 무관하기에 중력장은 보존된다(conservative). 그런데 계(system)의 총에너지는 운동에너지(KE)와 중력 퍼텐셜 에너지의 합이다. 즉

$$E = KE + \Phi \tag{3-6-8}$$

이다. 만약 단위질량을 가진 입자가 무한대에서 정지해 있을 때 느끼는 중력 퍼텐셜은 0이기에 식 (3-6-8)의 총에너지도 0이다. 따라서 이 경우

$$KE = -\Phi(r) \tag{3-6-9}$$

이 된다. 따라서

$$v^2 = -2\Phi(r) \tag{3-6-10}$$

이 된다. 그런데 $\Phi < 0$이기에 $v^2 > 0$이고 이 속력을 탈출속력(escape speed)이라 부른다. 이는 입자가 위치 r에서 무한대로 탈출하려면 $v_{esc}^2 = 2|\Phi(r)|$의 속력을 가지면 된다.

(1) 질량 M을 가진 질점의 경우

중력 퍼텐셜은 $\Phi(r) = -GM/r$이고, 케플러 퍼텐셜이라 부른다. 왜냐하면 태양계 내의 모든 행성들이 이 퍼텐셜을 만족하기 때문이다. 여기서 케플러 제3법칙이 유도된다. 이때의 원운동 속력은 $v_c(r) = \sqrt{GM/r}$ 이다.

(2) 질량이 M, 반지름이 a인 구에 밀도가 균일하게 분포한 경우

중력 퍼텐셜은

$$\Phi(r) = \begin{cases} -2\pi G\rho(a^2 - r^2/3) & r < a \\ -GM/r & r > a \end{cases} \tag{3-6-11}$$

이고 밀도는 $\rho = M/(4\pi a^3/3)$이 된다.

(3) $\rho(r) = \rho_o(r/r_o)^{-2}$인 밀도 분포를 가진 등온 구의 경우

중력 퍼텐셜은

$$\Phi(r) = 4\pi G\rho_o r_o^2 \ln(r/r_o) \tag{3-6-12}$$

이고, 이때의 원운동 속력은

$$v_c = (4\pi G\rho_o r_o^2)^{1/2} \tag{3-6-13}$$

으로 반지름에 관계없이 일정하다. 이 퍼텐셜은 은하의 회전 곡선에서 편평한 부분을 이해하는 데 유용하다.

은하 질량 모델

위에 다룬 구형 퍼텐셜을 정리해 보면 표 3-6-1과 같다.

▶ **표 3-6-1** 구형 퍼텐셜

	$\Phi(r)$	$\rho(r)$	$v_c^2(r)$
질점	$-GM/r$		GM/r
밀도가 균일한 구	$\begin{cases} -2\pi G\rho(a^2-r^2/3) & r<a \\ -GM/r & r>a \end{cases}$	$\begin{cases} 3M/4\pi a^3 & r<a \\ 0 & r>a \end{cases}$	$\begin{cases} GMr^2/2a^3 & r<a \\ GM/r & r>a \end{cases}$
등온 구	$4\pi G\rho(0)a^2\ln(r/a)$	$\rho(0)(r/a)^{-2}$	$4\pi G\rho(0)a^2$

이를 응용하여 천문학에서는 Plummer, Hernquist, Jaffe 구 모델을 표 3-6-2와 같이 사용한다.

이러한 구의 밀도분포는 그림 3-6-1과 같다. 이는 $r=1$에서 $\rho=1$로 표준화(normalize) 되어 있다. Plummer 밀도 분포[*MNRAS*, 71, 460, (1911)]는 핵의 밀도는 유한하지만 중심

▶ **표 3-6-2** Plummer, Hernquist, Jaffe 구인 경우

	$\Phi(r)$	$\rho(r)$	$v_c^2(r)$
Plummer	$-GM(r^2+a^2)^{-1/2}$	$(3M/4\pi a^3)(1+(r/a)^2)^{-5/2}$	$GMr^2(r^2+a^2)^{-3/2}$
Hernquist	$-GM/(r+a)$	$(M/2\pi a^3)a^4/(r(r+a)^3)$	$GMr(r+a)^{-2}$
Jaffe	$GM/a\ln(r/(r+a))$	$(M/4\pi a^3)a^4/(r^2(r+a)^2)$	$GM/(r+a)$

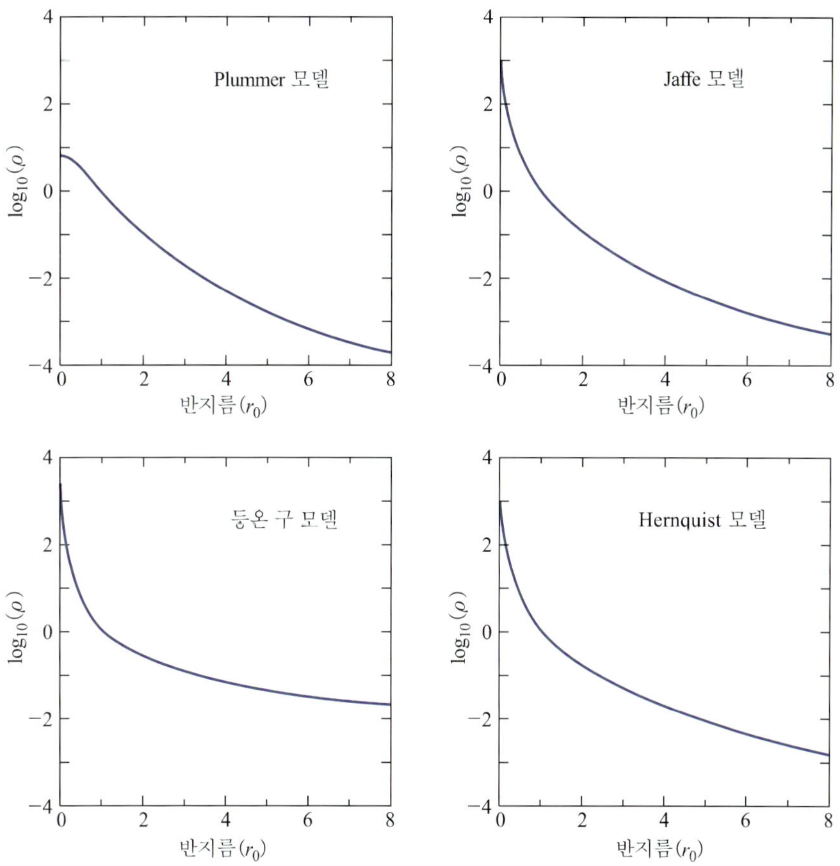

▶ **그림 3-6-1** 밀도 분포

에서 멀어질수록 r^{-5}로 감소한다. 이는 일반적인 은하의 밀도 분포보다 더 가파르게 감소한다. Hernquist 밀도 분포[*Astrophysical Journal*, 356, 359, (1990)]와 Jaffe 밀도 분포[*MNRAS*, 202, 995, (1983)]는 모두 거리가 멀어질수록 r^{-4}의 형태로 감소하며, 핵 부분에서는 뾰족(cusp)하다.

그림 3-6-2는 각 모델들의 밀도 분포, 퍼텐셜 분포, 원운동 속력 분포를 보여준다. 원반 은하를 모델링하기 위해서는 납작한 퍼텐셜(Flattened Potential)을 소개해야 한다. 이를 위하여 표 3-6-2에서 질량이 M이고, 길이 척도가 a인 Plummer 구 모델을 이용하고, 그림 3-6-5와 같은 원통 좌표(R, z)를 사용하여 Miyamoto와 Nagai [*Pub. Astron. Soc. Japan.*, 27, 533, (1975)]는 표 3-6-3과 같은 퍼텐셜을 얻었다.

표 3-6-2에서 $a = 0$일 때는 Plummer 퍼텐셜이 되고, $b = 0$일 경우에는 무한대로 얇은 원반에 의한 퍼텐셜(Kuzmin, 1956)이 된다. 즉 a, b값에 따라 무한대로 얇은 원반부터 구

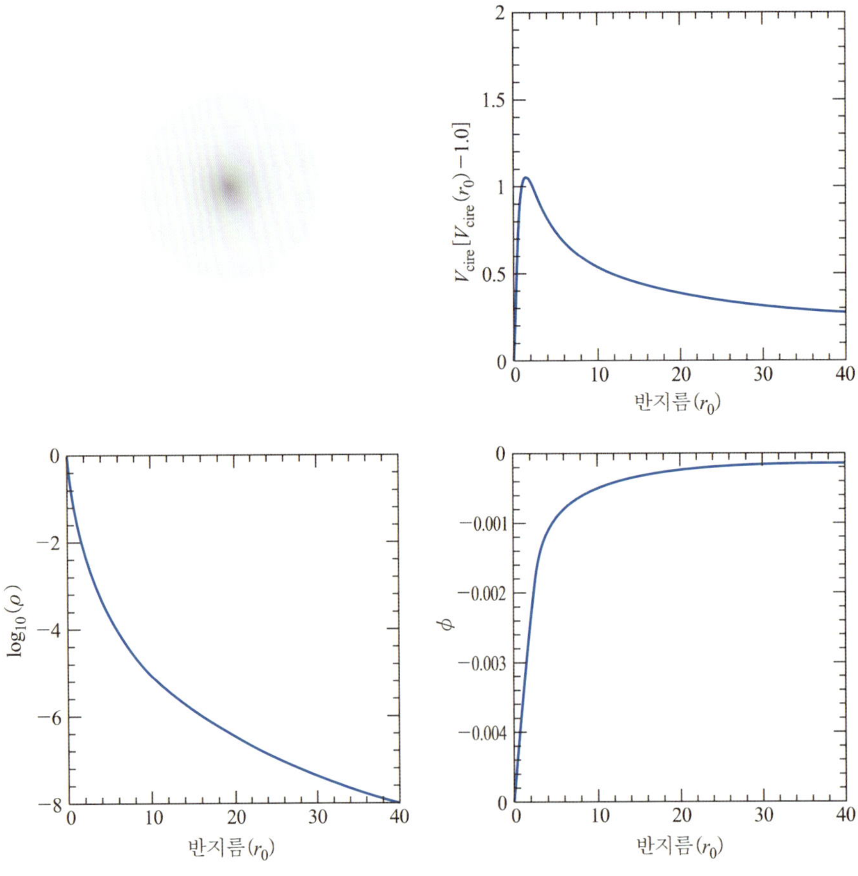

▶ **그림 3-6-2** Plummer 구 모델

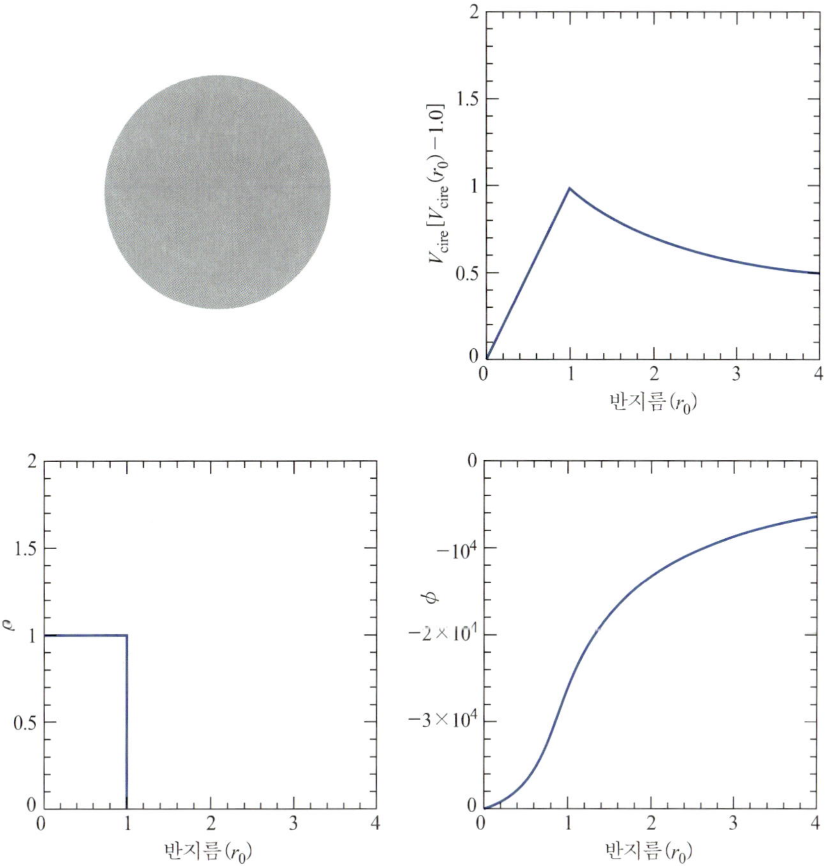

▶ **그림 3-6-3** 밀도가 균일한 구(Uniform Sphere)

형까지 다양한 형태로부터 퍼텐셜을 얻을 수 있다. 그림 3-6-6은 $b/a=0.1$, 0.2, 1일 때 밀도 분포이다. 즉 원반 은하에 적용하기 좋다.

우리 은하는 3가지 형태의 퍼텐셜로 이루어졌을 것이다. 왜냐하면 우리 은하는 원반 부분, 회전타원체(spheroid) 부분, 그리고 보이지 않는 암흑 물질 헤일로(dark matter halo) 부분으로 대략 이루어져 있기 때문이다. 벌지(bulge), 즉 회전타원체(spheroid) 부분은

▶ **표 3-6-3** Miyamoto-Nagai 모델

	$\Phi(r)$	$\rho(r)$
Miyamoto-Nagai	$\dfrac{=GM}{[R^2+\{a+(z^2+b^2)^{1/2}\}^2]^{1/2}}$	$\dfrac{Mb^2[aR^2+\{a+3(z^2+b^2\}^{1/2}\{a+(z^2+b^2)^{1/2}\}^2]}{4\pi[R^2+\{a+(z^2+b^2)^{1/2}\}^2]^{5/2}(z^2+b^2)^{3/2}}$

In Section 2 we develop a realistic model of the Galactic potential. In Section 3 we describe our simulations of the SLFC kinematics, and we discuss the results and draw conclusions in Section 4.

2 A GALACTIC POTENTIAL

We have developed a multicomponent model of the Galactic potential which we have matched with good accuracy to Galactic parameters, such as the rotation curve, local disc density and disc scalelength.

The Galactic potential $\Phi(R, z)$ is modelled in cylindrical coordinates, where R is the planar Galactocentric radius, and z is the distance above the plane of the disc. The total potential Φ is modelled by the sum of the potentials of the dark halo Φ_H, a cental component Φ_C and disc Φ_D:

$$\Phi = \Phi_H + \Phi_C + \Phi_D.$$

The potential of the dark halo Φ_H is assumed to be spherical and of the form

$$\Phi_H = \tfrac{1}{2} V_H^2 \ln(r^2 + r_0^2),$$

where r is the Galactocentric radius ($r^2 = R^2 + z^2$). The potential has a core radius r_0, and V_H is the circular velocity at large r (i.e., relative to the core radius).

The potential of the central component Φ_C is modelled by two spherical components, representing the bulge/stellar-halo and an inner core component:

$$\Phi_C = -\frac{GM_{C_1}}{\sqrt{r^2 + r_{C_1}^2}} - \frac{GM_{C_2}}{\sqrt{r^2 + r_{C_2}^2}}.$$

Here G is the gravitational constant, M_{C_1} and R_{C_1} are the mass and core radius of the bulge/stellar-halo term, and M_{C_2} and R_{C_2} are the mass and core radius of the inner core.

The disc potential Φ_D is modelled using an analytical form which is a combination of three Miyamoto–Nagai potentials (Miyamoto & Nagai 1975),

$$\Phi_D = \Phi_{D_1} + \Phi_{D_2} + \Phi_{D_3},$$

where

$$\Phi_{D_n} = \frac{-GM_{D_n}}{\sqrt{\{R^2 + [a_n + \sqrt{(z^2 + b^2)}]^2\}}}, \qquad n = 1, 2, 3.$$

Here the parameter b is related to the disc scaleheight, and a_n to the disc scalelength; M_{D_n} are the masses of the three disc components. Adoption of a single Miyamoto–Nagai potential for the disc and reasonable dark halo potentials leads to the problem that the disc scalelength is too short (typically by a factor of 2) for well-fitting rotation curves. We have circumvented this difficulty by combining three Miyamoto–Nagai discs of differing scalelengths and masses (the parameters for which are shown in Table 1). The parameters have essentially been chosen to be consistent with the dynamical mass measurements of the disc surface density at the solar circle, while maintaining a good fit to the rotation curve and a realistic disc scalelength. Note particularly that for the $n = 2$ component the mass M_2 is negative. The densities resulting from the disc potential alone, as well as the total potential, are nevertheless positive everywhere.

Table 1. Adopted parameters for the Galactic potential.

Component	Parameter	Value
Dark Halo	r_0	8.5 kpc
	V_H	220 km s^{-1}
Bulge/Stellar-halo	r_{C_1}	2.7 kpc
	M_{C_1}	$3.0 \times 10^9\ M_\odot$
Central comp.	r_{C_2}	0.42 kpc
	M_{C_2}	$1.6 \times 10^{10}\ M_\odot$
Disk	b	0.3 kpc
	M_{D_1}	$6.6 \times 10^{10}\ M_\odot$
	a_1	5.81 kpc
	M_{D_2}	$-2.9 \times 10^{10}\ M_\odot$
	a_2	17.43 kpc
	M_{D_3}	$3.3 \times 10^9\ M_\odot$
	a_3	34.86 kpc

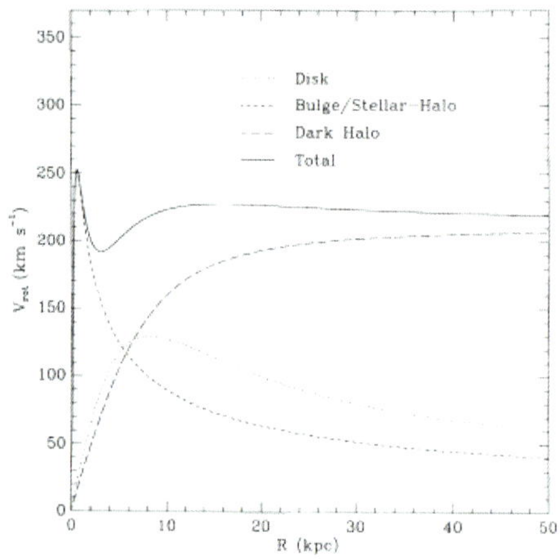

Figure 1. The rotation curve of our model Galaxy. The solid line is the total rotation curve, and the other lines indicate the partial contributions to the rotation curve by the three components.

The rotation curve of our model is shown in Fig. 1, together with the contributions from the various components. Assuming $R_\odot = 8$ kpc, the local disc surface density of matter $\Sigma_{Disc}(R = R_\odot)$ is 51 $M_\odot$ pc^{-2}, consistent with recent dynamical measurements which measure about 50 $M_\odot$ pc^{-2} (Kuijken & Gilmore 1989; Flynn & Fuchs 1994). The local mid-plane density of the disc (i.e., at $R = R_\odot$) is 0.09 $M_\odot$ pc^{-3}. The surface density Σ_{Disc} is plotted as a function of R in Fig. 2, and the disc is seen to be exponential over a large range in R; it has a scalelength of 4.1 kpc, in good agreement with observation (see, e.g., Lewis & Freeman 1989, and references therein). The disc has a uniform scaleheight with R of about 260 pc.

▶ **그림 3-6-7** *MNRAS*, 281, 1027(1996)에서 보여주는 우리 은하를 이루는 퍼텐셜

▶ **그림 3-6-8** 그림 3-6-7에서 보여주는 퍼텐셜을 이루는 질량 분포

▶ **그림 3-6-9** 우리 은하의 적외선 관측 분포
(http://map.gsfc.nasa.gov/html/milky_way.html)

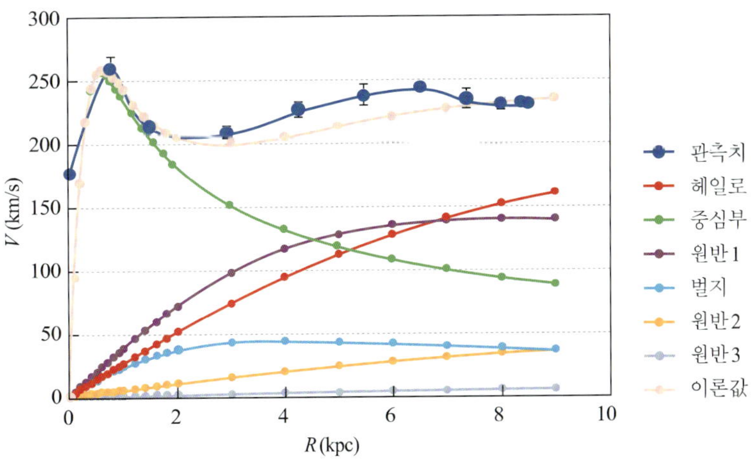

▶ **그림 3-6-10** 그림 3-6-7 모델에 의한 우리 은하에 대한 이론적인 회전 속도 곡선과 21 cm 수소선 관측에 의한 관측 회전 속도 곡선의 비교

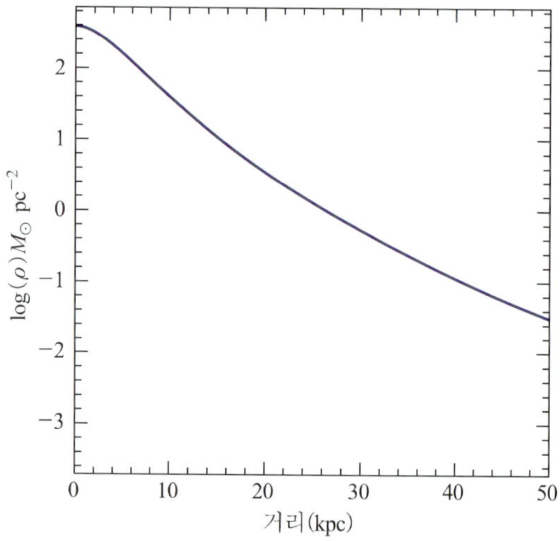

▶ **그림 3-6-11** 우리 은하 원반의 표면 밀도 분포

우리 은하의 원반에 대한 길이 척도는 측정하기가 매우 어려우나 2.5에서 5 kpc 정도로 측정된다. 그림 3-6-11에서 보여주는 표면 밀도 분포의 길이 척도는 4.1 kpc 정도이다.

우리 은하 내 별의 궤도

우리 은하의 회전 속도 곡선을 설명하기 위해 고려된 그림 3-6-7의 중력 퍼텐셜을 이용하면 우리 은하 내 별의 궤도를 설명할 수 있다. 이제 그림 3-6-7과 같이 중력 퍼텐셜이 $\Phi(x, y, z)$라 하면

$$F_x = -\frac{d\Phi}{dx}, \quad F_x = -\frac{d\Phi}{dx}, \quad F_x = -\frac{d\Phi}{dx} \tag{3-6-14}$$

이 되고, 따라서 운동 방정식은

$$\frac{d^2x}{dt^2} = F_x, \quad \frac{d^2y}{dt^2} = F_y, \quad \frac{d^2z}{dt^2} = F_z \tag{3-6-15}$$

이 된다. 이제 그림 3-6-7을 중력 퍼텐셜을 이용하고, 초기 조건으로 태양의 속도와 위치를 각각 $\vec{v} = (-10.234, 7)\,\mathrm{km/s^2}$, $\vec{r} = (8,\ 0,\ 0.005)\,\mathrm{kpc}$라 놓으면 그림 3-6-12와 같은 궤도를 얻는다. 그림 3-6-13은 은하면상에서의 운동을 $x(t), y(t)$를, 그림 3-6-14는 은하면을 수직으로 진동하는 $z(t)$를 표현하고 있다. 그림에서 $t=1$에 해당하는 시간 척도는 9.52억 년이다.

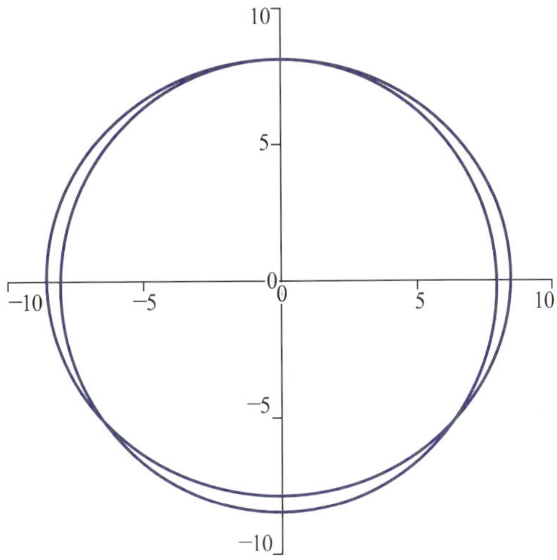

▶ **그림 3-6-12** 우리 은하면에서 태양의 궤도

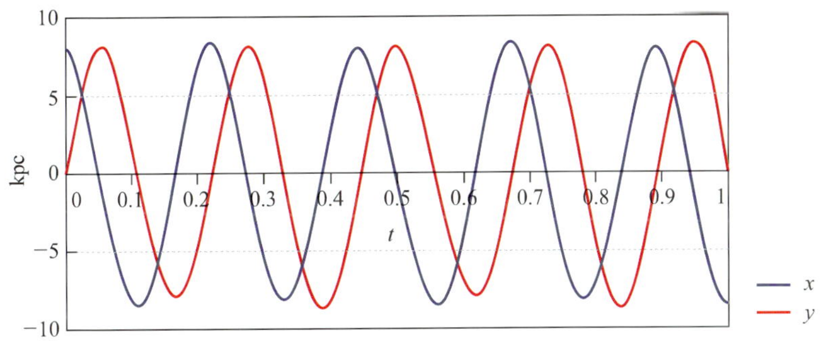

▶ **그림 3-6-13** 태양의 운동을 $x(t)$, $y(t)$로 표현

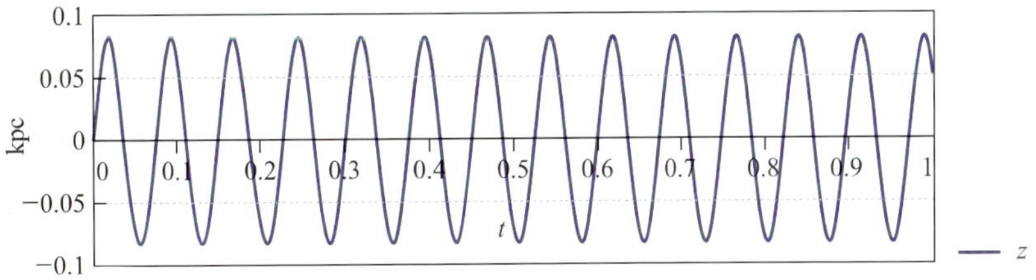

▶ **그림 3-6-14** 은하면 수직으로의 태양의 운동인 $z(t)$로 표현

3-7 은하면 위 질량의 양

은하면에 위치한 별들은 은하 중심을 중심으로 공전하게 되는데, 젊은 별들은 속도분산이 일반적으로 작아 거의 원 궤도를 이루고, 늙은 별들은 높은 속도분산으로 인하여 원 궤도에서 많이 벗어난다. 아마도 이런 늙은 별들은 은하 중심을 공전하면서 반경 방향으로 수 kpc를 넘나들 것이다. 그렇다면 수직 방향으로는 어떨까? 그림 3-6-13과 3-6-14는 우리 은하의 속도분포를 설명하는 우리 은하의 퍼텐셜(그림 3-6-7)을 이용하여 계산한 태양(LSR)의 우리 은하 내에서의 궤도 움직임이다(3-6절 참조). 이 계산은 $(U, V, W) = (-10, 234, 7)$ km/s, $(X, Y, Z) = (8000, 0, 5)$ pc를 이용하였다. 그림 3-6-13, 3-6-14를 보면 태양이 X, Y 은하면의 움직임보다는 Z 방향으로의 진동운동이 더 빠르다. 이러한 운동을 보이는 이유는 은하 중심을 공전하는 운동은 고속의 V 속력에 의해 결정되지만, Z 방향의 운동은 작은 무작위 W 속력에 의해 결정되기 때문이다. 그러나 이러한 별의 위아래 진동 운동은 은하면 위의 질량의 양을 측정할 수 있게 한다.

은하 원반은 매우 편평한(flat) 계이다. 따라서 푸아송 방정식인 $\nabla^2\Phi = 4\pi G\rho$을 반경 방향과 수직 방향으로 나눌 수 있다. 원통좌표[cylindrical (axisymmetric) coordinate system]를 사용하면

$$\frac{1}{R}\frac{d\left(\frac{Rd\Phi}{dR}\right)}{dR} + \frac{d^2\Phi}{dz^2} = 4\pi G\rho(R,z) \tag{3-7-1}$$

이다. $F_R = -\frac{d\Phi}{dR}$, $F_z = -\frac{d\Phi}{dz}$라 하면,

$$\frac{1}{R}\frac{d(RF_R)}{dR} + \frac{dF_z}{dz} = -4\pi G\rho(R,z) \tag{3-7-2}$$

이 된다. 그런데 $\frac{V^2}{R} = -F_R$이고, 은하면을 따르는 속도분포 곡선이 거의 편평하기에, 즉 V가 거의 일정하기에 푸아송 방정식은

$$4\pi G\rho(z) = -\frac{dF_z}{dz} \tag{3-7-3}$$

이 된다. 이러한 가정이 타당한 이유는 은하면이 매우 얇기에 별이 반경 방향과 수직 방

향의 진동이 거의 독립적이기 때문이다. 그리고 은하면을 따르는 속도분포가 거의 편평하기에 푸아송 방정식에 거의 영향을 주지 않는다. 속도분포가 편평한 이유는 아직 확실하지는 않지만 은하면의 질량분포에 따라 속도분포가 거리 R에 따라 감소하는 속도분포(케플러 속도 곡선)와 증가하는 속도분포(은하 헤일로 질량분포에 따름)로 설명된다.

이제 식 (3-7-3)에서 수직의 힘인 F_z를 어떻게 측정할 수 있을까? 은하의 퍼텐셜에 의하여 수직으로 진동하는 별을 생각해 보자. 은하면의 위로 질량이 분포해 있기에 별이 위로 올라가면 은하면으로 끄는 힘이 작용하게 된다. 따라서 별이 높이 올랐다가 다시 이 힘에 의하여 은하면으로 내려와 은하면을 지나 다시 $-z$ 방향으로 가게 되고, 다시 $-z_{\max}$가 되면 힘이 작용하여 다시 은하면으로 내려온다. 즉 수직 방향으로 별의 운동은 진동한다.

이러한 수직 방향의 힘을 어림하는 가장 간단한 방법은 별의 z 방향 운동을 측정하는 것이다. 그러나 이 방법은 태양 근처의 별이라 할지라도 5,000만 년이나 1억 년 정도이기에 불가능하다. 대신 수백 수천 개의 별을 통계적으로 다루면 가능하다. 진스 방정식 (Jeans Equation)

$$F_z = -\frac{\sigma^2}{\rho}\frac{d\rho}{dz} \tag{3-7-4}$$

에 의하면 수직 밀도 분포와 별 그룹들의 속도분산을 측정하여 F_z를 알고, 물질의 총 밀도를 유도할 수 있다. 이러한 계산은 별들이 등온(isothermal)이라는 가정하에 수행된다.

이제 푸아송 방정식과 볼츠만 방정식을 합하여 써보면

$$\frac{d\left[\frac{1}{\rho}\frac{d(\rho\sigma^2)}{dz}\right]}{dz} = -4\pi G\rho \tag{3-7-5}$$

이다. 그런데 은하 원반은 여러 다른 속도분포를 가진 요소들로 이루어져 있다. 각 요소들을 등온 은하 원반으로 가정한다. 이러한 원반들을 모두 합하여 총 중력을 구하게 된다. 이제 표 3-7-1과 같이 여러 요소들의 밀도 분포와 속도분산은 시선속도를 관측해서 그리고 거리에 따른 별 세기를 하여 직접 관측하여 구할 수 있다. 이에 따르면, 태양 근처의 총 밀도는 $0.1 \pm 0.01\ M_\odot/\mathrm{pc}^3$가 된다. 이제 표 3-7-1을 이용하여 태양 근처 은하면 위의 밀도 분포를 구하고, 이에 따른 총 중력 퍼텐셜을 결정한다. 이러한 결정은 수치해석학적인 방법을 이용할 수밖에 없다.

▶ **표 3-7-1** 태양계 부근의 밀도를 이루는 성분

	성분	밀도	수직 속도분산	표면 밀도
		$M_o\,pc^{-3}$	$km\,s^{-1}$	$M_o\,pc^{-2}$
기체	수소 분자 H_2	0.021	4.0	3.0
	전리된 수소 HI	0.0282	8.0	8.0
	따뜻한 기체	0.001	40.0	2.0
별	거성	0.0006	17.0	0.4
	$M_V < 2.5$	0.0031	7.5	0.9
	$2.5 < M_V < 3.0$	0.0015	10.5	0.6
	$3.0 < M_V < 4.0$	0.0020	14.0	1.1
	$4.0 < M_V < 5.0$	0.0024	19.5	2.0
	$5.0 < M_V < 8.0$	0.0074	20.0	6.5
	$8.0 < M_V$	0.014	20.0	12.3
	백색왜성	0.005	20.0	4.4
	갈색왜성	0.008	20.0	6.2
	헤일로	0.0001	100.0	0.6

은하를 이루는 i 요소의 밀도 분포를 ρ_i, 속도분포를 σ_i라 하면, 푸아송 볼츠만 방정식은

$$\frac{d\left[\frac{1}{\rho_i}\frac{d\left(\rho_i\sigma_i^2\right)}{dz}\right]}{dz} = -4\pi G\sum_i \rho_i \tag{3-7-6}$$

이 된다. 여기서 총 밀도 분포가 $\sum_i \rho_i$이다. 표 3-7-1에는 13개의 요소가 있다. $z_i^2 = \frac{\sigma_i^2}{2\pi G\rho_i}$라 놓으면, 식 (3-7-6)은

$$\frac{d^2\rho}{dz^2} = -2\frac{z_0^2}{z_i^2}\sum_i \rho_i + \frac{1}{\rho_i}\left(\frac{d\rho_i}{dz}\right)^2 \tag{3-7-7}$$

이 된다. 초기 조건으로 표 3-7-1의 값을 $z=0$에서의 각 요소의 밀도와 속도분산을 초깃값으로 하고, $\left(\frac{d\rho_i}{dz}\right)_{z=0} = 0$이라 하여 계산하면 그림 3-7-1과 같다. 물론 이 밀도 분포는 $\mathrm{sech}^2(z/z_H)$를 따르지는 않지만 비슷하다. 그림 3-7-1의 분포를 크게 기체, 젊은 별, 늙은 별로 나누어 그려보면 그림 3-7-2와 같다.

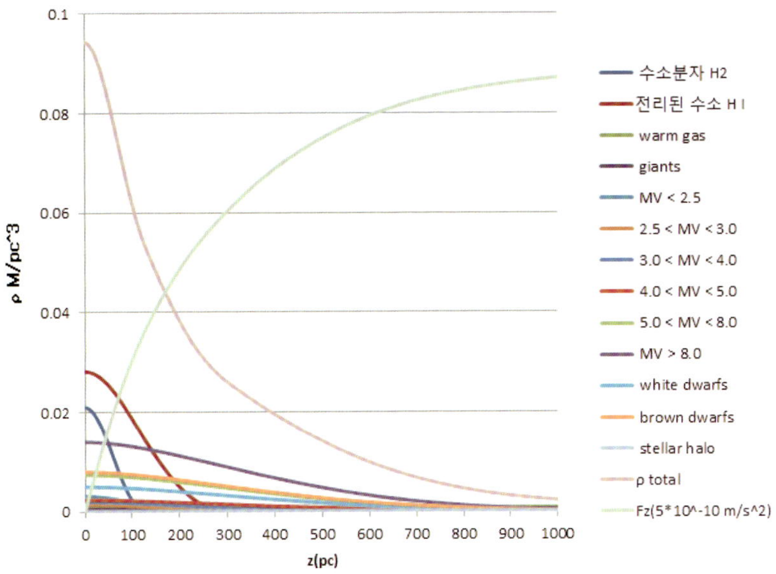

▶ 그림 3-7-1

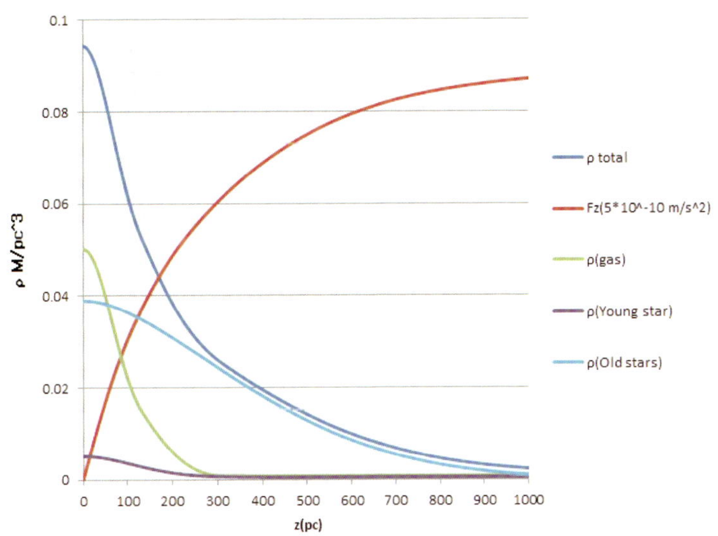

▶ 그림 3-7-2

태양계 은하면 진동주기(Solar Oscillation Period)

이제 그림 3-7-1의 총 질량에 의한 밀도 분포와 푸아송 방정식 (3-7-3)을 이용하여 F_z를 구하면 그림 3-7-3과 같이 z 거리에 따라 가속도가 증가하는 것을 볼 수 있다. 즉 은하

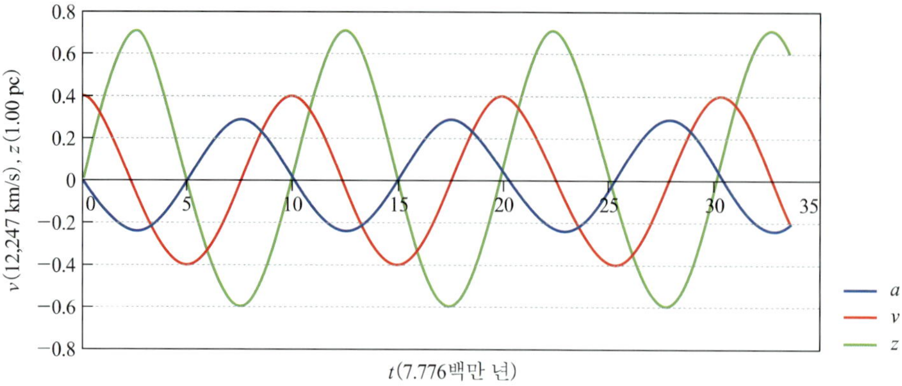

▶ 그림 3-7-3

면에서 z 거리가 증가할수록 이 수직 힘은 증가한다. 이제 태양의 경우, $W = 7\ \text{km/s}$, $Z = 0$이라 놓고 계산하면, 그림 3-7-3과 같다. 태양계가 은하면의 수직으로 진동하는 모습을 볼 수 있다. 그림 3-7-3은 은하 중력 퍼텐셜을 이용하여 계산한 그림 3-6-13, 3-6-14와 같다. 이 주기는 대략 8,000만 년 정도이다.

3-8 종족 합성(Population Synthesis)

은하는 별들로 이루어져 있다. 그런데 어떤 종류의 별들로 이루어져 있느냐에 따라 결과적으로 은하의 색깔과 광도가 달라진다. 우리는 광학 관측을 통해 은하의 $B-V$, L_v를 얻을 수 있다. 그리고 이를 바탕으로 어떤 별들이 얼마만큼 있을까를 유추해 볼 수 있다.

예를 들어 표 3-8-1과 같이 4종류의 별들이 어떤 은하에 있다고 하자. 태양의 $M_V = 4.74$, $B-V = 0.65$로 계산하면 각 별들의 M/L을 계산할 수 있다. 즉 $10^{\frac{2}{5}(4.74 - M_V)} = \frac{L}{L_\odot}$가 된다.

이제 어떤 은하의 총 $L_V = 10^{10} L_\odot$이라 하고, 이 중 위의 각 별들이 기여하는 부분이 은하마다 표 3-8-2와 같다고 하자. 그렇다면 우리는 표 3-8-1과 3-8-2를 이용하여 표 3-8-3과 같이 은하의 $B-V$, 은하의 총 L_b, 은하의 M/L_V, 기여하는 별의 개수, 은하의 총 질량 등을 계산할 수 있다.

▶ 표 3-8-1

	별 1	별 2	별 3	별 4
분광형	A2V	G2V	K5V	K2III
M_V	1.3	4.7	7.35	0.5
$B-V$	0.05	0.63	1.15	1.16
$M(M_\odot)$	2	1	0.67	1.1
$L(L_\odot)$	22.91	1.00	0.09	47.86
M/L	0.087	1.000	7.693	0.023

▶ 표 3-8-2

	각 별로부터 V 밴드 빛을 이루는 부분(fraction)			
	별 1	별 2	별 3	별 4
은하 1	15 %	40 %	25 %	20 %
은하 2	30 %	0 %	0 %	70 %
은하 3	45 %	25 %	20 %	10 %
은하 4	0 %	30 %	70 %	0 %
은하 5	0 %	30 %	50 %	20 %

▶ 표 3-8-3

	별 1	별 2	별 3	별 4	
Type	A2V	G2V	K5V	K2III	
M_V	1.3	4.7	7.35	0.5	
$B-V$	0.05	0.63	1.15	1.16	
$M(M_{sun})$	2	1	0.67	1.1	
$L(L_{sun})$	22.91	1.00	0.09	47.86	
M/L	0.087	1.000	7.693	0.023	
					종합
	25 %	25 %	25 %	25 %	100 %
L_V	2.50E+09	2.50E+09	2.50E+09	2.50E+09	1.00E+10
N	1.09E+08	2.50E+09	2.87E+10	5.22E+07	3.14E+10
N fraction	0.35 %	7.97 %	91.51 %	0.17 %	100 %
L_V total	2.50E+09	2.50E+09	2.50E+09	2.50E+09	1.00E+10
L_b total	2.39E+09	1.40E+09	8.67E+08	8.59E+08	5.51E+09
M total	2.18E+08	2.50E+09	1.92E+10	5.75E+07	2.20E+10
				$B-V$ total	0.65
				M/L total	2.20

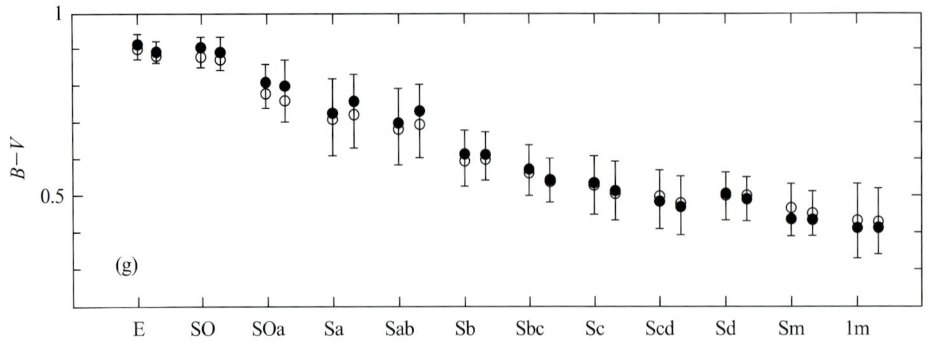

▶ **그림 3-8-1** 은하의 종류에 따른 $B-V$ 값

표 3-8-3에서는 모든 종류의 별들이 모두 25 %씩 L_V에 기여한다고 보고 계산한 결과이다. 별의 개수 N은 그 별이 기여한 총 $L_{V,\text{total}}$를 그 별의 광도 $L_{V,*}$로 나누면 된다. 즉 $N=\dfrac{L_{V,\text{total}}}{L_{V,*}}$이다. 또한 $L_{b,\text{total}}$은 $10^{\frac{2}{5}(B-V)}=\dfrac{L_{V,\text{total}}}{L_{b,\text{total}}}$ 식을 이용하여 구하게 된다. 각 별들의 총 질량인 $M_{*,\text{total}}$은 그 별의 총 개수에 그 별의 질량을 곱하여 얻는다. 즉 $M_{*,\text{total}}=NM_*$이다. 이제 모든 별의 총 $L_{V,\text{total}}$, $L_{b,\text{total}}$의 합을 $L_{V,T}$, $L_{b,T}$라 하면 그 은하의 색깔과 $\left(\dfrac{M}{L}\right)_G$는 각각 $(B-V)_G=2.5\log\left(\dfrac{L_{V,T}}{L_{b,T}}\right)$, $\left(\dfrac{M}{L}\right)_G=\dfrac{M_T}{L_{V,T}}$로 구할 수 있다. 표 3-8-3의 은하는 K5V별들이 압도적으로 많고, 그다음이 태양과 같은 G2V별들이다. 같은 방법으로 표 3-8-2의 은하들의 계산을 표 3-8-3과 같은 방법으로 하면 표 3-8-4와 같이 얻을 수 있다. 일반적으로 우리 은하와 같은 전형적인 나선은하는 $B-V=0.7$, 타원은하는 $B-V=1.0$이고 폭발적 별생성은하(starburst galaxy)는 $B-V=0.4$ 정도이다(그림 3-8-1 참조). 즉 폭발적 별생성은하는 타원은하에 비해 새로 생성되는 조기 별들이 상대적으로 많아 푸르게 관측된다.

▶ **표 3-8-4**

	별 1	별 2	별 3	별 4	
Type	A2V	G2V	K5V	K2III	
M_V	1.3	4.7	7.35	0.5	
$B-V$	0.05	0.63	1.15	1.16	
$M(M_{\text{sun}})$	2	1	0.67	1.1	
$L(L_{\text{sun}})$	22.91	1.00	0.09	47.86	
M/L	0.087	1.000	7.693	0.023	

▶ **표 3-8-4** (계속)

	별 1	**별 2**	**별 3**	**별 4**	
은하 1					
	15 %	40 %	25 %	20 %	100 %
L_V	1.50E+09	4.00E+09	2.50E+09	2.00E+09	1.00E+10
N	6.55E+07	4.00E+09	2.87E+10	4.18E+07	3.28E+10
N fraction	0.20 %	12.19 %	87.48 %	0.13 %	100 %
L_V total	1.50E+09	4.00E+09	2.50E+09	2.00E+09	1.00E+10
L_b total	1.43E+09	2.24E+09	8.67E+08	6.87E+08	5.23E+09
M total	1.31E+08	4.00E+09	1.92E+10	4.60E+07	2.34E+10
				$B-V$ total	0.70
				M/L total	2.34
은하 2					
	30 %	0 %	0 %	70 %	100 %
L_V	3.00E+09	0.00E+00	0.00E+00	7.00E+09	1.00E+10
N	1.31E+08	0.00E+00	0.00E+00	1.46E+08	2.77E+08
N fraction	47.24 %	0.00 %	0.00 %	52.76 %	100 %
L_V total	3.00E+09	0.00E+00	0.00E+00	7.00E+09	1.00E+10
L_b total	2.86E+09	0.00E+00	0.00E+00	2.40E+09	5.27E+09
M total	2.62E+08	0.00E+00	0.00E+00	1.61E+08	4.23E+08
				$B-V$ total	0.70
				M/L total	0.04
은하 3					
	45 %	25 %	20 %	10 %	100 %
L_V	4.50E+09	2.50E+09	2.00E+09	1.00E+09	1.00E+10
N	1.96E+08	2.50E+09	2.30E+10	2.09E+07	2.57E+10
N fraction	0.76 %	9.74 %	89.42 %	0.08 %	100 %
L_V total	4.50E+09	2.50E+09	2.00E+09	1.00E+09	1.00E+10
L_b total	4.30E+09	1.40E+09	6.93E+08	3.44E+08	6.73E+09
M total	3.93E+08	2.50E+09	1.54E+10	2.30E+07	1.83E+10
				$B-V$ total	0.43
				M/L total	1.83

▶ **표 3-8-4** (계속)

	별 1	별 2	별 3	별 4	
은하 4					
	0 %	30 %	70 %	0 %	100 %
L_V	0.00E+00	3.00E+09	7.00E+09	0.00E+00	1.00E+10
N	0.00E+00	3.00E+09	8.04E+10	0.00E+00	8.34E+10
N fraction	0.00 %	3.60 %	96.40 %	0.00 %	100 %
L_V total	0.00E+00	3.00E+09	7.00E+09	0.00E+00	1.00E+10
L_b total	0.00E+00	1.68E+09	2.43E+09	0.00E+00	4.11E+09
M total	0.00E+00	3.00E+09	5.38E+10	0.00E+00	5.68E+10
				$B-V$ total	0.97
				M/L total	5.68
은하 5					
	0 %	30 %	50 %	20 %	100 %
L_V	0.00E+00	3.00E+09	5.00E+09	2.00E+09	1.00E+10
N	0.00E+00	3.00E+09	5.74E+10	4.18E+07	6.04E+10
N fraction	0.00 %	4.96 %	94.97 %	0.07 %	100 %
L_V total	0.00E+00	3.00E+09	5.00E+09	2.00E+09	1.00E+10
L_b total	0.00E+00	1.68E+09	1.73E+09	6.87 E+08	4.10E+09
M total	0.00E+00	3.00E+09	3.85E+10	4.60E+07	4.15E+10
				$B-V$ total	0.97
				M/L total	4.15

ASTROPHYSICS

CHAPTER

04

외부 은하계

4-1 은하 내 반경 방향 진동운동: 주전원 운동*

축 대칭이면서 편평하게 물질이 분포되어 있는 은하 원반을 생각해 보자. 이 은하 원반의 퍼텐셜을 $\Phi(R,\ z)$라 하면, 반경 방향의 운동 방정식은

$$\ddot{r} = -\nabla\Phi \tag{4-1-1}$$

이고, 방위각 방향으로의 힘은 0이기에 각운동량은 보존된다. 즉

$$L_z = R^2\dot{\phi} = \text{일정} \tag{4-1-2}$$

이 된다. 이를 원통좌표$(R,\ \phi,\ z)$를 이용하여 다시 쓰면,

$$\begin{aligned} &\ddot{R} - R\dot{\phi}^2 = -\frac{\partial\Phi}{\partial R} \\ &\frac{d}{dt}(l_z) = 0 \\ &\ddot{z} = -\frac{\partial\Phi}{\partial z} \end{aligned} \tag{4-1-3}$$

이 된다.

$z=0$에서 은하 원반이 대칭이기에 $z=0$에 작용하는 힘은 0이다. 즉

$$F_z|_{z=0} = -\left(\frac{\partial\Phi}{\partial z}\right)_{z=0} = 0 \tag{4-1-4}$$

이다. 그러나 z 방향으로 조금만 오르면,

$$F_z|_{z=z} = -\left(\frac{\partial\Phi}{\partial z}\right)_{z=z} = -\left(\frac{\partial\Phi}{\partial z}\right)_{z=0} - z\left(\frac{\partial^2\Phi}{\partial z^2}\right)_{z=0} = -z\left(\frac{\partial^2\Phi}{\partial z^2}\right)_{z=0} \tag{4-1-5}$$

이 되고 $\nu^2 = \left(\frac{\partial^2\Phi}{\partial z^2}\right)_{z=0}$ 이라 놓으면, $\ddot{z} = -\nu^2 z$가 되기에

$$z(t) = z_o\cos(\nu t + \phi_o) \tag{4-1-6}$$

---

* http://www.astro.virginia.edu/class/whittle/astr553/Topic06/Lecture_6.html을 참고하였음.

이 된다. 태양 근처의 우리 은하 원반의 경우, $\nu^2 = 4\pi G\rho_0$, $\nu \sim 0.096\, Myr^{-1}$이기에 수직으로 진동하는 주기는 대략 $\frac{2\pi}{\nu} \sim 6.5 \times 10^7 yr \sim \frac{1}{3}\Omega_{\odot}$가 된다. 이러한 수직진동의 모습은 앞에서도 계산을 통하여 보여준 것과 같다.

반경 방향의 운동은 어떠한가? 별이 $R = R_o$에서 원운동하고 그때의 속도를 V_c, 각속도를 Ω_g이라 하자. 그러면 $\ddot{r} = 0$이기에

$$\left(\frac{\partial \Phi}{\partial R}\right)_{R_o} = R_o\, \Omega_g^2 = \frac{V_c^2}{R_o} \tag{4-1-7}$$

가 된다. 그런데 별이 원운동에서 조금 벗어난 경우를 생각해 보자. 이때의 운동 방정식도

$$\ddot{R} - R\dot{\phi}^2 = -\frac{\partial \Phi}{\partial R} \tag{4-1-8}$$

$$L_z = R^2 \dot{\phi} \tag{4-1-9}$$

이다. 이를 다시 쓰면

$$\ddot{R} = -\frac{\partial \Phi_{eff}}{\partial R} \tag{4-1-10}$$

이다. 여기서 $\Phi_{eff} = \Phi(R, z) + \frac{L_z^2}{2R^3}$이다. 만약 $\Phi(R, z) = -\frac{GM}{R}$이라 하고, $\frac{GM}{R_o^2} = \frac{L_z^2}{R_o^3}$, $\xi = \frac{R}{R_o}$, $\Phi_{eff}(\xi) = \frac{\Phi(R, z)}{(GM/R_o)}$라 놓으면, $\Phi_{eff}(\xi) = -\frac{1}{\xi} + \frac{1}{2\xi^2}$이 된다. 이를 그려보면 그림 4-1-1이 된다. $\xi = 1$에서 최소가 되며, 이때에는 원운동을 한다. 그러나 $\xi = 1$을 조금이라도 벗어나면 그림 4-1-1의 양방향 화살표에 해당하는 ξ 사이를 진동하게 된다.

즉 Φ_{eff}가 최소가 되는 부근에서의 물체의 운동은

$$\left(\frac{\partial \Phi_{eff}}{\partial R}\right)_{R_o} = 0 = \left(\frac{\partial \Phi}{\partial R}\right)_{R_o} - R_o\dot{\phi}_g^2 = \left(\frac{\partial \Phi}{\partial R}\right)_{R_o} - \frac{V_c^2}{R_o} \tag{4-1-11}$$

이기에 $R = R_o + x$에서는

$$\ddot{R} = \ddot{x} = -\left(\frac{\partial \Phi_{eff}}{\partial R}\right)_{R_o} - x\left(\frac{\partial^2 \Phi_{eff}}{\partial R^2}\right)_{R_o} = -x\left(\frac{\partial^2 \Phi_{eff}}{\partial R^2}\right)_{R_o} = -\kappa^2 x \tag{4-1-12}$$

이다. 따라서

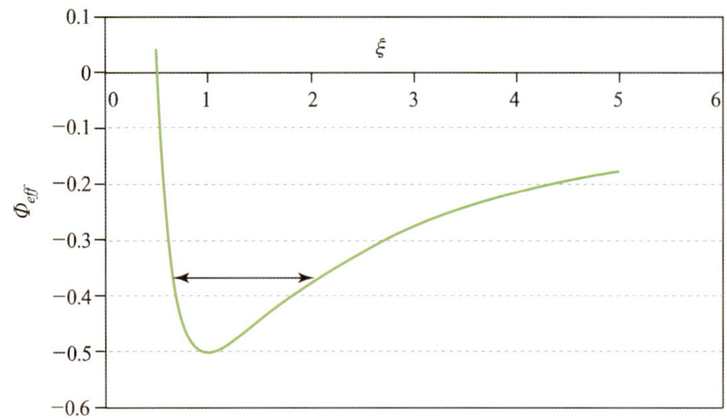

▶ **그림 4-1-1**

$$x = x_o \cos(\kappa t + \phi_o) \qquad (4\text{-}1\text{-}13)$$

의 단진동 운동을 한다. 여기서

$$\kappa^2 = \left(\frac{\partial^2 \Phi_{eff}}{\partial R^2}\right)_{R_o} = \left[\frac{\partial}{\partial R}\left(\frac{\partial \phi}{\partial R}\right)\right]_{R_o} + \frac{3L_z^2}{R_o^4} = \left(R\frac{d\Omega^2}{dR} + 4\Omega^2\right)_{R_o}$$

이다.

방위각 방향으로의 운동은 $L_z = R_o^2 \Omega_g = R^2 \Omega =$ 일정이기에

$$\dot{\phi} = \frac{L_z}{R^2} = \frac{L_z}{(R_o + x)^2} \simeq \frac{L_z}{R_o^2}\left(1 - \frac{2x}{R_o}\right) = \Omega_g\left(1 - \frac{2x}{R_o}\right) \qquad (4\text{-}1\text{-}14)$$

가 된다. 이를 적분하면

$$\phi(t) = \Omega_g t - \frac{2\Omega_g x_o}{\kappa R_o} \sin(\kappa t + \phi_o) \qquad (4\text{-}1\text{-}15)$$

가 된다. 이제 원 궤도의 어떤 점을 중심으로 R 방향으로는 $x = x_o \cos(\kappa t + \phi_o)$를 하지만, 그 수직 방향으로는 $y(t) = -\frac{2\Omega_g}{\kappa} x_o \sin(\kappa t + \phi_o)$로 진동수는 같지만 90° 위상이 뒤쳐진다. 이 주전원(epycycle) 운동은 궤도운동에 반하여 역행운동이다. 이 주전원은 반경 방향과 방위각 방향의 반지름의 비가 $1 : \frac{2\Omega_g}{k}$ 이다. 이제 $n = \frac{\kappa}{\Omega_g}$, $\phi_o = 0$이라 놓고, $\frac{x}{R_o} \to x$,

$\dfrac{y}{R_o} \rightarrow y$, $\dfrac{R}{R_o} = r$, $\dfrac{x_o}{R_o} \rightarrow x_o$라 놓으면

$$r = 1 + x = 1 + x_o \cos(n\Omega_g t) \tag{4-1-16}$$

$$\phi(t) = \Omega_g t - \frac{2}{n} x_o \sin(n\Omega_g t) \tag{4-1-17}$$

이 된다. 그림 4-1-2는 $n=2$, $\Omega_g = 2\pi$, $x_o = 0.2$인 경우의 궤도운동이다. 이때 주전원은 x, y 각 반지름이 같은 원이 된다. $n=1$인 경우는 케플러 운동의 경우로 물체의 은하 중심에 대한 궤도는 타원 궤도이다.

$\Omega_g \propto \dfrac{1}{R}$, 즉 $V_c =$ 일정인 경우에는 $\dfrac{\kappa}{\Omega_g} = \sqrt{2}$ 이다(그림 4-1-4). 또한 $\Omega_g =$ 일정, 즉 고체 회전의 경우에는 $\dfrac{\kappa}{\Omega_g} = 2$인 경우와 같다. 일반적으로 $1 < \dfrac{\kappa}{\Omega_g} < 2$, 즉 $1 < n < 2$인 경우에는 궤도운동이 완전하게 한 바퀴 돌기 전에 주전원이 한 바퀴 돌게 된다. 그러나 궤도는 닫혀지지 않지만 복귀(regression)된다.

태양 근처에서 κ와 Ω_g의 값을 오르트 상수로 표시하면

$$\kappa^2 = -4B(A-B) = -4B\Omega_g = 37 \text{ km/s/kpc} \tag{4-1-18}$$

$$\Omega_g = A - B = 27 \text{ km/s/kpc} \tag{4-1-19}$$

가 되어 $\dfrac{\kappa}{\Omega_g} = \dfrac{37}{27} \simeq 1.37037$이 된다. 즉, 궤도를 한 바퀴 돌 때, 1.37037 주전원 운동을 한다. 주전원의 반지름 비는 $\dfrac{\kappa}{2\Omega_g} = 0.685$가 된다(그림 4-1-5). 별들의 $\dfrac{\sigma_R}{\sigma_\phi} = \dfrac{\kappa}{2\Omega_g} \sim 0.7$ 속

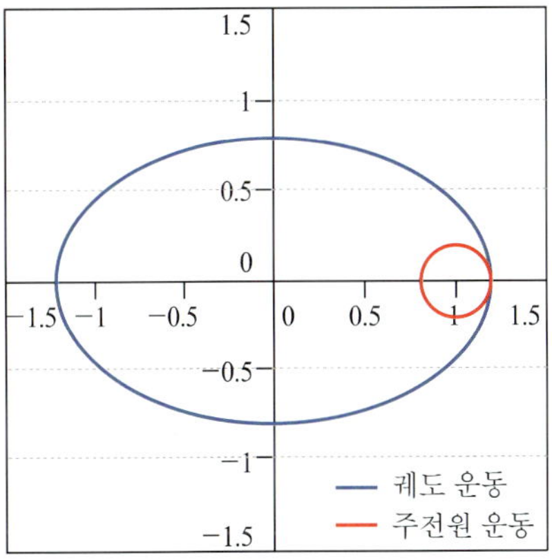

▶ 그림 4-1-2

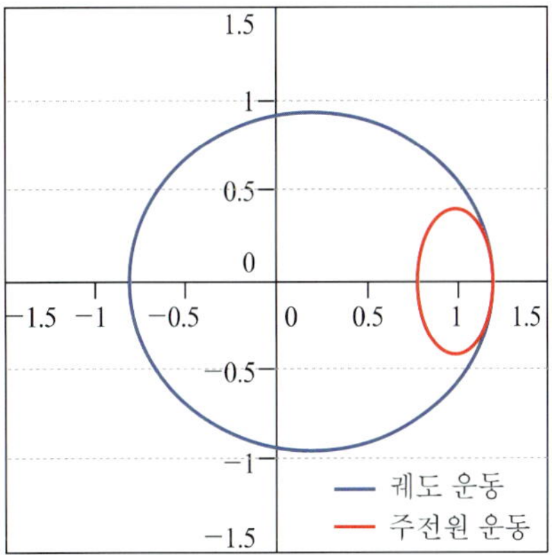

▶ 그림 4-1-3

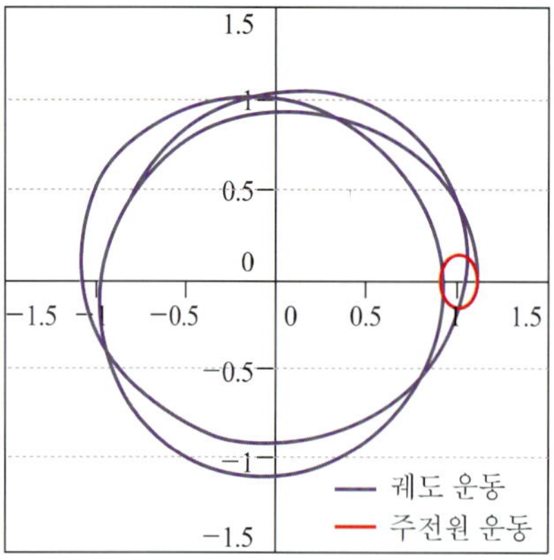

▶ **그림 4-1-4** $n = \sqrt{2}, x_o = 0.1$인 경우

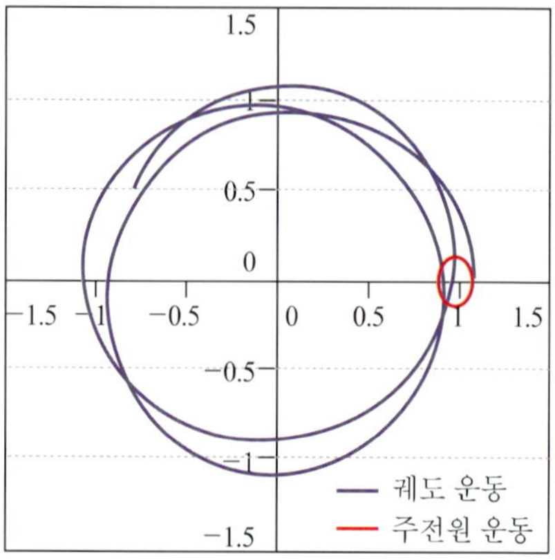

▶ **그림 4-1-5** $n = 1.37037, x_o = 0.1$인 경우

도분포 비를 가져야 하는데, 실제 관측은 $\frac{\sigma_R}{\sigma_\phi} = \frac{2\Omega_g}{\kappa} \sim 1.46$이다. 이는 태양 근처 R_g에서 관측되는 별들의 실제 R_o는 $R_o < R_g$이기 때문이다(이곳에는 더 많은 별들이 있다). 그런데 주전원의 대략 크기는 $\sim \frac{\sigma}{\kappa} \sim \frac{30\ \mathrm{km/s}}{37\ \mathrm{km/s/kpc}} \sim 1\ \mathrm{kpc}$이다. 수직 방향으로는 $\sim \frac{\sigma_z}{\nu} \sim \frac{30\ \mathrm{km/s}}{0.096\ /\mathrm{Myr}} \sim 300\ \mathrm{pc}$이다. 태양의 경우도 이와 유사한 운동을 할 것이다. 재미있는 현상은 지구에 큰 운석구덩이를 만드는 시간 척도가 태양이 우리 은하 원반을 가로지르는 시간 척도와 비슷하다는 것이다. 이러한 시간 척도로 지구상에 대규모의 생물 멸종이 일어난다. 이는 지날 때마다 오르트 혜성구름에 영향을 주어 혜성들이 많이 태양 쪽으로 보내지기 때문으로 생각된다.

동조

은하 원반을 보면 별의 밀도가 높은 지역이 있는데, 이러한 곳들은 나선 혹은 막대 모양의 패턴을 보인다. 이러한 패턴은 정지해 있지도 않고, 은하 원반에 있는 별들과 같이 움직이지도 않는다. 대신 패턴속도라 불리는 Ω_p의 각속도로 움직이다. 이 패턴과 주전원 운동과의 상호작용이 동조(同調, resonance)를 이끈다.

만약 별이 패턴속도를 가진다면, 즉 $\Omega = \Omega_p$라면, 계속적으로 비 축대칭적인 섭동을 받으며, 이러한 섭동이 쌓이게 된다. 이러한 운동을 동회전 공조(corotation rotation, CR)라 한다. 그러나 나선팔을 지날 때마다 정확하게 주전원이 한 바퀴 도는 별의 운동을 생각해 보면 이러한 상호작용은 나선팔과 동조하는데, 이때에 주전원의 크기가 증폭되어 파의 전달이 강하게 조절된다. 이러한 동조는 은하의 어디에서 일어날 수 있을까? 패턴에 대한 별의 각속도는 $\Omega_P - \Omega_*$이다. 만약 $\Omega_* > \Omega_P$면, 별은 나선팔을 지나가게 되고, 만약 $\Omega_P > \Omega_*$이면, 나선팔이 별을 지나가게 된다. 두 개의 나선팔을 가진 은하에서 각 나선팔을 별이 조우하는 각운동 속도는 $2(\Omega_P - \Omega_*)$이다. 따라서 동조 조건은 $2(\Omega_P - \Omega_*) = \pm\kappa$ 즉 $\Omega_P - \Omega_* = \pm\frac{\kappa}{2}$이다. 만약 m개의 나선팔의 경우에는 $\Omega_P - \Omega_* = \pm\frac{\kappa}{m}$가 된다. 이제 두 경우의 동조가 있는데,

$$\Omega_P - \Omega_* = -\frac{\kappa}{2}: \text{ ILR(Inner Lindblad Resonance, 별이 패턴을 지나감)}$$

$$\Omega_P - \Omega_* = +\frac{\kappa}{2}: \text{ OLR(Onner Lindblad Resonance, 패턴이 별을 지나감)}$$

이다. 이러한 조건이 만족되는 반지름은 패턴속도 Ω_P, 속도곡선 $V(R)$을 알면 구할 수 있다. 즉 $V(R)$로부터 $\Omega(R)$을 구하고, 다음 $\kappa(R)$을 구한다. 그림 4-1-6은 $V^2(r) = \frac{r^2}{(r^2+a^2)^{3/2}}$인 경우에 $a=1$인 경우의 그래프이다. $\Omega_p = 0.1$이라 할 때, ILR은 $r=2$ 근처에서, CR은 $r=4.5$ 근처에서, OLR은 $r=6$ 근처라는 것을 알 수 있다.

이러한 동조가 중요한 이유는 밀도파가 ILR과 OLR 사이에서만 존재할 수 있기 때문이다. 밀도파는 ILR에서 흡수되기 때문에 그곳을 지나갈 수 없다. 따라서 은하 중심을 지나 은하 원반을 가로지르는 것이 허용되지 않는다. 동조 반지름들을 지나면서 궤도의 형태가 변하는데, 막대는 CR을 넘어 뻗힐 수는 없다. CR 근처에서 멈추게 된다. 막대는 $\Omega_P \sim \Omega_{CR}$의 패턴속도로 회전한다. 별로 이루어진 고리(ring)는 CR이나 OLR 근처에서

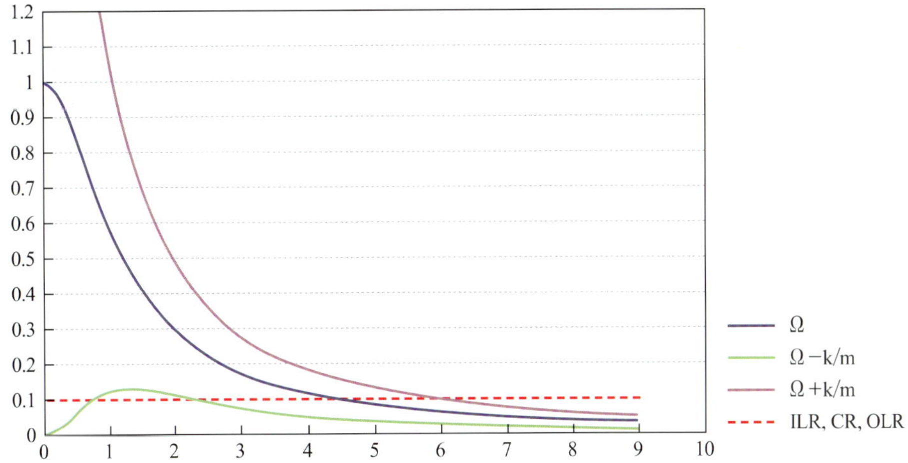

▶ 그림 4-1-6

$\Omega_P \sim \Omega_{CR}$의 패턴속도로 회전한다. 별로 이루어진 고리(ring)는 CR이나 OLR 근처에서 형성될 것이다. 기체는 ILR에서는 안쪽으로, OLR에서는 바깥쪽으로 운반된다. 따라서 ILR 근처에서 기체고리, 기체원반, 별형성 지역으로 관측된다. 우리 은하의 경우, $m=2$라 가정하고, ILR은 ~3 kpc에, CR은 ~14 kpc에, OLR은 ~20 kpc에 위치하며, $\Omega_P \sim$ 15 km/s/kpc가 된다.

밀도파

1) 운동학적인 밀도파

일반적으로 궤도들은 닫히지 않는다. 즉 1 궤도 운동을 할 때, 대략 1~2의 주전 운동을 한다. 그러나 $\Omega_g \sim \frac{1}{2}\kappa$로 회전하면, 궤도는 은하 중심을 중심으로 닫힌 타원 궤도이다. 만약 이러한 궤도들의 주전원의 위상이 반지름에 따라 단조롭게 증가한다면 궤도들의 밀집된(crowding) 부분은 두 개의 나선팔을 이룬다(그림 4-1-7). 이렇게 만들어진 파를 운동학적인 밀도파(kinematic density wave)라 부른다.

만약 $\Omega_g \sim \frac{1}{2}\kappa$가 반지름에 대하여 독립적이라면(이는 편평한 속도곡선에 대해서는 거의 타당하다.) 패턴은 거의 고정적이고, $\Omega_P = \Omega_g - \frac{1}{2}\kappa$의 패턴속도로 회전한다. 실제로 $V_c=$일정의 경우에 패턴속도는 R에 대하여 매우 천천히 변한다. 따라서 나선팔은 천천히 감기게 된다. 그러나 자체 중력으로 인하여 거의 R에 독립적인 다른 Ω_P를 산출할 수도 있다.

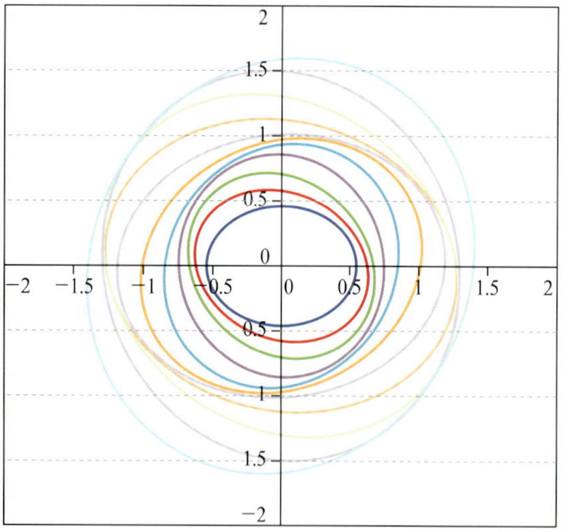

▶ 그림 4-1-7

2) 린-슈 밀도파 이론

운동학적인 나선팔은 축대칭 퍼텐셜을 가정하여 산출되었다. 그러나 궤도 밀집은 비축대칭 나선 섭동을 발생하여 별과 기체들의 궤도를 수정한다. 이렇게 생긴 새로운 궤도는 새로운 표면 밀도와 이에 해당하는 퍼텐셜을 만들어낸다. 이제 처음 퍼텐셜과 나중 퍼텐셜이 일치하는 자체 일치 해(self consistent solution)를 얻어야 하는데, 린과 슈(Lin & Shu, 1964, 1966)가 이를 해결하였다. 그들은 차등 회전을 하는 원반을 전파하는 파들을 고려하여 분산관계, 즉 $\omega = f(k)$를 유도하고 준정지 정상 상태 해(Quasi-Stationary Steady State solution, QSSS)를 찾았다. $\frac{w}{k}$를 위상 속도(phase velocity)라 부르고, $\frac{dw}{dk}$를 군속도(group velocity)라 부른다.

그들이 찾은 해는 R에 독립적인 $\Omega_P = \Omega_g - \frac{d\omega}{dk} \times \frac{1}{2}\kappa$를 가지게 되고, 경사각(pitch angle)은 $\psi(R) \sim$ 일정이기에 로그형의 나선팔을 발생한다. 파는 ILR과 OLR 사이에서 존재할 수 있으며, ILR에서 흡수되고, 높은 속도분산을 가진 원반에서는 파가 약해지며, 별 형성에 의하여 온도가 낮은 요소가 보충될 필요가 있다(S0 원반은 나선팔이 없다).

이제 기체가 비선형적으로 응수하여 충돌 충격 지역을 이룬다. 이 지역은 좁고(그림 4-1-8) 나선팔 근처에서 속도 흐름(velocity streaming)을 보인다(그림 4-1-9). 밀도파의 기하학적 구조와 충격지역의 강도는 중앙 밀집도와 V_c에 의존한다. 따라서 경사각과 벌지/원반 비 사이의 관세, 원반과 나선팔을 형성힐 수 있는 임계 V_c를 설명할 수 있다. 따라

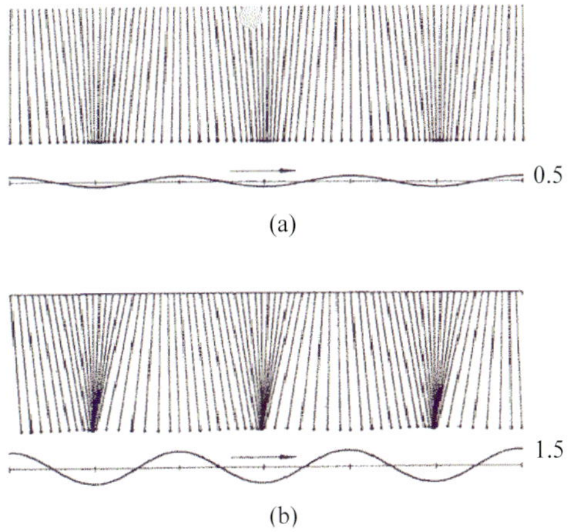

▶ 그림 4-1-8

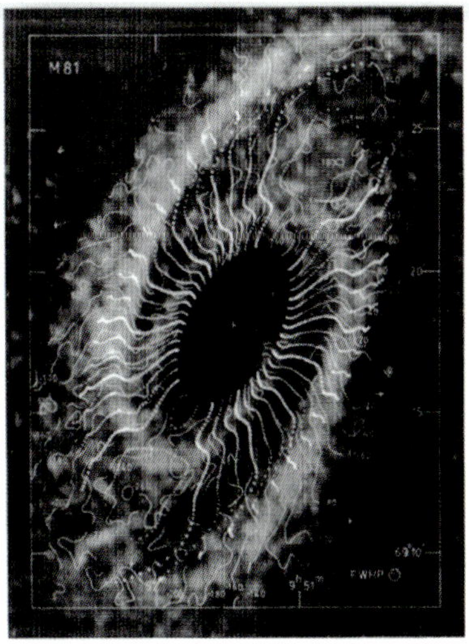

▶ 그림 4-1-9

서 왜은하의 경우 나선팔이 거의 없다.

어떤 은하의 경우 $V_c \propto r$인 지역 내에 나선팔을 가지고 있으며, 이러한 나선팔은 감기지 않는다. 수많은 은하들은 확실한 나선팔 모습을 보이지 않고, 솜털로 뒤덮인(flocculent) 것 같이 보인다.

밀도파의 근원이 되는 것으로 두 가지를 들 수 있는데, 하나는 은하를 지나는 조석력이 강한 $m = 2$ 섭동을 일으켜 강한 운동학적 밀도파를 만들어내고, 자체 중력이 이러한 섭동을 향상시킨다(그림 4-1-10). 그러나 이러한 나선팔은 일시적이다.

또 다른 근원은 막대인데, 막대는 $m = 2$ 섭동을 일으킨다. 샌더와 헌틀리(Sander & Huntley, 1976)는 약한 막대조차도 강한 나선팔을 발생한다고 했다. 그러나 이러한 메커니즘에는 점성(viscosity)이 작동되어야 한다(그림 4-1-11, 4-1-12). 달걀 모양의 비틀어짐(oval distortion)도, 약하지만 같은 효과를 가진다.

▶ **그림 4-1-10** 옆으로 지나는 은하가 나선팔, 꼬리, 다리들을 만든다.

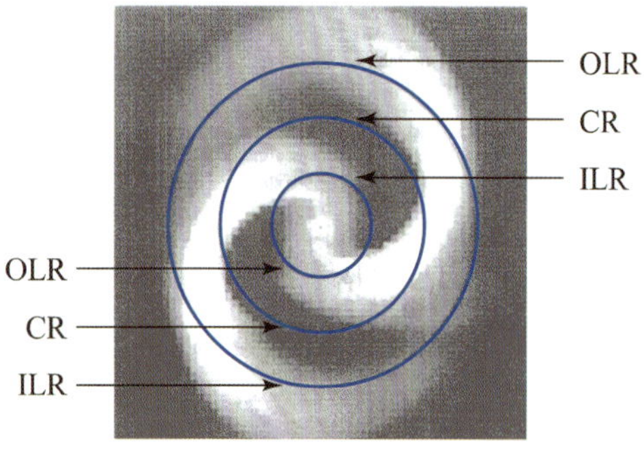

▶ **그림 4-1-11**

▶ **그림 4-1-12**

4-2 은하 원반의 불안정과 증폭

솜털 모양의 나선팔에 대하여는 다른 메커니즘이 작동하는 것으로 보인다. 원반 내의 기체와 별들은 중력적으로 덩어리(clump)를 만들어 별들을 형성한다. 이러한 덩어리가 차등 회전을 하면서 나선팔 조각들을 만든다.

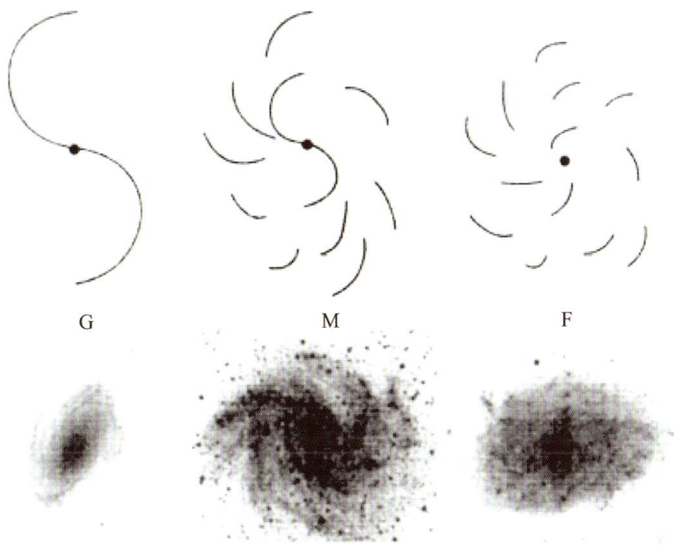

▶ 그림 4-2-1

1) 국부 원반 불안정(Local Disk Stability): 툼리의 Q 매개변수(parameter)

자체 중력 원반은 국부 중력 불안정이 쉽게 일어날까? 불안정은 밀도가 높은 지역이 중력 붕괴시키는 중력과 이러한 붕괴를 방해하는 별의 분산(stellar dispersion)과 각운동량 사이의 경쟁 관계에 의하여 영향을 받는다. 툼리(1964)는 불안정 조건을 발견하였는데 $Q \simeq \frac{\kappa\sigma}{3G\Sigma}$라 할 때, $Q < 1$이면 불안정해진다. 여기서 σ는 별의 속도분산이고, Σ는 국부 표면 밀도이다.

이제 회전하지 않는 원반에서 반지름이 R인 밀도가 높은 지역을 생각해 보자. 중력 붕괴 시간은 $t_c \sim R/V$이다. 여기서 $V \sim \sqrt{\frac{GM}{R}}$ 이다. 따라서

$$t_c \sim R/\sqrt{GM/R} \sim \sqrt{R^3/GM} \sim \sqrt{R/G\Sigma} \qquad (4\text{-}2\text{-}1)$$

이다. 이제 별이 이 지역을 떠나는 시간 척도는 $t_{esc} \sim R/\sigma$이다. 그런데 이 지역이 중력 붕괴하려면 $t_c < t_{esc}$이어야 한다. 따라서 $\sqrt{R/G\Sigma} < R/\Sigma$이다. 따라서 진스 반지름은 $R_J = \dfrac{\sigma^2}{G\Sigma}$이 된다.

이제 회전하는 원반을 생각하면 국부 각속도는 오르트 상수 B이기에 그 지역이 불안정하려면 $F_{centrifugal} < F_{gravity}$이 되어야 하므로 $RB^2 < GM/R^2 = G\Sigma$이다. 따라서 회전에 의하여 불안정하게 될 임계 반지름은 $R_{rot} = G\Sigma/B^2$이다.

이제 이 두 조건을 합하면 원반이 불안정하게 될 조건은 $R_J < R < R_{rot}$이다. 따라서 $R_J > R_{rot}$이면 이 지역은 안정하다. 즉 $\dfrac{\sigma^2}{G\Sigma} > \dfrac{G\Sigma}{B^2}$ 혹은 $\dfrac{\sigma B}{G\Sigma} > 1$이다. $B = \dfrac{\kappa^2}{4\Omega}$이고 $\kappa \sim \Omega$에서 2Ω 사이이기에 $B \sim \kappa/3$ 정도가 된다. 따라서 원반 안정 조건은

$$Q \equiv \frac{\sigma|B|}{G\Sigma} \simeq \frac{\sigma\kappa}{3G\Sigma} > 1 \qquad (4\text{-}2\text{-}2)$$

이다. 기체 원반의 경우에는 $Q \equiv \dfrac{V_s \kappa}{3G\Sigma} > 1$이다. 따라서 불안정을 발생하려면 σ의 값은 작고, Σ값은 크며, κ값은 작아야 한다. 즉 국부 회전 각속도가 작아야 한다. 태양 부근에서는 $\sigma \sim 30\ \mathrm{km/s}$이고, $\Sigma \sim 50\ M_\odot/\mathrm{pc}^2$, $\kappa \sim 37\ \mathrm{km/s/kpc}$이면, $Q \sim 1.4$가 된다. 따라서 우리 은하 원반의 경우 태양 근처에서는 국부적으로 안정적이다.

2) 흔들리는 증폭(Swing Amplification)

어떤 환경에서는 나선팔 패턴에 강력한 증폭이 발생한다(툼리, 1981). 만약 나선팔이 선도하는(leading) 밀도파이면, 차등 회전에 의하여 나선팔을 끌리는(trailing) 밀도파로 회전하게 한다. 그러면 패턴의 회전은 역행하게 된다. 이 시간 척도는 거의 κ이다. 주전 운동이 거의 나선팔을 따르기에 오랜 기간 섭동을 받아 주전원이 증폭된다. 따라서 끌리는 패턴이 나타나면서 증폭된다(그림 4-2-2).

이러한 메커니즘이 작동되려면 선도하는 나선 밀도파의 근원이 있어야 한다. 그러나 정상적으로는 회전하는 원반에서 이러한 파는 발생하지 않는다. 대신 끌리는 파가 선도하는 파로 변환하는 귀환(feedback)을 찾아야 한다. 가장 바깥 끝에서 반사되는 파는 180° 위상 변이가 일어난다. 즉 끌리는 파가 선도하는 파로 변화된다. 실제 은하에서는 작동하기가 쉽지 않다. 왜냐하면 바깥 끝이 매우 부드럽기 때문이다. 중심부를 통과해서 지나가는 끌

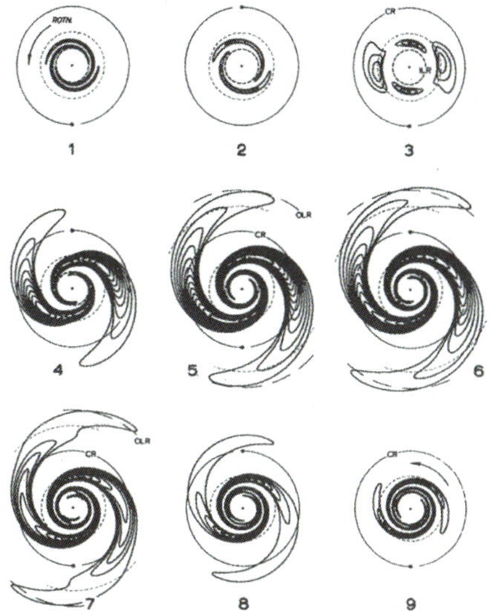

▶ 그림 4-2-2

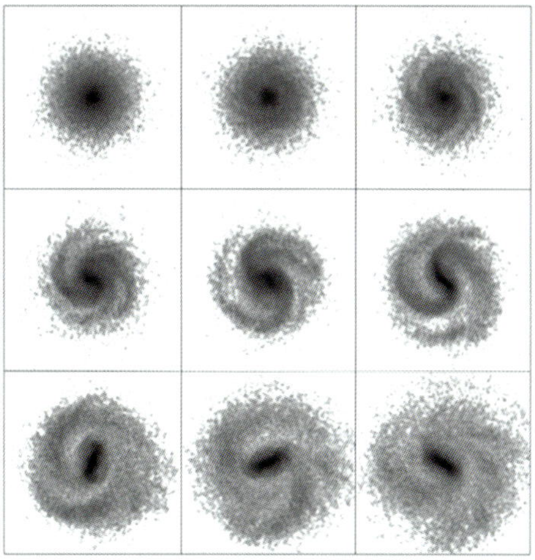

▶ 그림 4-2-3

리는 파는 선도하는 파로 나타난다. 만약에 ILR이 없다면 이러한 현상이 일어날 수 있다. 귀환을 동반하는 흔들리는 증폭(Swing Amplification)은 강한 나선 구조를 유지하는 데 매우 중요하다.

3) 막대의 불안정과 억압

원반에 대한 N체 시뮬레이션은 아주 쉽게 막대를 형성하는 것 같다(그림 4-2-3). 실제로 $Q>1$이 가진 안정된 원반 모델을 고안하기가 어렵다. 흔들리는 증폭이 이 불안정을 설명하는 데 도움을 줄 수 있다. 선도하는 파는 끌리는 파로 강하게 증폭된다. 선도하는 파가 없다면 이러한 일은 일어나지 않는다. 끌리는 파가 중심부를 통과할 때에 선도하는 파가 나타난다. 따라서 귀환은 증폭이 계속되도록 해준다. 이러면서 막대가 급속하게 증가한다. 초기에는 막대 불안정(bar instability)의 엄격함에 주목하였다(Hohl 1971, Ostriker & Peebles 1973). 예상한 대로 별의 분산이 증가함에 따라 불안정은 조용해진다. 원반이 막대 형성에 대하여 안정되려면 $KE(\sigma)/KE(rot)>5$가 되어야 한다. 참고로 태양 근처에서는 이 값이 약 0.15이다. 그렇기에 우리 은하 원반은 막대 형성에 매우 불안정하다.

그렇다면 무엇이 실제 은하에서 막대 형성을 억압(suppression)할까? 가능한 메커니즘이 몇 가지가 있는데, 암흑 헤일로의 질량이 큰 분산 요소같이 행동을 한다. 그러나 안쪽의 동력학은 이러한 헤일로에 의하여 많이 영향을 받지는 않는다. 그럼에도 불구하고 헤일로는 좀 더 큰 반지름에서 원반을 안정시키는 데 도움을 준다. 큰 분산을 가진 벌지나 안쪽 원반을 가지고 있으면 같은 영향을 받는다. 즉 들어오는 파가 중심을 지나가기 전에 약하게 된다. 즉 귀환(feedback)을 못 하게 한다. ILR은 중심을 막아 귀환을 못 하게 하고, 커다란 중심 벌지 질량이 ILR에서의 $\Omega(R)$로 회전한다.

4-3 은하 내 성계의 동력학

별들의 조우와 이완 시간

은하는 수많은 별들로 이루어져 있다. 이러한 별들의 운동은 각 별들의 조우(遭遇, Stellar encounters)에 의한 효과보다는 오히려 별들 전체가 만드는 밀도 분포와 이에 따른 중력 퍼텐셜에 의하여 영향을 받는다. 이러한 가정은 은하에 대해서는 타당하지만, 아마도 성단에 대해서는 타당하지 않을지도 모른다. 이제 이러한 별들의 조우에 대하여 알아보기로 하자.

속도 V와 질량 M을 가진 별이 또 다른 별로 접근하여 지나갈 때, 속도의 변화가 강하게 일어나려면, $\frac{1}{2}V^2 \simeq \frac{GM}{r}$가 되도록 별로부터 거리 r만큼 떨어진 주변을 지나야 한다. 따라서

$$r = r_s = \frac{2GM}{V^2} \tag{4-3-1}$$

이 된다. 이제 별이 한 번 조우하기까지의 거리를 Vt라 하면, 그림 4-3-1과 같은 원통의 부피는 $\pi r^2 Vt$가 되는데, 이 원통 내의 별의 개수 밀도를 n이라 하면, 한 번의 조우이기

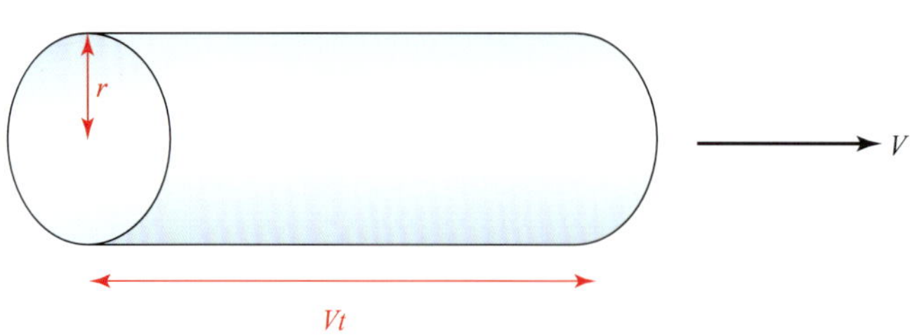

▶ 그림 4-3-1

에 $n\pi r^2 Vt \simeq 1$이 된다. 따라서 조우 시간 척도는

$$t_s = \frac{1}{n\pi r^2 V} = \frac{V^3}{4\pi n G^2 M^2} = 3.83 \times 10^{12} \left(\frac{V}{10\ \mathrm{km/s}}\right)^3 \left(\frac{M}{M_\odot}\right)^{-2} \left(\frac{n}{\mathrm{pc}^3}\right)^{-1} \text{년} \quad (4\text{-}3\text{-}2)$$

이 된다. 이 시간 척도는 강한 조우가 일어나는 시간에 해당한다. 식 (4-3-3)에 나타난 시간은 우리 은하의 경우인데 이 시간은 우주의 나이인 137억 년보다 매우 긴 시간이므로 우리 은하 내에서는 별들 간의 강한 조우는 일어나지 않는다.

그러나 성계(星界, stellar system)에서는 약한 조우는 이보다 빈번하게 일어나 별들의 원래 궤도를 많이 벗어나 성계 자체가 이완(弛緩, relaxation)되는데, 이를 이완 시간이라 부른다. 강한 조우의 경우에는 충돌 반지름이 r_s이다. 그러나 약한 조우의 경우에는 성계 자체의 반지름 R이 거의 최대가 되는 충돌 반지름이 된다. 이렇게 계산된 이완 시간은

$$t_r = \frac{t_s}{2\ln(R/r_s)} = \frac{V^3}{8\pi n G^2 M^2 \ln(R/r_s)} \simeq \frac{2\times 10^{12}}{\ln(R/r_s)} \left(\frac{V}{10\ \mathrm{km/s}}\right)^3 \left(\frac{M}{M_\odot}\right)^{-2} \left(\frac{n}{\mathrm{pc}^3}\right)^{-1} \text{년} \quad (4\text{-}3\text{-}3)$$

이 된다. 일반적으로 $\ln(R/r_s) \simeq 18 \sim 23$이기에 강한 2체(two body) 조우보다는 약한 조우가 더 효과적으로 성계 내의 별들의 궤도를 변화시킨다.

이러한 성계를 별이 가로지르는 시간 척도는

$$t_c = \frac{R}{V} = 9.8 \times 10^5 \left(\frac{R}{\mathrm{pc}}\right) \left(\frac{V}{\mathrm{km/s}}\right)^{-1} \text{년} \quad (4\text{-}3\text{-}4)$$

이다. 그런데 $\frac{R}{r_s} = \frac{R}{2GM} V^2 = \frac{R}{2GM} \cdot \frac{GMN}{R} = \frac{N}{2}$이다. 따라서

$$\frac{t_r}{t_c} - \frac{N}{6\ln(N/2)} \quad (4\text{-}3\text{-}5)$$

이다. 따라서 성계 내의 별들의 궤도에 큰 변화가 일어나기 전에 별들은 몇 번씩 성계를 가로지른다. 식 (4-3-5)의 값은 $N = 10, 100, 1000, 10000$인 경우, 각각 1.03, 4.26, 26.82, 195.68이다. 따라서 은하성단의 경우에는 몇 번 가로지르지 않아도 성단 자체가 이완되지만, 구상성단의 경우는 별들이 수십 번 이상 가로질러야 이완되기에 상대적으로 안정되어 있다. 당연히 은하 정도의 크기가 되면 이 값은 매우 크다. 따라서 조우는 작은 성계에서는 중요하지만, 은하 정도에서는 거의 무시해도 된다. 위 식들을 이용하여 표 4-3-1의 구상성단과 은하성단에 해당하는 각 시간 척도를 계산하였다.

▶ **표 4-3-1** 성단의 물리량

	구상성단	은하성단
중심 밀도	~ 10^4 M_o pc^{-3}	~ 100 M_o pc^{-3}
핵반지름	1.5 pc	1 pc
중앙(median) 반지름	10 pc	2 pc
조석 반지름	50 pc	10 pc
중심 속도분산	7 km/s	1 km/s
질량-광도 비	2 M_o / L_o	1 M_o / L_o
질량	5×10^5 M_o	250 M_o
나이	10^{10}년	10^8년
t_s	1.44×10^8년	4.21×10^7년
t_r	8.0×10^6년	4.4×10^6년
t_c	2.1×10^5년	9.8×10^5년
t_r/t_c	37.93	4.51

출처: Binney and Tremaine, Table 1-3

은하의 경우, 별의 궤도를 변화시키는 주된 효과는 별들 사이의 조우보다는 나머지 별들에 의한 중력이다. 따라서 성계에서의 별의 동력학을 통계적으로 다루어야 한다. 이제 별들의 밀도 분포와 속도분포가 중력 퍼텐셜과 관련되어 있는데, 이를 다루는 방정식이 볼츠만 방정식과 진스 방정식이다.

수직으로 별에 작용하는 힘

원반에서 수직으로 별에 작용하는 힘(Vertical force on the stars)을 구하기 위해 $F_z = -4\pi G\int_0^z \rho(z)dz$를 이용하면

$$F_z = -4\pi G\rho(0)z_o \tanh\left(\frac{z}{z_0}\right) \quad (4\text{-}3\text{-}6)$$

이다. 이 힘은 원반 중앙의 밀도와 물질의 거리 척도 z_o에 비례한다. 이를 그림으로 그려보면 그림 4-3-2와 같다. 이 힘은 100 pc까지는 거의 거리에 비례하여 증가한다. 따라서

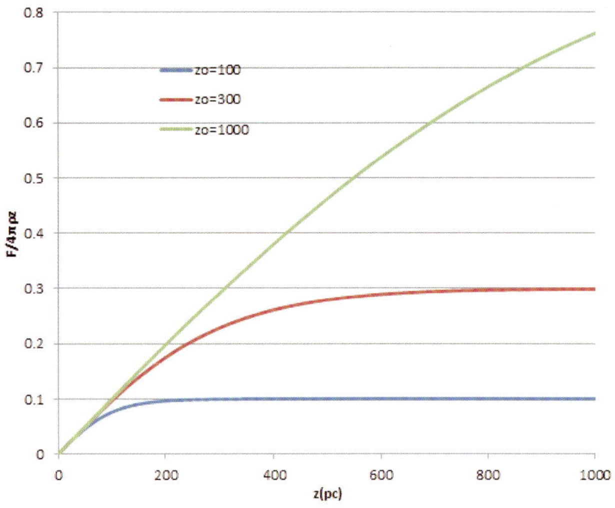

▶ **그림 4-3-2**

원반 부근에 위치한 별은 이 힘에 의하여 원반 위아래를 단진동 운동한다. 거리가 증가하면 케플러 법칙을 따르지는 않는다. 왜냐하면 지금 다루고 있는 원반은 반지름이 무한대이기 때문이다.

진스 방정식

z 방향으로의 1-D 진스 방정식은

$$\rho F_z = \frac{d(\rho\sigma^2)}{dz} \tag{4-3-7}$$

이다. 등온 원반에서는 σ의 값이 일정하기 때문에

$$F_z = \frac{\sigma^2}{\rho}\frac{d\rho}{dz} \tag{4-3-8}$$

가 된다. 따라서 $\rho = \rho(0)\,\mathrm{sech}^2(z/z_o)$을 대입하면 $F_z = -4\pi G\rho(0)z_o \tanh(z/z_o)$를 얻는다.

이제 비등온 원반의 경우에는 σ가 z의 함수이기에 진스 방정식 $\rho F_z = d(\rho\sigma^2)/dz$과 푸아송 방정식 $d^2\Phi/dz^2 = -4\pi G\rho$을 이용하면,

$$\frac{d}{dz}\left[\frac{1}{\rho}\frac{d(\rho\sigma^2)}{dz}\right] = -4\pi G\rho \quad (4\text{-}3\text{-}9)$$

을 얻는다. 만약 밀도 분포가 주어진다면, z에 따른 속도분산 σ를 구할 수 있고, 수직으로 작용하는 힘도 구하게 된다.

예를 들어 밀도 분포가 $\rho = \rho(0)\exp(-|z|/z_0)$로 관측되었다면 이를 진스 방정식에 대입하여 $x = \frac{z}{z_o}$, $y = \frac{\sigma^2}{\sigma_o^2}$, $\sigma_o^2 = 4\pi G\rho_o z_o^2$으로 놓으면,

$$\frac{d^2y}{dx^2} + \frac{dy}{dx} = e^{-x} \quad (4\text{-}3\text{-}10)$$

가 된다. 이 방정식의 해는 $y = 2-(1+x)e^{-x}$가 된다. 따라서 z에 따른 속도분산은

$$\sigma^2(z) = \sigma^2(0)\left[2-\left(1+\frac{|z|}{z_o}\right)e^{-\frac{|z|}{z_o}}\right] \quad (4\text{-}3\text{-}11)$$

이 된다. $\rho_o = 0.1\,M_\odot/\mathrm{pc}^3$, $\sigma(0) = 20\,\mathrm{km/s}$라 놓으면 $z_o \simeq 276.55\,\mathrm{pc}$를 얻는다. 이들의 값을 대입하여 그래프를 그려보면 그림 4-3-3과 같다. 이를 보면 속도분산의 값은 많이 변하지는 않는다. 즉 거의 일정하다고 가정하는 것이 타당할 수 있다.

최근에 벨로쿠로프와 동료(Belokurov et al., 2007)는 SDSS 탐사를 통하여 우리 은하의

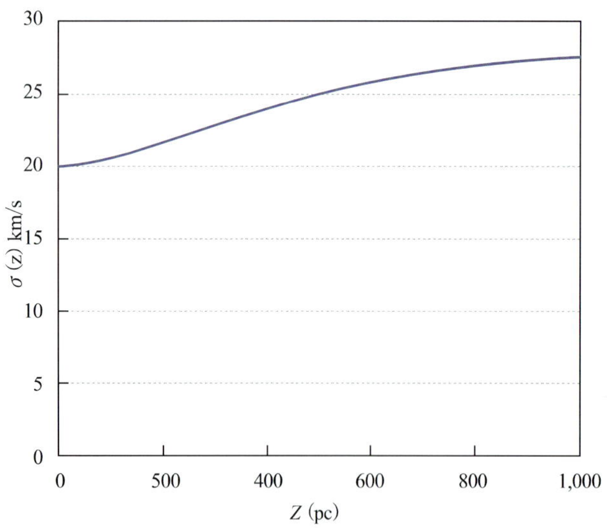

▶ 그림 4-3-3

위성은하로 Segue I이라고 불리는 아주 어두운 은하를 발견하였는데 핵반지름은 $a=20\,\mathrm{pc}$이고 속도 분산은 $\sigma=4\,\mathrm{km/s}$로 관측되었다. 은하를 등온 구라 가정하면 진스 방정식에 의하여 $2\sigma^2=V_{rot}^2$가 되고, 따라서 $\sigma^2=2\pi G\rho_o a^2$가 된다. 그런데 $\rho=\rho_o\left(\frac{r}{a}\right)^{-2}$이기 때문에 등온 구 내의 질량은 $M=4\pi\rho_o a^3=\frac{2a\sigma^2}{G}$가 된다. 위 값들을 대입하면 이 은하의 질량은 $1.44\times10^5\,M_\odot$가 된다. 그런데 광학질량은 $300\,M_\odot$으로 관측되었다. 따라서 광학질량은 은하의 총질량의 0.2 %밖에 되지 않는다. 즉 암흑물질로 이루어진 은하라 볼 수 있다.

4-4 상호작용하는 은하 (Interacting Galaxies)

은하들을 관측해 보면, 많은 은하들이 그림 4-4-2와 같이 인접한 은하와 서로 상호작용하고 있는 것을 볼 수 있다. 중력적으로 서로 상호작용하기에 여러 다양한 모습이 관측된다. 이러한 상호작용은 폭발적으로 별을 생성하는 활동을 하게 한다.

그렇다면 우주에 존재하는 은하들이 근접하여 충돌할 수 있을까? 우리가 존재하는 우주에는 $\sim10^{11}$개의 은하가 있다고 한다. 우주의 크기가 $10^{10}\,\mathrm{pc}$라면 은하의 개수 밀도는 대략 $\sim10^{-19}/\mathrm{pc}^3$이다. 그러나 은하들의 분포를 보면 그물과 같이 은하들이 거의 없는 빈터(Void) 지역과 은하단들이 연결되어 은하들이 줄지어 있는 지역이 있다. 이러한 지역의 은하들은 은하의 지름에 거의 20배 정도에 해당하는 거리 척도를 가지고 떨어져 있다. 따라서 은하 개수 밀도는 $\sim10^{-18}/\mathrm{pc}^3$로 늘어난다. 여기서 은하의 반지름을 대략 $R\simeq20\,\mathrm{kpc}$라 하였다. 이제 은하의 우주 공간에서의 이동 속도를 $v\simeq350\,\mathrm{km/s}=350\,\mathrm{pc/Myr}$라 하면 은하들이 충돌할 수 있는 시간 척도는

$$t_c\simeq\frac{1}{n\sigma v}=\frac{1}{10^{-18}\cdot4\pi\cdot20{,}000^2\cdot350}=5.7\times10^{11}\text{년} \tag{4-4-1}$$

이 된다. 이 값만 보면 우주의 나이인 1.37×10^{10}년에는 거의 충돌할 수 없다고 말할 수 있다. 그러나 우리 은하와 안드로메다은하가 위치하고 있는 국부은하군(local group)만 하더라도 $n\sim10^{-17}/\mathrm{pc}^3$이므로, $t_c\sim5.7\times10^{10}$년이 된다. 더구나 이보다 은하들이 더 밀

집한 곳에서는 은하의 개수 밀도와 속도가 증가하고 t_c가 감소하여 우주의 나이 동안에 은하는 충분히 충돌할 수 있다.

은하가 충돌할지라도 은하 내의 별은 충돌하기 어렵다. 왜냐하면 별들이 떨어져 있는 거리가 별의 지름의 거의 10^7배 정도 떨어져 있기 때문이다. 이제 별의 충돌 시간 척도는 별이 태양만 하고 50 km/s 정도로 움직이며 은하 내의 개수 밀도가 $\sim 1/\mathrm{pc}^3$이라 하면 $t_c \sim 3\times10^{18}$년이 된다. 따라서 별의 개수 밀도가 아주 높은 곳이 아니고는 별들이 서로 충돌하기는 거의 불가능하다.

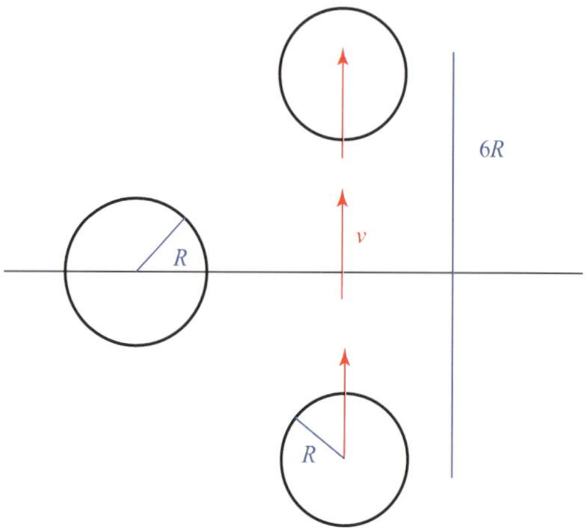

▶ **그림 4-4-1** 충돌 기간

그렇다면 이러한 충돌은 얼마 동안 계속될까? 그림 4-4-1과 같이 한 은하가 다른 은하를 지나가는 시간인 $t_{pass} \simeq \dfrac{6R}{v}$가 거의 충돌 기간과 비슷하다. 은하의 반지름과 평균 속

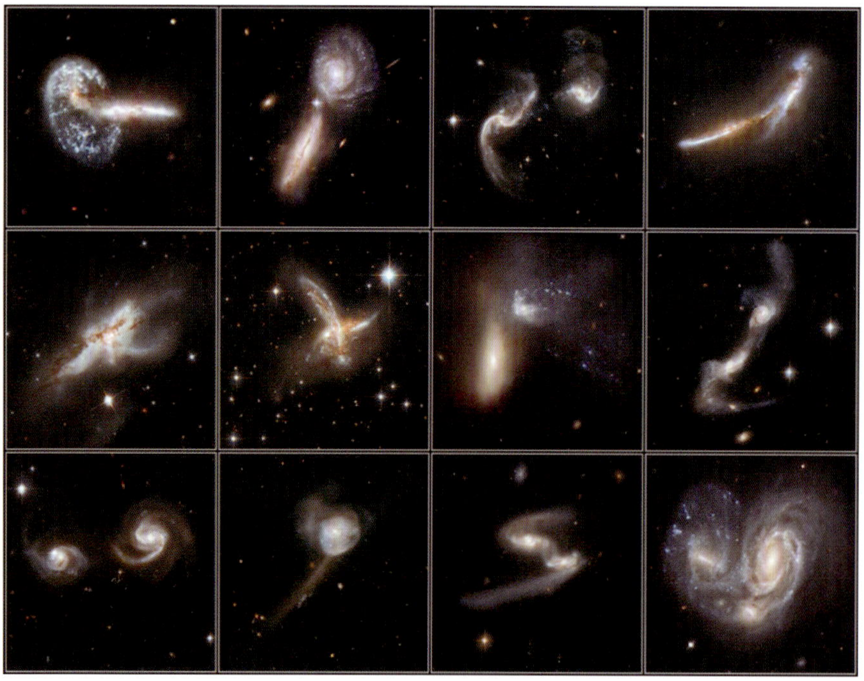

▶ **그림 4-4-2**

도 값을 대입해 보면 이 시간은 거의 3.4×10^8년 정도가 된다. 실제 이 기간은 거의 10억 년 정도로 길다.

기조력에 의한 상호작용(Tidal Interactions)

은하가 서로 접근하면 중력에 의하여 상호작용을 하는데, 근접하는 은하들에 의하여 서로 기조력(tide)을 경험하게 되며, 큰 은하는 작은 은하에 더 큰 기조력을 작용한다(그림 4-4-3).* 이러한 기조력은 은하의 모양을 변형시킬 뿐 아니라 직접 충돌하지 않아도 각 은하에 극적인 효과가 나타난다. 수많은 특이 은하가 이러한 상호작용 은하이다. 기조력이 작용하면 그림 4-4-2와 같이 근접 은하에 가까운 쪽과 먼 쪽이 느끼는 중력의 차에 의하여 길쭉하게 늘어나게 된다. 그림 4-4-4의 M51 은하가 이러한 은하에 속한다.

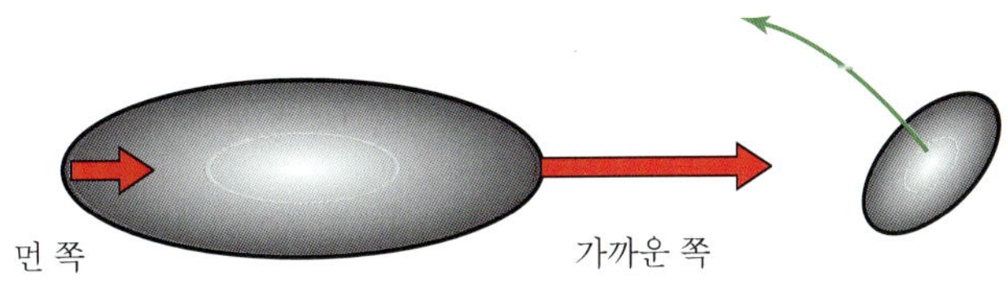

▶ 그림 4-4-3

▶ 그림 4-4-4 M51 소용돌이 은하(Whirlpool galaxy)

* 《천문학의 이해(최승언, 서울대학교출판부, 2008)》 147~149쪽 참조.

은하충돌(galaxy collision)

은하들이 직접 충돌하는 경우는 매우 드물다. 그러나 규모가 비슷한 은하가 직접 충돌한다면[그림 4-4-5 (a)] 더욱 큰 극적인 효과가 나타날 것이다. 기조력은 더욱 강하게 나타나고, 더 크게 변형된다. 충돌하는 은하가 찢어지면서 별과 기체의 연결 다리(tidal bridge)가 생기면서 별들은 충돌하지 않고 그냥 지나가지만 성간운들은 충돌하면서 질량이 큰 별들이 폭발적으로 생성된다. 그림 4-4-6의 안테나 은하를 보면 푸른 별들이 보이는데,

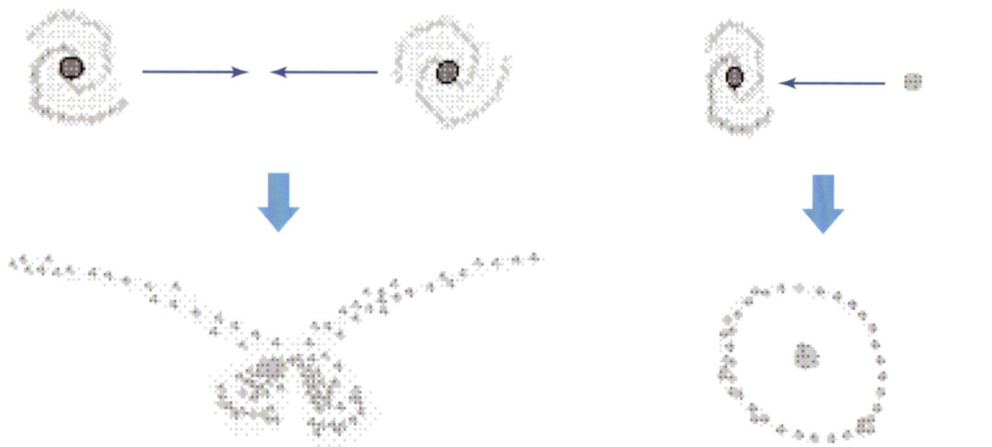

(a) 두 은하가 충돌하여 긴 꼬리들을 만든다.

(b) 작은 은하가 큰 은하의 원반에 곧바로 충돌하여 고리형 은하를 형성한다.

▶ **그림 4-4-5** 은하의 충돌

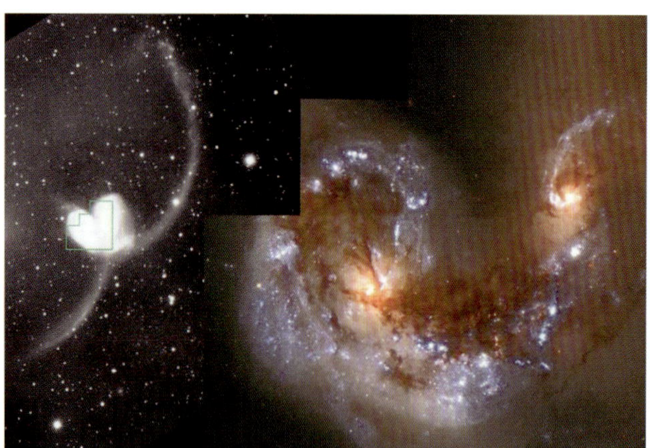

▶ **그림 4-4-6**

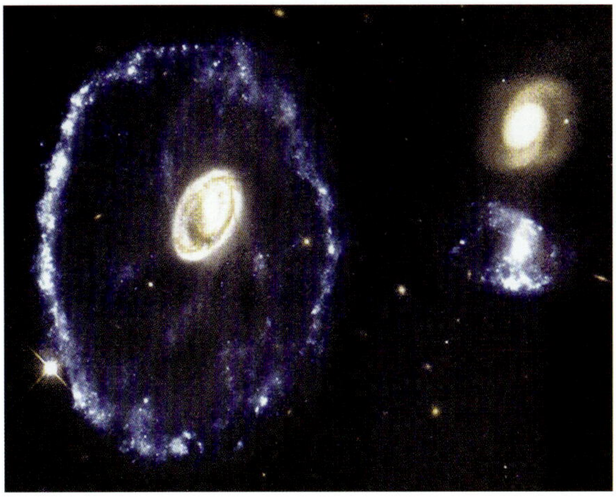

▶ **그림 4-4-7** 수레바퀴 은하(Cartwheel galaxy)

이들이 최근에 형성된 별들이며, 두 은하 사이에 어두운 먼지 성간운이 보인다. 또한 강한 기조력에 의하여 긴 꼬리가 생성된 것을 볼 수 있다.

만약 매우 속도가 큰 작은 은하가 그림 4-4-4 (b)와 같이 큰 은하의 거의 중심 근처로 지나가며 충돌한다면, 큰 은하 내부에서 원형의 밀도파가 밖으로 전달되면서 원반에 별 형성을 촉진시킨다. 그림 4-4-7의 수레바퀴 은하가 이러한 경우에 해당한다.

은하가 충돌하면 매우 폭발적인 별 형성을 동반하는데, 수백만 개의 O, B형 별의 증가로 은하의 밝기를 증가시키고, 수백만 년 이내에 은하에 있는 기체를 거의 소모하며, 수많은 초신성이 폭발하여 매우 빠른 초항성풍(superwind)이 은하 밖으로 불어 나간다.

합체

만약 충돌하는 두 은하가 충분히 궤도에너지를 잃는다면, 충돌하는 은하가 파괴되면서 하나의 은하로 합체(mergers)된다. 성간운들은 충돌하여 새 별들이 생성된다. 일부 늙은 별들은 새로 합체된 은하에서 떨어져 나가면서 총에너지를 줄이게 된다. 은하 합체는 큰 은하를 형성하는 중요한 역할을 한다.

만약 큰 은하와 작은 은하가 천천히 조우하면 작은 은하는 큰 은하의 기조력에 의하여 갈갈이 찢어지면서 기체와 별이 뒤엉켜 큰 은하 안으로 합체되어 들어간다. 두 은하의 핵들은 천천히 나선을 그리며 합쳐진다. 이러한 현상을 은하포식(Galactic Cannibalism)이라 한다. 이러한 방식에 의하여 거대 타원은하가 커졌을 것으로 생각된다.

그렇다면 왜 은하들이 합체될까? 혜성은 태양 주위를 공전하지만 태양 안으로 들어가지는 않는다. 그렇지만 지구 주위를 공전하는 인공위성은 자주 지구로 나선을 그리며 떨어진다. 왜 그럴까? 동력학적 마찰(Dynamical Friction) 때문이다. 이제 질량이 큰 물체가 주변에 질량이 작은 물체들이 고루 분포되어 있는 지역을 그림 4-4-9와 같이 지나간다면, 큰 물체의 후방으로 물체를 끄는 자국(wake)이 형성된다. 이러한 자국은 큰 물체 후방으로 작은 물체의 밀도가 초과되어 나타난다. 이와 마찬가지로 작은 위성 은하가 큰 은하들 사이를 움직이면 큰 은하 내의 물체들에 의하여 그림 4-4-9와 같은 동력학적 마찰이 발생한다.

위성 은하의 질량과 속도를 각각 M, v라 하고, 큰 은하 내의 질량 밀도를 ρ라 하면, 동력학적인 마찰은

$$f_d \equiv C\frac{G^2 M^2 \rho}{v^2} \tag{4-4-2}$$

이 된다. 여기서 C는 충돌의 상황에 따른 값이다.

큰 은하가 일정한 값의 회전 속도 곡선을 가지고 있다고 가정하자. 그렇다면 은하의 밀도 분포가 $\rho(r) = \dfrac{v^2}{4\pi G r^2}$임을 의미한다. 이 식을 식 (4-4-2)에 대입하면 $f_d \equiv C\dfrac{GM^2}{4\pi r^2}$가

▶ **그림 4-4-8** MACSJ1423.8+2404 은하단 중심에 있는 거대타원은하를 보면 주변에 매우 작은 은하들이 모여 있는데 이 거대타원은하는 이러한 조그만 은하들을 포식하여 이렇게 커진 것으로 보인다.

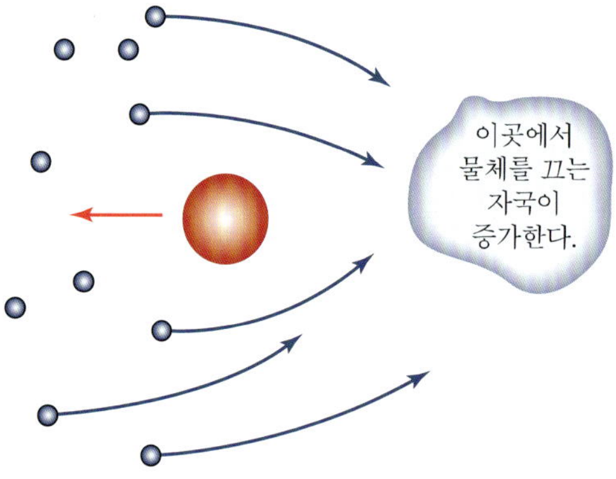

▶ **그림 4-4-9**

된다. 그런데 이 힘에 의하여 토크가 발생하는데, 이 토크는 $\tau = rf_d$가 된다. 이 토크는 각운동량을 $\frac{dL}{dt} = -\tau$의 비율로 변화시킨다. 그런데 위성은하의 각운동량은 $L = Mvr$이기에

$$Mv\frac{dr}{dt} = -rC\frac{GM^2}{4\pi r^2} \tag{4-4-3}$$

이 된다. 이제 $t=0$일 때 $r=r_i$이고, $t=T$일 때 $r=0$으로 떨어져 합체된다면,

$$\int_{r_i}^{0} r dr = -\frac{CGM}{4\pi v}\int_0^T dt \tag{4-4-4}$$

이기에

$$T = \frac{2\pi v r_i^2}{CGM} \tag{4-4-5}$$

이 된다. 예를 들어 대마젤란은하의 질량, 속도, 거리를 각각 $M = 2\times 10^{10} M_\odot$, $v = 220\ \mathrm{km/s}$, $R = 50\,\mathrm{kpc}$라 하면 $C = 23$이라면 $T = 1{,}700\ \mathrm{Myr} = 1.7\,\mathrm{Gyr}$를 얻는다. 이러한 계산은 두 은하의 질량이 거의 같을 때는 맞지 않는다. 이러한 경우에도 두 은하가 근접 조우하면서 거의 ~ 10억 년의 시간 척도로 합체될 수 있다.

이제 식 (4-4-2)를 식 (4-4-4)의 시간 척도와 r_i의 거리 척도를 이용하여 $\frac{r}{r_i}\rightarrow r$, $\frac{t}{T}\rightarrow t$로 표현하면, 식 (4-4-3)은 $2r\frac{dr}{dt} = -1$이 되기에 초기 조건($t=0$일 때, $r=r_i$)을 이용하면 $r=\sqrt{1-t}$가 된다. 그런데 $r\frac{d\theta}{dt} = v$이기에 $\frac{d\theta}{dr} = -2v$이 된다. 따라서 $\theta = 2v(1-r)$이 된다. 예에서 $\frac{r_i}{T} = \frac{50{,}000}{1{,}700} = 29.412\ \mathrm{pc/Mpc}$이다. 따라서 속도 $220\ \mathrm{km/s}$는 $v=7.48$이다. 이 값들을 이용하여 합체되는 자취를 그려보면 그림 4-4-10과 같다. 여기서는 우리은하의 반지름을 35 kpc로 그렸고 대마젤란은하의 반지름을 7.5 kpc로 그려보았다.

우리 은하와 안드로메다은하의 경우에는 서로 거의 ~120 km/sec의 속도로 접근하고 있기에 대략 ~3-4 Gyr 기간 안에 근접 조우(close encounter)하게 되고, 다음 ~1-2 Gyr 기간 안에 차등중력에 의하여 변형되면서 합체되어 결국 하나의 타원 은하가 될 것으로 보인다. 그러나 이러한 아이디어는 논란이 많다. 왜냐하면 우리 은하와 안드로메다은하 사이의 접선운동이 어떠냐에 따라 달라지기 때문이다.

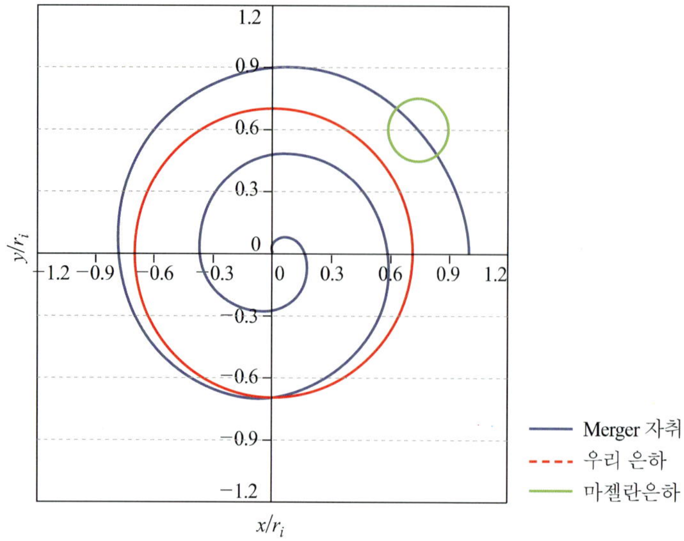

▶ **그림 4-4-10**

4-5 툴리-피셔, 파버-잭슨 관계

별에서 R, L, M을 관측하여 알 수 있듯이 은하에 대해서도 관측할 수 있는 세 가지의 물리량이 있다. 이 물리량은

$$\theta = \frac{R}{d} \tag{4-5-1}$$

$$f = \frac{L}{4\pi d^2} \tag{4-5-2}$$

$$v^2 = \frac{GM}{R} \tag{4-5-3}$$

이다. 그런데 각반지름과 플럭스에 거리 d의 변수가 들어가 있어 이를 소거하여 이 두 물리량의 관계를 다시 쓰면,

$$I = \frac{f}{\theta^2} = \frac{Lv^4}{4\pi G^2 M^2} \tag{4-5-4}$$

가 된다. 여기서 I는 표면 밝기이다. 이 관계를 질량-광도 관계를 이용하여 다시 쓰면, 다음과 같다.

$$L = \frac{v^4}{I}\frac{1}{4\pi G^2(M/L)^2} \tag{4-5-5}$$

만약 어떤 주어진 은하 부류에 대하여 표면 밝기와 질량-광도 관계가 일정하다면,

$$L \propto v^4 \tag{4-5-6}$$

인 관계가 된다. 이 관계는 먼 거리에 위치한 거리를 측정하는 데 유용하게 쓰일 수 있다.

나선은하의 경우 HI 중성수소 관측에 의하여 은하 회전 속도를 구할 수 있는데, 은하 회전 속도분포에서 최대 속도를 $v_{\max}$라 하면 이 경우는

$$L \propto v_{\max}^4 \tag{4-5-7}$$

가 될 것이다. 이를 툴리-피셔(Tully-Fisher) 관계라 한다. 이에 반하여 타원은하의 경우에는 속도분산이 σ_v으로 관측되면,

$$L \propto \sigma_v^4 \tag{4-5-8}$$

의 관계가 된다. 이를 파버-잭슨(Faber-Jackson) 관계라 한다.

이 두 관계는 모두 관측으로 얻어진 관계인데, 비례상수는 거리가 알려진 은하들을 이용하여 결정할 수 있다. 예를 들어 타원은하의 경우,

$$\log \sigma_v = -0.1 M_B + 0.2 \tag{4-5-9}$$

된다(그림 4-5-1). 여기서 M_B는 B 파장대에서의 절대등급이다. 그러나 이러한 관계가 우주적인지, I 와 $\frac{M}{L}$의 값이 오직 은하 유형에 따라 관계하는지, 은하 위치와 환경과 같은 것들에는 관계하지 않는지 등에 대해서는 논란이 많다.

이제 처녀자리 은하단(Virgo cluster)의 나선은하의 실시등급, 회전 속도 관측 자료*를 이용하여 툴리-피셔 관계를 유도해 보자. 이제 표 4-5-1의 경사각을 이용하여 $v_{\max}$를 실

---

* Pierce, M. J. & Tully, R. B., 1988, ApJ, 330, 579

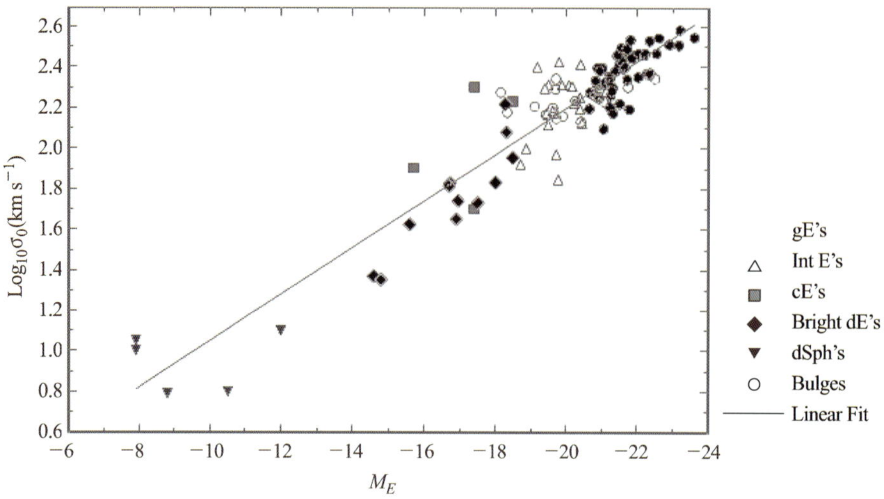

▶ 그림 4-5-1

제 최대 회전 속도값 $V_{\max} = \dfrac{v_{\max}}{\sin \iota}$로 변환한다. 이제 각 은하의 절대등급을 구하기 위하여 은하단 내의 은하인 NGC 4321에서 관측된 세페이드 변광성 자료(그림 4-5-2)를 이용하여 처녀자리 은하단의 거리를 구한다. 이 계산에 사용된 주기 광도관계는 그림 4-5-3을 이용한다. 이렇게 구한 처녀자리 은하단의 거리가 17.76 Mpc가 된다. 이제 이를 이용하여 표 4-5-1 은하의 절대등급을 구하고 $V_{\max}$와의 관계를 구해보면 그림 4-5-4와 같다. 즉

$$\log V_{\max} =- 0.098 M_I + 0.1844 \tag{4-5-10}$$

관계를 얻게 된다. 이는 위의 파버-잭슨의 관계와 유사하다.

이제 코마은하단의 나선은하 하나를 관측해 보니 $m_I = 13.5$등급이고, 관측된 $v_{\max} = 180\ \mathrm{km/s}$이며, 경사각은 65°로 관측되었다. 그리고 $V_{\max} = \dfrac{v_{\max}}{\sin i} = 198.6\ \mathrm{km/s}$를 얻는다. 위에서 유도된 툴리-피셔 관계를 이용하면 $M_I =- 21.567$등급을 얻는다. 따라서 이은하의 거리를 코마은하단의 거리로 간주할 수 있는데, 이 거리는 거리지수 $m - M_I = 35.067$을 이용하여 103.15 Mpc가 된다.

▶ **표 4-5-1** 처녀자리 은하단 내 나선은하의 각 파장대의 실시등급 및 최대 회전 속도

NGC	B	R	I	경사각(i)	v_{max}
4178	11.47	10.69	10.32	78	142
4189	12.34	11.25	10.75	55	143
4192	10.24	9.13	8.61	86	237.5
4206	12.18	11.28	10.93	90	145
4212	11.69	10.46	10.04	44	141
4216	10.12	8.83	8.34	90	268.5
4254	10.28	9.26	8.81	29	134
4321	9.91	8.76	8.19	25	136.5
4380	12.23	10.89	10.23	61	151.5
4388	11.05	10.06	9.62	83	187.5
4450	10.81	9.44	8.82	48	162
4451	13.27	12.07	11.55	51	118
4498	12.62	11.63	11.11	63	100
4501	10.07	8.82	8.18	61	270.5
4519	12.47	11.59	11.14	44	98.5
4522	12.47	11.58	11.11	79	122.5
4532	12.11	11.32	10.94	61	115
4535	10.58	9.55	9.09	45	144.5
4548	10.87	9.52	8.89	35	130.5
4571	11.96	10.63	10.01	35	87.5
4579	10.3	8.93	8.33	42	188.5
4639	12.17	10.95	10.39	55	151.5
4647	11.87	10.72	10.2	40	99
4651	11.26	10.13	9.6	55	192
4654	10.84	9.87	9.41	58	153.5
4689	11.73	10.49	9.89	39	102.5
4698	11.39	9.92	9.33	62	227.5
7209	13.39	12.34	11.82	49	130.5
7249	15.17	14.51	14.28	74	60.5
7279	14.27	13.63	13.2	90	124
7352	14.31	13.51	13.3	57	94
7513	13.04	12.03	11.5	90	149
7547	15.22	14.51	14.07	53	44.5
7822	14.34	13.68	13.36	61	69

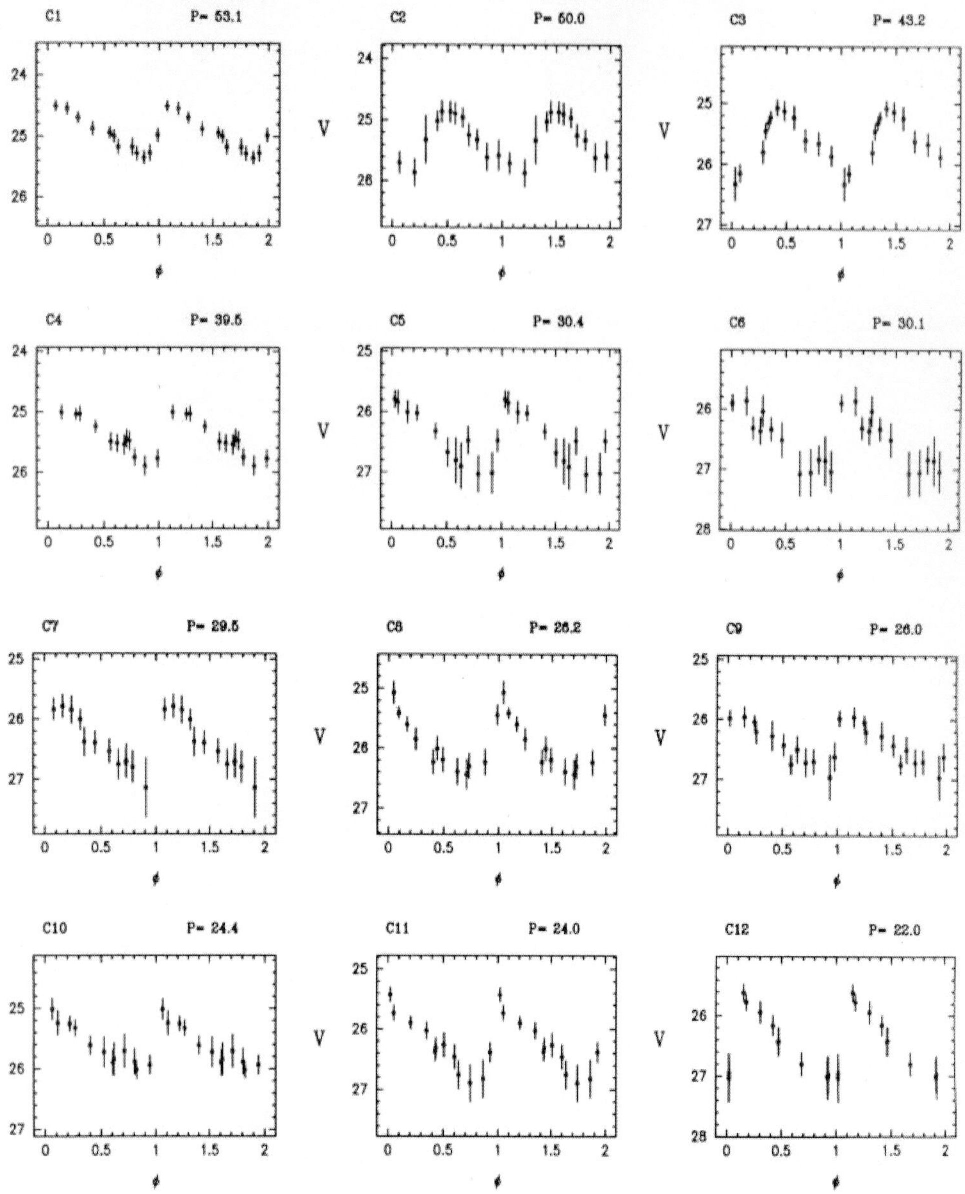

▶ **그림 4-5-2** NGC 4321에서 관측된 세페이드 변광성 자료(출처: Freedman et al, 1994, *Nature*, 371, 757)

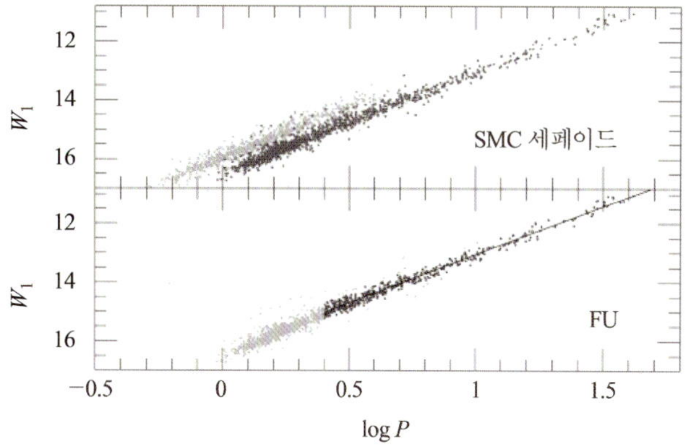

출처: Udalski 1999, $\langle W_1 \rangle = I - 1.55(V-I)$

P-L 관계	*P-L-C* 관계
$M_V = -2.76 \log P - 1.18$ (분산 =0.109등급)	$M_I = -3.24 \log P + 1.409(V-I) - 2.34$ (분산 =0.074등급)

▶ **그림 4-5-3**

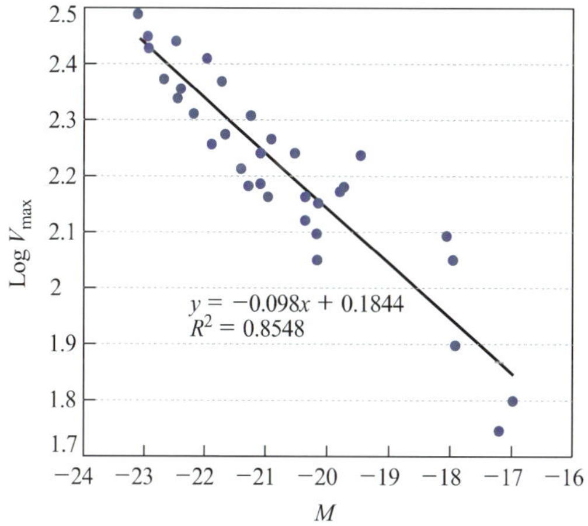

▶ **그림 4-5-4** 툴리-피셔 관계

▶ **그림 4-5-5** 코마은하단(거리 ~100 Mpc)

4-6 천체물리학적 제트

항성제트는 일반적으로 나이가 젊은 별로부터 뿜어져 나옴이 관측된다. 제트의 길이는 일반적으로 $l = 0.01 \sim 1$ pc이고, 속도는 거의 $v = 100 \sim 400$ km/s에 달한다. 중심 천체는 질량이 $M \sim 1\,M_{\odot}$ 정도인 새로 태어난 별이 일반적이다. 젊은 항성제트(young stellar jet)는 $\dot{M} = 10^{-9} \sim 10^{-6}\ M_{\odot}/yr$의 율로 질량을 방출한다.

이에 반하여 외부은하제트(extragalactic jet)는 주로 전파은하의 핵 부근에서 관측된다. 길이는 $l = 0.01 \sim 1$ Mpc이고, 속도는 거의 $v \sim c$, 즉 빛의 속도만큼이나 된다. 중심 천체는 질량이 $M = 10^8 \sim 10^9\ M_{\odot}$ 정도의 블랙홀로 보인다.

항성제트의 주변은 중심별이 탄생한 성간분자운으로 온도는 대략 $T \sim 10$ K 정도여서 음속은 대략 $a \simeq 0.3$ km/s이다. 항성제트는 그림 4-6-3과 같이 주변 매질로 뿜어져 나와 X 형태의 충격파면을 지나면서 그림 4-6-1과 같이 주변 매질과의 상호작용을 통하여 활동면(working surface)을 만든다. 활동면을 통과한 항성제트의 물질은 거꾸로 흐르면서 활동면 내에 항성풍 공동(wind cavity)을 형성한다. 따라서 활동면은 항성제트 물질과 주변 매질을 거의 분리해 준다.

이제 주변 매질에 대한 활동면의 속도를 v_w, 그리고 주변 매질의 밀도를 ρ_o, 항성제트의 속도와 밀도를 각각 v_j, ρ_j라 하자. 활동면에서는 항성제트의 램 압력(ram pressure)과

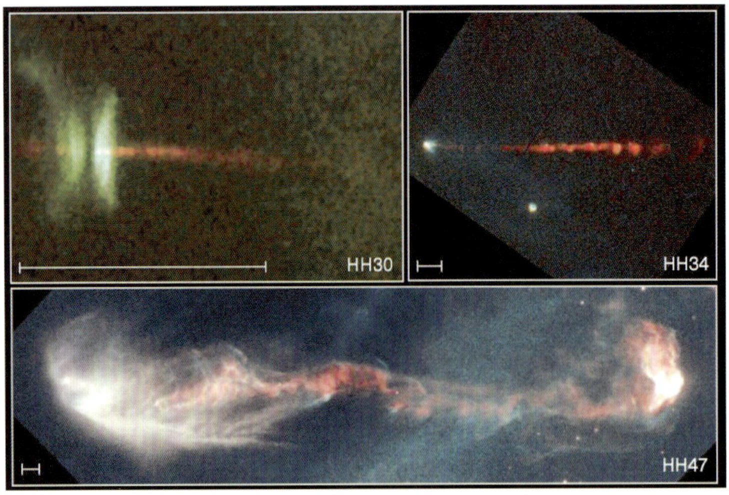

▶ **그림 4-6-1** 젊은 항성으로부터 뿜어져 나오는 제트

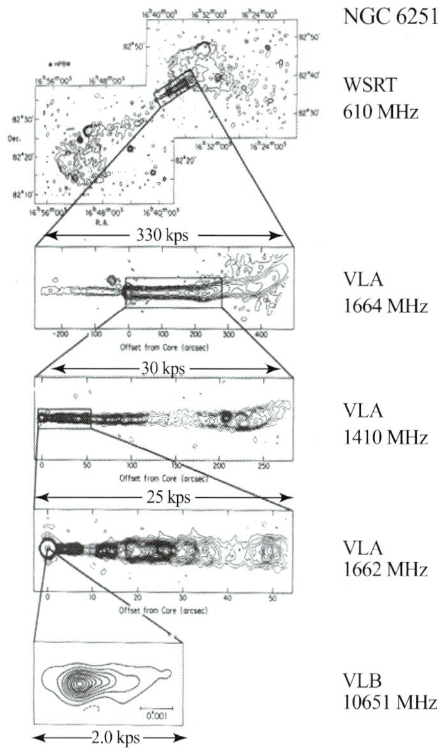

▶ **그림 4-6-2** NGC 6251 외부은하 제트

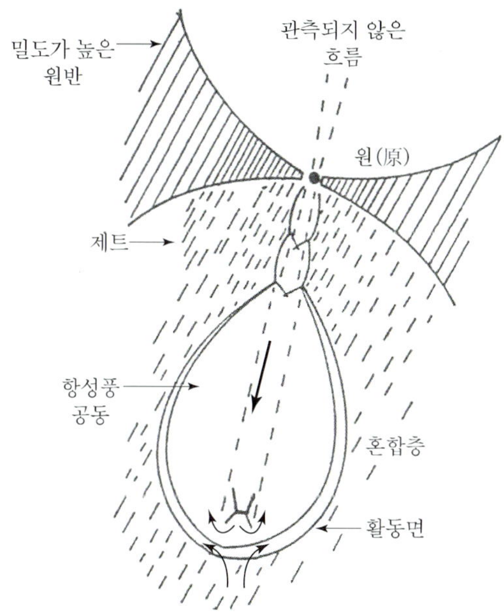

▶ **그림 4-6-3** 전형적인 항성제트

주변 매질에 의한 램 압력이 평형을 이룬다. 따라서

$$\rho_j (v_j - v_w)^2 = \rho_o v_w^2 \tag{4-6-1}$$

이 된다. 만약 $\eta = \dfrac{\rho_j}{\rho_o}$라 하면

$$v_w = v_j \frac{\eta^{1/2}}{1 + \eta^{1/2}} \tag{4-6-2}$$

가 된다. 즉 제트의 밀도가 주변 매질의 밀도보다 높으면(heavy jet), 활동면의 속도와 제트의 속도는 같아진다. 그러나 제트의 밀도가 주변 매질의 밀도보다 아주 작으면(light jet), $v_w \simeq v_j \eta^{1/2}$가 된다. 즉 활동면의 속도는 제트의 속도보다 매우 느려진다. 허빅-아로 천체와 같은 젊은 항성제트의 활동면의 경우에는 $\eta = 1 \sim 2$ 정도이다. 그리고 주변 매질의 밀도는 $n \sim 50\ \mathrm{cm}^{-3}$ 정도이다. 항성제트의 나이는 대략

$$t_j \simeq 10^3 \left(\frac{l}{0.1 \text{ pc}}\right)\left(\frac{v_w}{100 \text{ km/s}}\right)^{-1} \text{년} \qquad (4\text{-}6\text{-}3)$$

이다. 따라서 제트의 질량은 대략

$$M_j \simeq 10^{-4} \left(\frac{l}{0.1 \text{ pc}}\right)\left(\frac{v_w}{100 \text{ km/s}}\right)^{-1} \left(\frac{\dot{M}}{10^{-7} M_\odot/\text{yr}}\right) M_\odot \qquad (4\text{-}6\text{-}4)$$

이다. 제트의 운동에너지는 대략

$$E_j \simeq 10^{43} \left(\frac{l}{0.1 \text{ pc}}\right)\left(\frac{v_w}{100 \text{ km/s}}\right)\left(\frac{\dot{M}}{10^{-7} M_\odot/\text{yr}}\right) \text{ergs} \qquad (4\text{-}6\text{-}5)$$

이다. 그런데 제트의 일생 동안 항성의 복사에 의한 에너지는

$$Lt_j \simeq 10^{44} \left(\frac{l}{0.1 \text{ pc}}\right)\left(\frac{v_w}{100 \text{ km/s}}\right)^{-1} \left(\frac{L}{L_\odot}\right) \text{ergs} \qquad (4\text{-}6\text{-}6)$$

이다. 이 값은 제트의 운동에너지와 비교된다.

제트 흐름의 물질이 충격파면을 지나면서 충격을 받아 가열되어 공동(cocoon) 내로 들어가게 되는데, 공동으로의 질량 유입률은 대략

$$\dot{M}_{coc} \simeq \rho_j (v_j - v_w) A_j = \frac{\rho_j v_j A_j}{1 + \eta^{1/2}} \qquad (4\text{-}6\text{-}7)$$

이다. 그런데 제트로의 질량 유입률은 대략

$$\dot{M}_j \simeq \rho_j v_w A_j = \eta^{1/2} \frac{\rho_j v_j A_j}{1 + \eta^{1/2}} \qquad (4\text{-}6\text{-}8)$$

이다. 따라서 제트의 일생 동안

$$\frac{M_{coc}}{M_j} = \eta^{-1/2} \qquad (4\text{-}6\text{-}9)$$

이 된다. 즉 밀도가 높은 제트(heavy jet)일수록 제트의 속도가 같을 때 공동의 질량이 작으며 크기도 작다(그림 4-6-5).

이제 제트의 내부 압력이 P_j이고 제트의 두께가 d라 하자. 자기장을 동반하지 않는 제

트의 경우, 제트의 국한(confinement)은 외부압력 P_{ext}에 의한다. 만약 제트의 기체상태가 폴리트로프(polytropic)하다면,

$$P_j = P_o\left(\frac{\rho_j}{\rho_o}\right)^{\gamma} \tag{4-6-10}$$

이다. 이에 반하여 외부 압력은

$$P_{\text{ext}} = P_o\left(\frac{l}{l_o}\right)^{-n} \tag{4-6-11}$$

이다. 따라서 $P_j = P_{\text{ext}}$의 조건을 이용하면

$$\rho_j = \rho_o\left(\frac{l}{l_o}\right)^{-\frac{n}{\gamma}} \tag{4-6-12}$$

가 된다. 그런데 제트로 유입되는 질량 유입률은

$$\dot{M} = \frac{\pi}{4}d^2\rho_j v_j \tag{4-6-13}$$

이기에,

$$d = \left(\frac{4\dot{M}}{\pi v_j \rho_o}\right)^{1/2}\left(\frac{l}{l_o}\right)^{n/(2\gamma)} \tag{4-6-14}$$

이다. 그런데 제트의 열림각(openning angle) θ_j는

$$\theta_j \simeq \frac{d}{l} = \left(\frac{l}{l_o}\right)^{\frac{n-2\gamma}{2\gamma}} \tag{4-6-15}$$

이다.

제트의 마하수 m_j는

$$m_j = \frac{v_j}{a_j} = v_j\left(\gamma\frac{P_j}{\rho_j}\right)^{-1/2} = m_o\left(\frac{l}{l_o}\right)^{n(\gamma-1)/(2\gamma)} \tag{4-6-16}$$

이다. $\gamma > 1$일 때, 외부 압력이 줄어듦에 따라 제트의 마하수는 증가한다.

만약 마하수가 매우 커지거나 제트의 폭이 넓으면 외부압력에 의해서만 제트가 국한

(confine)되지 않는다. 이제 제트의 축에 수직으로 제트가 벌어지는 속도는 대략

$$v_{\text{wall}} \simeq v_j \tan\left(\frac{\theta_j}{2}\right) \simeq v_j \frac{\theta_j}{2} \tag{4-6-17}$$

이다. 그런데 외부 압력에 의하여 국한되려면 $v_{\text{wall}} < a_j$이어야 한다. 왜냐하면 제트의 벽에서 변화의 정보를 전달하는 속도가 a_j이기 때문이다. 따라서 $\theta_j m_j < 2$ 가 된다. 그런데

$$\theta_j m_j = \theta_o m_o \left(\frac{l}{l_o}\right)^{(n-2)/2} \tag{4-6-18}$$

이다. $n > 2$이고, $\theta_j m_j = 2$ 일 때의 l을 l_f라 하면

$$l_f = l_o \left(\frac{2}{\theta_o m_o}\right)^{\frac{2}{n-2}} \tag{4-6-19}$$

가 된다. 따라서 l_f 이후에는 외부압력에 의하여 국한되지 못하고 자유제트(free jet)가 된다. 자유제트의 두께는 $d \propto l$의 비율로 증가하고, 제트의 밀도는 $\rho_j \propto l^{-2}$의 비율로 감소한다. 또한 마하수는 $m_j \propto l^{\gamma-1}$의 비율로 감소한다. 어떤 외부 은하제트에서는 일정한 열림각으로 제트가 진행하다가 어떤 거리에서 자유제트로 전환됨이 보인다. NGC6251이 그러한 경우이다(그림 4-6-2).

복사 냉각이 항성제트의 머리에 밀도가 높고 온도가 낮은 각구조를 만든다. 이러한 각구조의 밀도는 주변 매질 밀도의 100배나 되며, 항성제트에서 허빅-아로 천체로 관측된다(그림 4-6-1).

제트는 완전한 직선으로 곧게 뻗어나가지 않는다. 오히려 중간중간이 부서져 덩어리(knot)지거나 중간중간이 구부러지는(wiggle) 경향이 있다. 이러한 덩어리나 구부러짐은은 켈빈-헬름홀츠(Kelvin-Helmholtz) 불안정과 같은 유체불안정에 기인하는 것으로 보인다. 그림 4-6-4, 4-6-5, 4-6-6은 제트의 덩어리짐 혹은 구부러짐을 보여주는 수치모델링이다. 이 모델링에 의하면 어떠한 마하수를 가지는 제트라 할지라도 어떠한 형태로 한 불안정 모드는 증가하는 것으로 나타난다. 어떤 형태의 불안정은 꼬집음(pinching) 모드로 나타나 관측되는 덩어리 구조를 설명하고, 어떤 불안정은 비축대칭 나선형(non axisymmetric helical) 모드로 나타나 관측되는 구부러짐을 설명한다. 제트의 지름 d와 비교될 만한 파장의 불안정이 가장 빠르게 자란다. 이는 관측되는 덩어리가 거의 구형이면서 지

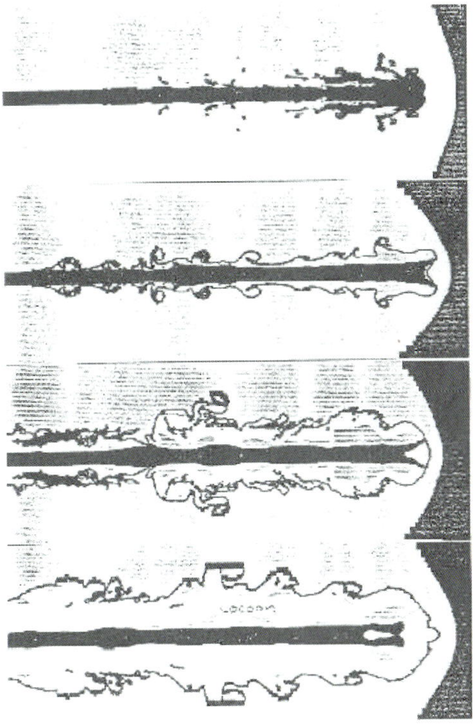

▶ **그림 4-6-4** $\eta = 10, 1, 0.1, 0.01$ 경우에 $m_j = 6$ 제트 시뮬레이션

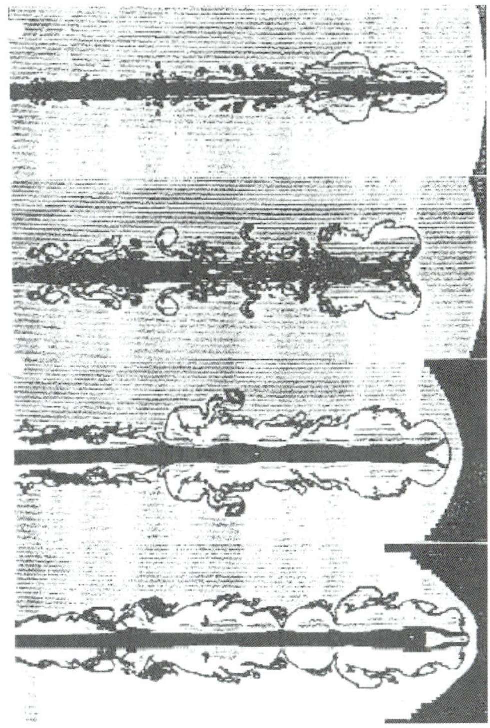

▶ **그림 4-6-5** $m_j = 1.5, 3, 6, 12$의 경우 $\eta = 0.1$ 제트 시뮬레이션

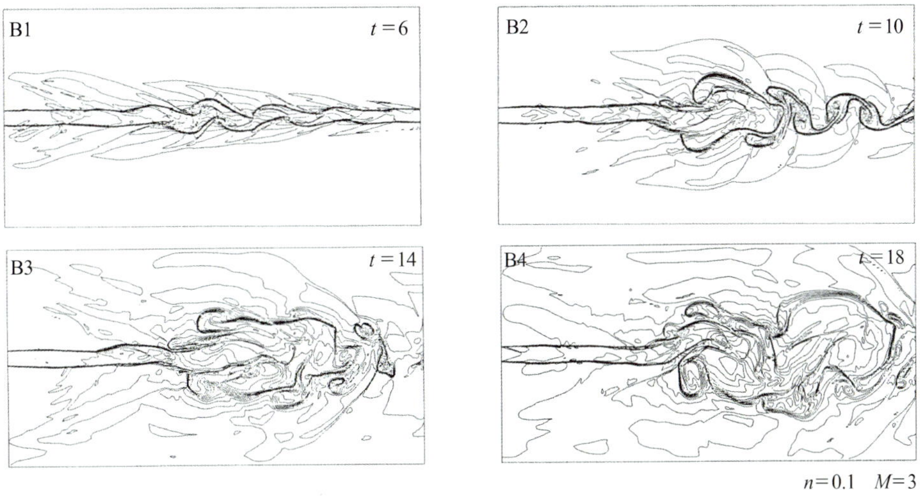

▶ **그림 4-6-6** 제트 불안정 성장의 시뮬레이션, 주기적 흔들림이 거친 소용돌이로 성장함에 주목하라. [출처: Norman & Hardee, 1988, *ApJS*, 334, 80]

름이 거의 제트의 두께가 되고, 제트의 구부러짐 곡률 반지름이 거의 제트의 두께가 되는 관측 사실을 설명한다.

4-7 코마 은하단의 질량 구하기*

표 4-7-1의 자료는 코마 은하단 주변 $6° \times 6°$에서 관측되는 은하에 대한 자료들이다. 여기서 ID는 은하의 ID 값이며, x, y 값은 코마 은하단의 중심에 위치한 NGC 4886은하로부터 각도의 ′의 단위로 나타낸 값이고, cz는 관측된 시선 속도로 단위는 km/s이다. $cz=0$는 시선 관측이 되어 있지 않다는 의미이다. B_t는 푸른색 파장대의 겉보기 등급에 해당한다. 허블 상수는 $H_0 = 65\,\mathrm{km/s/Mpc}$를 이용한다.

▶ **표 4-7-1** 코마 은하단 주변의 은하 자료(Doi et al., 1995, *ApJS*, 97, 77)

ID	x	y	cz	B_t	ID	x	y	cz	B_t	ID	x	y	cz	B_t
1	-286.8	57.29	0	14.43	151	-49.72	-14.12	7096	15.53	301	23.8	59.85	0	15.5
2	-271.1	233.9	0	15.78	152	-48.17	-9.348	6665	15.48	302	24.17	-21.81	7751	14.07
3	-270	246.6	0	13.93	153	-48.34	-59.94	6404	14.9	303	24.96	1.075	7583	14.66
4	-270.2	240.2	0	14.46	154	-48.04	-41.72	7487	15.24	304	25.56	-12.32	7203	15.81
5	-278.1	19.96	0	15.89	155	-48.08	-61.78	6974	15.18	305	26.22	75.93	7412	14.93
6	-270.7	145.5	7019	15.23	156	-47.38	-2.8	6750	15.43	306	27.3	-20.38	7177	15.21
7	-276.6	1.398	0	15.82	157	-47.37	-55.86	0	15.99	307	27.35	23.94	7613	15.4
8	-277.1	-14.33	8041	15.45	158	-46.65	-26.86	0	15.74	308	28.29	13.61	8311	15.5
9	-278.7	-78.25	6536	15.48	159	-44.48	2.032	6134	15.14	309	30.21	14.56	5721	15.6
10	-275.4	-4.41	6574	15.68	160	-44.76	-48.47	7619	14.16	310	30.65	60.15	0	15.03
11	-272.6	55.32	7321	15.13	161	-42.85	163.9	7843	15.22	311	33.96	7.565	7443	15.31
12	-275.5	-12.52	6699	15.12	162	-43.43	-53.57	6849	15.87	312	34.43	22.98	7441	15.54
13	-263.9	240.5	0	15.04	163	-43.2	-65.27	6304	15.39	313	35.29	3.427	6342	14.95
14	-275.3	-52.78	6987	14.98	164	-42.32	56.59	8019	15.42	314	37.18	-7.305	8170	15.42
15	-277.9	-138.3	0	15.66	165	-43.12	-89.95	7774	15.02	315	37.95	4.952	7893	15.66
16	-267.9	-53.55	0	15.68	166	-41.16	38.21	0	15.77	316	38.93	2.64	5849	14.33
17	-254.9	191.7	0	15.26	167	-39.4	267.7	0	14.9	317	40.48	-87.43	5965	15.81
18	-267.6	-184.7	0	15.85	168	-39.86	163.8	7264	14.67	318	40.72	35.71	6917	15.34
19	-260.9	-87.37	6559	15.34	169	-39.87	64.56	7516	15.48	319	42.33	2.518	6092	15.15
20	-256.7	-25.06	0	15.69	170	-38.87	-31.22	7336	15.35	320	42.62	-39.34	0	15.73

* http://burro.case.edu/Academics/Astr222/HW/HW5/HW5.html에 나온 것을 정리한 것이다.

▶ **표 4-7-1** 코마 은하단 주변의 은하 자료(Doi et al., 1995, *ApJS*, 97, 77) (계속)

ID	x	y	cz	B_t	ID	x	y	cz	B_t	ID	x	y	cz	B_t
21	-257.2	-75.26	4732	14.36	171	-37.7	63.51	7460	14.82	321	40.8	284	0	15.61
22	-249.8	88.99	9374	14.66	172	-35.56	-29.34	7335	13.2	322	45.65	-86.3	6677	15.33
23	-253.1	-0.0583	7885	15.54	173	-35.2	-26.44	5517	15.75	323	48.64	5.738	5739	15.45
24	-252.4	-74.8	4485	15.38	174	-34.36	11.37	0	15.55	324	50.13	-113.9	1.12E+04	15.21
25	-249.3	-7.763	7737	15.32	175	-34.02	12.08	7069	15.37	325	49.7	11.83	7111	14
26	-242.9	128.3	8184	14.75	176	-34.42	-88.49	7222	15.52	326	49.96	-0.0116	6330	15.38
27	-238.4	210	0	15.7	177	-33.45	29.4	6784	13.63	327	54.13	15.54	5971	15.41
28	-250.6	-113.6	4979	15.36	178	-33.62	-22.59	6059	14.81	328	54.76	12.29	0	15.52
29	-250.2	-116.4	4801	14.22	179	-33.03	29.72	6266	14.67	329	55.49	62.47	0	15.5
30	-248.7	-114.6	4716	13.84	180	-33	-29.61	7512	15.23	330	56.66	49.32	8050	15.19
31	-234.3	240.6	0	15.48	181	-30.31	274.1	0	15.36	331	56.71	51.61	0	15.75
32	-251	-268.3	0	15.03	182	-31.64	-68.08	6511	15.73	332	58.1	-41.05	0	15.14
33	-242.5	-60.71	0	15.69	183	-30.28	197.3	0	15.58	333	58.18	-41.06	5523	15.28
34	-228.1	275.5	828	12.86	184	-30.15	-6.225	0	15.51	334	60.05	-264.8	0	15.42
35	-226.8	273.4	0	9.54	185	-29.9	11.61	7350	15.78	335	58.82	-79.01	1.08E+04	15.25
36	-231.3	-51.92	6528	15.33	186	-29.08	100.1	5304	14.79	336	64.29	67.98	5919	13.85
37	-231.6	-80.59	6805	15.23	187	-27.93	4.462	8142	15.76	337	68.2	-25.16	6876	14.05
38	-232.1	-211.9	0	15.51	188	-26.35	191.2	1.57E+04	15.28	338	69.86	-121.8	6521	15.06
39	-225.6	-16.12	7492	14.66	189	-27.3	-29.84	0	15.57	339	69.88	-121.9	0	14.76
40	-214.2	270.5	0	14.26	190	-27.32	-67.65	7410	15.1	340	65.99	240.6	1.55E+04	14.75
41	-216.1	186.1	7101	14.47	191	-27.13	-64.26	7976	15.9	341	67.29	207.2	1.09E+04	14.9
42	-216.6	89.02	9303	15.42	192	26.75	10.29	7198	15.86	342	70.05	78.45	7158	15.46
43	-216.7	-67.19	7552	15.47	193	-26.15	15.36	7227	14.44	343	71.98	68.54	0	14.05
44	-203.9	251.4	0	10.98	194	-26.38	-218.3	0	15.68	344	75.93	-15.31	2533	13.48
45	-208.2	116	0	15.57	195	-25.17	43.29	7612	15.23	345	77.56	77.37	7981	15.23
46	-210.2	55.07	7265	15.33	196	-23.91	241.8	8001	15.03	346	79.3	36.21	7994	15.42
47	-200.2	257.9	0	14.13	197	-25.18	-95.42	5885	14.23	347	83.46	-151.7	7279	14.89
48	-208.7	-47.43	0	15.7	198	-24.98	-93.61	0	15.89	348	81.55	64.42	7135	14.03
49	-203.5	29.33	951	14.6	199	-24.22	57.68	7560	15.29	349	82.21	100.1	0	15.82
50	-206.8	-93.82	4544	14.97	200	-24.36	11.74	0	15.75	350	86.93	-49.26	7851	15.7
51	-203.3	-5.517	6375	15.27	201	-24.11	8.33	7405	15.79	351	86.61	-6.993	0	15.52
52	-190.1	187.2	0	15.75	202	-23.1	68.51	7837	15.29	352	86.26	51.48	0	15.43
53	-197.5	-51.5	1051	13.08	203	-22.63	9.7	7785	15.75	353	86.27	51.53	4837	15.26
54	-188.3	158.5	0	15.56	204	-22.66	-1.158	6086	15.25	354	90.19	33.5	6399	14.9
55	-193.7	-55.36	6938	14.02	205	-21.05	97.53	0	15.65	355	94.59	3.433	0	15.51
56	-191.4	8.168	0	15.77	206	-20.8	1.663	7242	15.01	356	98.78	-76.01	1.15E+04	15.74
57	-187.3	86.99	6924	15.29	207	-19.89	-43.35	7368	15.71	357	100.4	-29.43	6655	15.56
58	-179.5	200.8	0	15.03	208	-19.81	-23.45	7652	14.39	358	95.71	287.1	0	14.93
59	179	165	6651	14.1	209	-19.69	-52.97	7867	15.37	359	103.7	-190.8	6331	14.48
60	-178.8	164.3	6517	14.68	210	-19.41	7.597	6818	15.54	360	105.8	-262.2	0	15.54
61	-173.5	105.1	4675	15.22	211	-19.47	-48.66	7664	15.43	361	103.3	-39.27	0	15.61

▶ **표 4-7-1** 코마 은하단 주변의 은하 자료(Doi et al., 1995, *ApJS*, 97, 77) (계속)

ID	x	y	cz	B_t	ID	x	y	cz	B_t	ID	x	y	cz	B_t
62	-176.6	-85.17	808	15.08	212	-17.7	55.39	0	15.6	362	103.9	43.22	7712	15.56
63	-171.5	-11.45	7459	14.18	213	-17.08	-18.76	8077	14.92	363	106.8	-112.2	0	15.56
64	-172.7	-76.24	6761	15.52	214	-16.09	252.3	0	15.87	364	106.4	-73.48	1.03E+04	15.33
65	-164.4	108.2	6739	14.37	215	-16.8	-10.57	0	15.29	365	108.5	-28.44	7372	15.19
66	-167.8	-31.57	6610	15.04	216	-16.76	-10.61	6101	15.32	366	110.7	19.82	6631	14.79
67	-165.5	-60.15	7150	14.73	217	-16.01	-12.15	0	15.75	367	114.9	-197.4	7127	14.92
68	-159.7	125.6	0	15.07	218	-15.14	-9.227	7526	15.07	368	109.4	165.5	0	15.58
69	-162.2	-45.71	8018	13.9	219	-14	196.2	0	15.46	369	116.8	11.61	5996	14.26
70	-160.8	-80.3	0	15.52	220	-14.06	-70.3	7055	14.71	370	116.1	63.02	9410	15.51
71	-156.3	-67.58	0	14.92	221	-13.78	14.29	0	15.3	371	116.9	44.59	0	15.6
72	-149.4	134.6	0	15.7	222	-13.74	7.705	9386	15.61	372	117.8	3.847	0	15.49
73	-152.9	-94.01	7098	15.42	223	-13.33	8.187	7862	14.61	373	120.3	82.61	6258	15.31
74	-147.5	-48.34	0	15.62	224	-13.12	-20.58	5458	15.07	374	127.7	54.93	5615	13.74
75	-147.7	-65.47	0	15.72	225	-12.89	0.5651	7715	15.45	375	132.8	-204.8	7192	14.75
76	-141.5	176.5	8071	15.57	226	-12.61	-13.17	0	15.75	376	129.3	23.52	7092	15.31
77	-145.6	-36.94	0	15.8	227	-12.5	-7.945	6709	15.63	377	128.9	122.9	1.05E+04	15.3
78	-142.5	-150.9	4379	13.41	228	-12.46	-12.19	6350	15.24	378	128.9	123	0	15.64
79	-134.4	171.7	8159	14.52	229	-11.33	-0.635	6760	14.52	379	130.2	269.5	7846	15.26
80	-140.6	-132.7	0	15.51	230	-11.28	-12.77	6675	15.65	380	131.7	207.2	0	14.81
81	-138.8	-65.56	7429	14.65	231	-11.32	-35.09	5627	15.5	381	146.8	-274.7	0	15.82
82	-130.4	245.8	9604	14.87	232	-11.13	5.353	7799	15.38	382	139.8	103.1	6364	14.83
83	-134.1	-9.735	6922	14	233	-10.54	186.1	0	15.76	383	142.9	98.73	7141	13.99
84	-135.8	-177.8	1221	15.31	234	-10.86	-1.002	4818	15.52	384	143	95.23	7262	14.67
85	-132	-72.51	0	15.63	235	-9.823	5.822	4660	14.68	385	147.8	211	7002	14.5
86	-129.9	-39.65	7858	15.34	236	-9.44	122.2	0	15.64	386	164.5	-233.8	2613	13.13
87	-130.6	-149	1206	10.29	237	-9.076	-4.55	6703	14.89	387	160.6	-39.67	6127	15.13
88	-129.2	-76.55	0	15.69	238	-7.86	3.187	5504	15.46	388	162.9	32.76	6918	15.52
89	-127.9	-33.01	6509	15.04	239	-7.762	-8.237	6950	15.68	389	161.8	229.1	6346	14.13
90	-122.8	171.7	9186	15.12	240	-7.593	-1.868	6837	15.32	390	162.3	229.3	0	15.61
91	-125.9	-33.61	0	15.55	241	-7.433	-6.195	4745	15.39	391	172.4	-51.04	6863	15.6
92	-121.7	-8.58	7468	14.91	242	-7.101	200.9	0	15.65	392	165.6	196	6073	14.99
93	-118.7	56.6	6459	14.81	243	-7.266	3.53	6871	13.93	393	171.7	154	0	15.38
94	-120.1	-36.91	8354	15.15	244	-6.988	-0.23	5662	15.39	394	172.1	139.7	4868	15.46
95	-119.2	-10.8	0	15.78	245	-6.697	-2.433	7145	15.62	395	177.2	-13.73	6253	15.2
96	-117.3	48.21	4765	14.41	246	-6.326	-1.622	7176	12.49	396	177.5	-11.38	6325	13.64
97	-117.2	-52.74	5445	15.15	247	-5.858	-4.797	7834	15.76	397	175.3	122.4	0	15.67
98	-112.1	184.5	6937	14.83	248	-5.466	54.5	6217	14.91	398	185.7	-180.6	7163	14.96
99	-115.1	-33.83	7181	15.25	249	-5.326	56.35	5901	15.26	399	185.3	149.5	6022	14.66
100	-107.8	202.1	6187	14.74	250	-5.266	38.63	5327	15.51	400	186.8	162.8	7507	13.94
101	-111.9	-21.23	0	15.57	251	-4.43	-4.495	6654	15.49	401	189.8	120.3	6960	15.69
102	-110.6	-1.347	6984	15.51	252	-3.898	-0.8167	9371	15.75	402	197.9	-59.07	0	15.69

▶ **표 4-7-1** 코마 은하단 주변의 은하 자료(Doi et al., 1995, *ApJS*, 97, 77) (계속)

ID	x	y	cz	B_t	ID	x	y	cz	B_t	ID	x	y	cz	B_t
103	-112.1	-132.4	0	12.64	253	-3.7	243.5	6818	14.58	403	204.1	-202.4	3878	14.44
104	-108.8	-109.6	0	15.67	254	-3.853	-16.63	8211	15.08	404	206.3	-262.2	0	15.82
105	-106.2	-23.34	8186	15.26	255	-2.361	201.9	0	15.6	405	195.1	144.7	6936	15.37
106	-106.4	-57.56	6477	15.43	256	-1.854	2.836	7961	15.41	406	206.7	-224.4	0	14.47
107	-105.5	-30.49	0	15.33	257	-1.456	15.56	6691	14.61	407	202.2	101	6746	14.19
108	-105.5	-66.67	0	15.57	258	-1.409	-47.29	0	15.62	408	200.5	231.2	0	14.66
109	-103.8	-27.14	0	15.51	259	-0.305	-65.37	5898	14.65	409	214.3	-153.2	0	15.46
110	-104	-54	0	15.64	260	0	0	6218	15.34	410	207.8	177.4	5600	13.69
111	-100.2	-74.13	7981	15.48	261	0.7906	-0.6583	6497	12.42	411	219.4	-155.3	3781	14.94
112	-99.45	-97.19	0	15.74	262	0.7924	5.458	7228	15.79	412	210	136.3	1.48E+04	14.88
113	-98.69	-90.9	6366	15.04	263	2.167	50.45	7386	15.37	413	210.1	161.1	5661	14.93
114	-96.72	-35.01	7835	15.55	264	2.265	3.217	5712	15.85	414	210.9	182.3	5823	14.23
115	-94.76	23.14	7036	14.52	265	2.925	-36.02	0	15.68	415	227.3	-215	0	15.72
116	-88.91	247.3	6997	14.78	266	2.963	-1.925	6848	14.73	416	213.2	202.4	0	15.48
117	-93.88	-162.4	1231	15.57	267	2.984	12.9	8446	14.36	417	214.5	218.2	0	15.6
118	-90.97	-53.46	6150	14.7	268	3.907	3.558	8153	15.61	418	214.7	215.3	0	15.26
119	-85.78	-22.25	0	15.4	269	4.706	52.81	6774	15.31	419	221.2	153	9506	15.11
120	-85.52	-12.09	0	15.53	270	5.402	-78.74	7208	15.55	420	222.3	183.9	5581	15.47
121	-81.56	96.17	1.37E+04	15.04	271	5.822	21.52	5823	14.87	421	224.2	185.9	5568	13.84
122	-81.48	59.63	7976	15.48	272	6.447	-20.98	7476	15.5	422	235	-25.44	0	14.79
123	-79.42	187.3	8944	15.27	273	7.383	4.193	7633	15.45	423	238.5	45.46	0	15.74
124	-81.92	-92.51	7005	14.85	274	7.567	1.61	7020	15.73	424	235.2	208.5	0	14.37
125	-78.54	97.07	6297	14.7	275	7.786	-3.817	7505	15.3	425	235	227	4543	15.19
126	-79.99	-55.03	7635	15.43	276	7.759	61.91	7275	14.35	426	236.7	200.6	1.39E+04	15.2
127	-79.88	-50.2	374	13.98	277	8.029	0.5349	7114	15.69	427	239	172.3	0	15.21
128	-78.17	6.387	0	15.48	278	8.453	-0.9834	8043	15.24	428	238	212.9	0	15.66
129	-77.47	-40.93	6459	15.31	279	8.784	20.97	7997	15.64	429	248.3	-15.7	2458	15.08
130	-76.99	-55.07	8354	13.57	280	9.757	6.178	6855	15.1	430	244.1	167.2	0	15.31
131	-72.89	23.46	7125	15.11	281	9.799	10.24	5807	14.28	431	251.2	-6.148	0	15.63
132	-73.38	-21.19	0	15.62	282	10.05	34.9	6925	15.01	432	260.8	-262.1	0	15.65
133	-73.11	-63.07	6202	15.58	283	10.38	3.333	0	14.81	433	244.5	189.2	0	15.68
134	-70.74	57.17	0	12.3	284	10.4	3.283	0	14.75	434	251.3	30.76	6630	13.97
135	-67.97	153.6	6235	15.63	285	10.51	22.69	7680	14.91	435	253.9	135.7	2119	14
136	-68.28	25.85	7495	15.33	286	11.05	1.187	4964	14.39	436	250.2	246.2	0	15.55
137	-68.69	-34.39	7838	14.06	287	11.41	-11.83	7973	13.64	437	254.3	169.9	0	15.74
138	-63.77	151.6	0	15.73	288	12.1	-5.275	6907	15.72	438	257.9	127.5	7021	15.04
139	-65.51	-14.07	0	15.65	289	12.82	74.92	0	15.93	439	262.9	15.14	0	15.45
140	-63.69	95.53	0	15.68	290	16.15	-10.72	7110	14.96	440	260.2	85.96	9438	15.13
141	-61.89	28.91	7177	15.66	291	17.28	12.5	0	15.76	441	254.1	239.2	0	14.98
142	-61.8	-11.31	7437	15.06	292	17.57	79.21	0	14.1	442	259.7	179.6	7158	14.94
143	-61.29	-19.81	7087	15.17	293	17.74	41.36	8909	15.1	443	260	174.3	0	15.46

▶ **표 4-7-1** 코마 은하단 주변의 은하 자료(Doi et al., 1995, *ApJS*, 97, 77) (계속)

ID	x	y	cz	B_t	ID	x	y	cz	B_t	ID	x	y	cz	B_t
144	-61.09	-27.89	6941	14.57	294	17.73	79.52	0	14.88	444	259.7	211.2	0	14.43
145	-58.55	-44.14	7171	14.89	295	18.03	-6.108	5475	13.08	445	279	-247.8	0	15.62
146	-52.79	-18.52	4968	15.63	296	19.3	-8.425	5458	14.69	446	263	156.5	0	15.38
147	-51.85	-8.538	0	15.69	297	19.56	68.56	7500	14.63	447	261.7	201.4	0	15.42
148	-51.41	-14.47	6948	13.78	298	21.71	63.4	7099	14.63	448	260.3	240.5	0	15.15
149	-50.74	-97.65	6292	14.9	299	22.63	6.417	5917	15.4	449	266.6	202.3	0	15.75
150	-48.86	109.3	0	15.79	300	23.37	-5.66	7616	15.69	450	264.6	251.7	0	15.44

표 4-7-1에 제시된 cz와 B_t 사이의 그래프를 그려 보면 그림 4-7-1과 같이 $4,000 < cz < 10,000$ 사이에 자료들이 군(grouping)을 이루고 있는 것을 볼 수 있다. 따라서 여기에 있는 은하들이 코마 은하단의 일원으로 생각된다. 이를 바탕으로 표 4-7-1에 제시된 x, y 자료를 이용하여 코마 은하단 주변의 은하 분포를 그리면 그림 4-7-2와 같다. 그림 4-7-1, 4-7-2에서 $cz = 0$인 자료는 생략하였다.

이제 그림 4-7-1에 제시된 코마 은하단의 일원들에 대하여 평균 시선속도와 분산을 구해보면 각각 6,925.5 km/s, 1,006.7 km/s이다. 평균 시선속도와 허블의 법칙을 이용하면 코마 은하단까지의 거리는 106.5 Mpc로 계산된다.

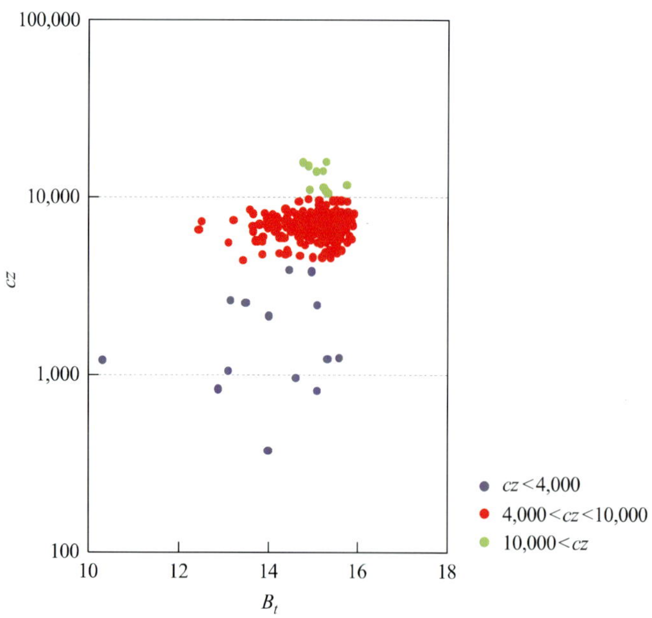

▶ **그림 4-7-1** 표 4-7-1에 주어진 은하 자료 중 cz와 B_t 사이의 관계

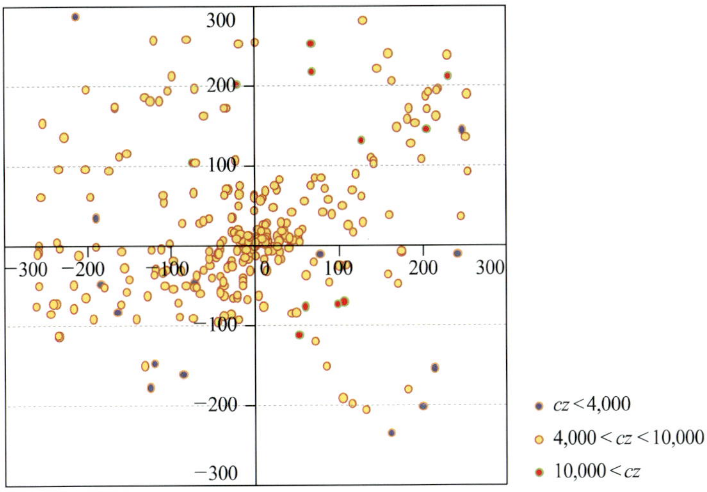

▶ **그림 4-7-2** 표 4-7-1에 제시된 은하의 위치

코마 은하단까지의 대략의 거리를 알고, 태양의 $M_B = 5.5$이기에 표 4-7-1의 각 은하의 B 겉보기 등급에서 B 절대 등급을 구하고, 태양의 B 절대 등급과 비교하여 B 필터에서의 광도 L_B를 구한다. 그림 4-7-2에 제시된 모든 은하에 대한 총 $L_B \simeq 6.01 \times 10^{12} L_{B\odot}$가 된다. 이제 총 $\frac{L_B}{2}$에 해당하는, 그림 4-7-2의 중심에 몰려 있는 은하들을 그려보면, 그림 4-7-3과 같이 대략 87′ 안에 들어온다. 따라서 코마 은하단의 크기는 대략 2.7 Mpc이다.

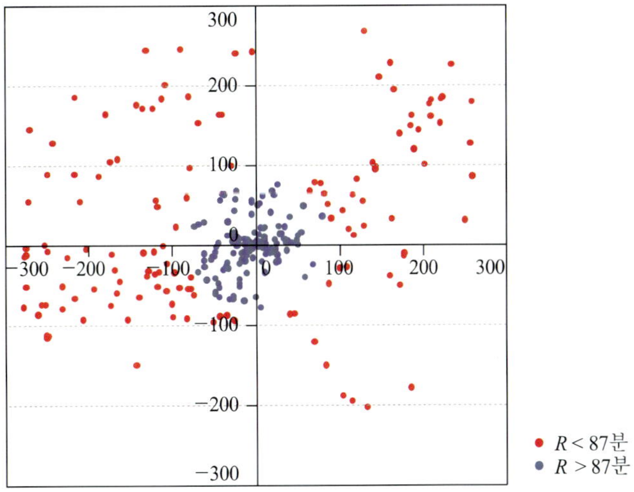

▶ **그림 4-7-3** 총 $\frac{L_B}{2}$에 해당하는, 가운데 몰려 있는 은하들

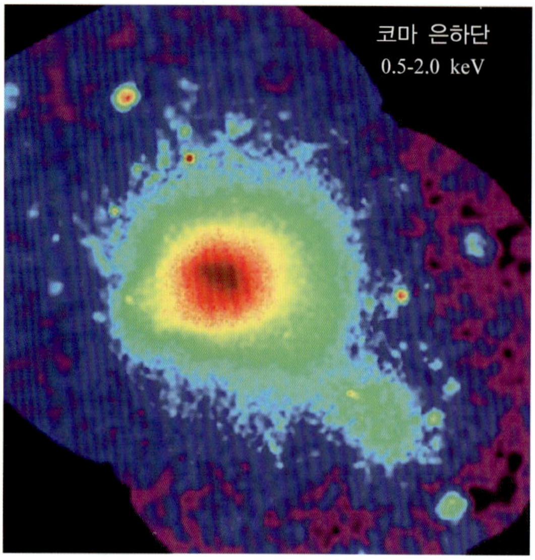

▶ **그림 4-7-4** 코마 은하단의 X선 관측 결과

시선 속도분산을 이용하여 구한 비리얼 질량은 $6.16 \times 10^{14} M_{\odot}$ 정도이다. 만약 코마 은하단 은하에 있는 별들의 질량-광도 관계가 $\frac{M}{L} = 3$이라 하면 코마 은하단 내의 별들의 총 질량은 대략 $1.8 \times 10^{13} M_{\odot}$ 정도이며, 이는 비리얼 질량의 0.03에 해당한다. 또한 코마 은하단 은하들의 질량-광도 관계는 $\frac{M}{L} = 20$이기에 은하들의 총질량은 대략 $1.2 \times 10^{14} M_{\odot}$ 정도이다. 이는 각 은하 내의 기체와 암흑 물질을 모두 고려한 질량이다. 이 질량은 코마 은하단 비리얼 질량의 0.2배에 해당한다. 코마 은하단을 X선으로 관측하면 그림 4-7-4와 같이 뜨거운 기체가 은하단의 은하 사이에 존재함을 알 수 있는데, 이 뜨거운 기체의 총 질량은 $3 \times 10^{14} M_{\odot}$ 정도이다. 이는 비리얼 질량의 0.49 정도에 해당한다. 따라서 코마 은하단의 은하들 사이에 존재하는 암흑 물질은 대략 비리얼 질량의 0.29배나 된다.

ASTROPHYSICS

CHAPTER

05

우주

5-1 측지

슈바르츠실트 계량

공간에서의 측지(geodesic)를 나타내는 식은 일반적으로

$$\Delta s^2 = f(r)\Delta r^2 + r^2 \Delta\theta + r^2(\sin^2\theta\Delta\phi^2) \tag{5-1-1}$$

로 나타낸다. 여기서 $\sqrt{f(r)}\,\Delta r$은 (r, θ, ϕ)와 $(r+\Delta r, \theta, \phi)$ 사이의 고유거리(proper distance)이다. 그리고 식 (5-1-1)에서 마지막 두 항은 공간의 등방성(isotropy)을 나타낸다. 우리는 여기서 $f(r)$을 알아내야 한다. 대칭 공간(symmetrical space)에서 모든 측지면(geodesic surface)은 같은 곡률(curvature) K를 갖는다. 이제 적도면(equatorial surface)을 선택하면, $\theta = \frac{\pi}{2}$이다. 그리고 $\Delta\theta = 0$이다. 따라서 식 (5-1-1)은

$$\Delta s^2_{(\theta=\pi/2)} = f(r)\Delta r^2 + r^2\Delta\phi^2 \tag{5-1-2}$$

이 된다. 이 표면에서 $x^1 = r$, $x^2 = \phi$로 놓으면, 계량(metric)은

$$\begin{pmatrix} f(x^1) & 0 \\ 0 & (x^1)^2 \end{pmatrix},\ \text{즉}\ g_{11} = f(x^1),\ g_{22} = (x^1)^2 \tag{5-1-3}$$

가 된다. 그런데 가우스(Gauss)공식에 의한 곡률 K는 $K = \dfrac{df(x^1)/dx^1}{2f^2(x^1)x^1}$이다. 여기서 K는 일정하기에 $\dfrac{df(x^1)/dx^1}{f^2(x^1)} = -\dfrac{d}{dx^1}\left(\dfrac{1}{f(x^1)}\right) = 2Kx^1$이 된다. 따라서 $1/f(x^1) = C - K(x^1)^2$, 즉 $f(x^1) = 1/(C - K(x^1)^2)$가 된다. 여기서 C는 적분상수이다. 편평한 공간에서는 $K=0$이고, $r(=x^1)$은 일반적인 반경 방향 고유거리 좌표이다. 따라서 $f=1$이고, 따라서 $C=1$이 된다. 그러므로 이제 우리 얻은 계량은

$$\Delta s^2 = \Delta r^2/(1-Kr^2) + r^2\Delta\theta^2 + r^2\sin^2\theta\Delta\phi^2 \tag{5-1-4}$$

이 된다.

반지름이 r인 구의 표면적 A는 $4\pi r^2$이다. 그런데 고유 반지름 $a(r)$은

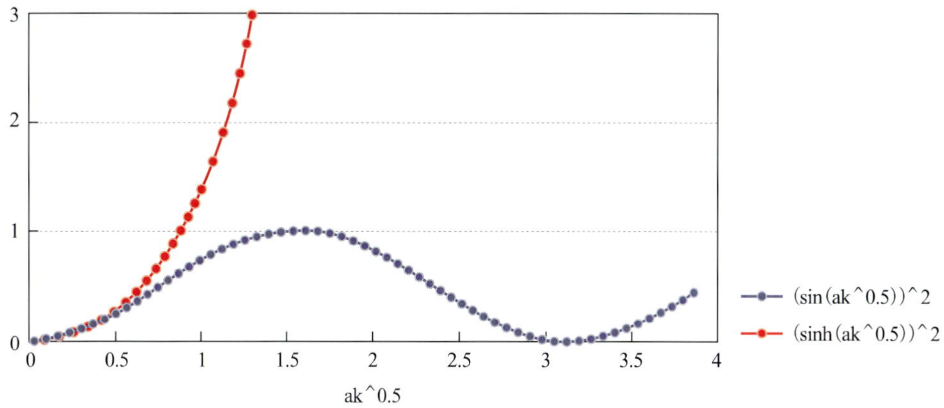

▶ **그림 5-1-1**

$$a(r)=\int_0^{a(r)} ds=\int_0^r \frac{dr}{\sqrt{1-Kr^2}}=\frac{1}{\sqrt{K}}\sin^{-1}(r\sqrt{K}) \qquad (5\text{-}1\text{-}5)$$

가 된다. 따라서 $r=\frac{1}{\sqrt{K}}s(a\sqrt{K})$이다. 이는 $A=\frac{4\pi}{K}\sin^2(a\sqrt{K})=4\pi a^2\left(\frac{\sin(a\sqrt{K})}{a\sqrt{K}}\right)^2$이 된다. K가 양이면 $a\sqrt{K}=\frac{\pi}{2}$에서 $A_{\max}=\frac{4\pi}{K}$이 된다(적도면).

K가 음이면 $A=\frac{4\pi}{|K|}\sinh^2(a\sqrt{|K|})$이다. 이를 그래프로 그려보면 그림 5-1-1과 같다.

질량은 공간을 휘게 한다(warp). 이를 나타낸 식이 아인슈타인의 장방정식(Einstein's field equation)이다. 점 질량 M 주변의 시공간이 굽게 되는데(curved), 시간은 중력 지연(gravitation dilation)에 의하여 비틀리고(distort), 공간은 물론 굽게 된다. 물론 $r\to\infty$이면 $K(r)\to\infty$가 된다. 가장 간단하게 $K(r)$을 구하는 방법이 차원을 분석하는 것이다. 즉 $K(r)=qMG^l c^m r^n$이라 하면 $l=1$, $m=-2$, $n=3$을 얻세 된다. 그리고 질량이 존재하는 곳의 곡률은 음으로 굽어 있기에 $q=-1$이 된다. 따라서 $K(r)=-\frac{GM}{c^2r^3}$이 된다.

이제 $M=0$이면, 특수 상대론의 경우와 같은데, 이때에는 고유시간의 차이 공식(separation formular)이 $\Delta\tau^2=\Delta t^2-\Delta r^2/c^2$이 된다. 그런데 $\Delta r=v\Delta t$이면, 고유시간은 $\Delta\tau^2=\Delta t^2-v^2\Delta t^2/c^2$이 되기에 $\Delta t=\Delta\tau/\sqrt{(1-v^2/c^2)}$인 시간 지연 효과가 발생한다. 그런데 M의 값이 있게 되면 시간과 공간이 모두 굽어 $\Delta\tau^2=e(r)\Delta t^2-f(r)\Delta r^2/c^2$의 형태가 되는데, 시간은 중력시간 지연에 의하여 비틀리고 이를 $\Delta\tau=(1-GM/c^2r)\Delta t$로 나타낼 수 있다. 따라서 $\Delta\tau^2=(1-2GM/c^2r)\Delta t^2$이 되어 $e(r)=1-2GM/c^2r$이 된다.

▶ 그림 5-1-2

또한 $K(r)=\frac{df(r)}{dr}/2rf^2(r)=-GM/c^2r^3$이기에 $-1/f=2GM/c^2r+\text{const}=2GM/c^2r-1$이 된다. 왜냐하면 $e(\infty)=f(\infty)=1$이다. 따라서 완성된 계량은

$$\Delta\tau^2=(1-2GM/c^2r)\Delta t^2-1/c^2\left(\Delta r^2/(1-2GM/c^2r)+r^2\Delta\theta^2+r^2\sin^2\theta\Delta\phi^2\right) \quad (5\text{-}1\text{-}6)$$

이 되며 이를 슈바르츠실트 계량(Schwarzschild metric)이라 부른다. 그림 5-1-2는 태양 주변의 공간이 굽어져 전자기파의 경로가 휘어지고 있음을 보여준다.

이 계량을 검증하기 위해서 다음과 같은 실험이 행해졌다. 동일한 두 시계 A와 B가 적도에 있다 하자. 시계를 서로 맞추어 놓은 후에 A 시계는 지표에 정지시켜 놓고, B 시계는 지표면에 대하여 고도 h의 높이에서 v의 속력으로 비행하는 비행기에 안에서 놓여 있다고 하자. 한 바퀴 돈 후에 각각의 고유시간 τ_A, τ_B를 비교해 보자. 여기서

$$\tau_A=\int\Delta\tau_A=\int\sqrt{[(1-2GM_\oplus/c^2R_\oplus)\Delta t^2-R_\oplus^2\,\Delta\phi^2/c^2]} \quad (5\text{-}1\text{-}7)$$

이다. 그리고 $R_\oplus\Omega_\oplus=R_\oplus d\phi/dt$이므로,

$$\tau_A=\int dt\sqrt{[(1-2GM_\oplus/c^2R_\oplus)-R_\oplus^2\,\Omega_\oplus^2/c^2]} \quad (5\text{-}1\text{-}8)$$

즉

$$\tau_A = t\sqrt{[(1-2GM_\oplus/c^2R_\oplus) - R_\oplus^2\,\Omega_\oplus^2/c^2]} \tag{5-1-9}$$

이 된다. 그런데

$$\tau_B = \int \Delta t\sqrt{[1-2GM_\oplus/c^2(R_\oplus+h) - (R_\oplus+h)^2(\Delta\phi^2/\Delta t^2)/c^2]} \tag{5-1-10}$$

이다. 그런데 $(R_\oplus+h)\Delta\phi/\Delta t \approx (R_\oplus+h)\Omega_\oplus + vrldo$이기에

$$\tau_B = t\sqrt{[1-2GM_\oplus/c^2(R_\oplus+h) - \{(R_\oplus+h)\Omega_\oplus + v\}^2/c^2]} \tag{5-1-11}$$

가 된다. 여기서 t는 처음과 나중 사이의 시간 좌표이다. 이제 시간차감(time offset) δ를 $\delta = \dfrac{\tau_B - \tau_A}{\tau_A}$로 정의하자. 그리고 $GM_\oplus/c^2R_\oplus \ll 1$, $h/R_\oplus \ll 1$, $v^2/c^2 \ll 1$, $h\Omega_\oplus/v \ll 1$ 이기에

$$\delta = gh/c^2 - (2R_\oplus\Omega_\oplus + v)v/2c^2 \tag{5-1-12}$$

이다. 여기서 $g = GM_\oplus/R_\oplus^2 = 9.81\ \mathrm{ms}^{-2}$이다. 시간차감은 매우 작은 값인데, 만약 $h = 10^4\ \mathrm{m}$, $v = 300\ \mathrm{m}$이면, $\delta_{\mathrm{westward}(v<0)} = 2.1\times10^{-12}$이고 $\delta_{\mathrm{eastward}(v>0)} = -1.0\times10^{-12}$이 된다.

1971년 Hafele와 Keating이 세슘(caesium) 원자시계로 실험을 수행하여 표 5-1-1과 같은 결과를 얻었다.

결과적으로 슈바르츠실트 계량 공식을 성공적으로 검증하게 되었다.

▶ **표 5-1-1**

비행 방향	$\tau_B - \tau_A$(나노초)	
	실험	이론
서쪽으로	273 ± 7	275 ± 21
동쪽으로	-59 ± 10	-40 ± 23

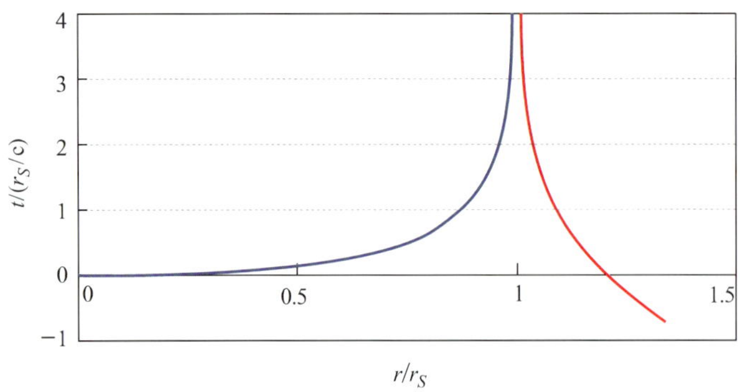

▶ **그림 5-1-3**

$$t_o - t_e = \frac{1}{c}\int_{r_e}^{r_o} \frac{dr}{1-2GM/c^2 r} = \frac{r_o - r_e}{c} + \frac{2GM}{c^3}\ln\left(\frac{r_o - r_S}{r_e - r_S}\right) \tag{5-1-24}$$

이 된다. 따라서 관측자가 $\frac{r_o}{r_S}=5$에 있을 때, $\frac{t_o - t_e}{\left(\frac{r_S}{c}\right)}$의 값의 변화를 그림 5-1-4의 그래프로 그렸다. 즉 r_S에서 시그널(signal)을 보내면 관측자는 무한대의 시간이 지나야 받을 수 있다. 이는 슈바르츠실트 반지름에서 보내지는 시그널을 결코 받을 수 없다는 의미이다.

이제 r_e에서 파(wave)의 정점이 t_e에 출발하고, 다른 정점이 $t_e + \Delta t_e$에 떠난 파는 t_o와 $t_o + \Delta t_e$에 r_o에 도착하게 된다. 그러면

$$\Delta\tau_e = 1/\nu_e = \lambda_e/c = \Delta t_e\sqrt{(1-2GM/c^2 r_e)} \tag{5-1-25}$$

$$\Delta\tau_o = 1/\nu_o = \lambda_o/c = \Delta t_o\sqrt{(1-2GM/c^2 r_o)} \tag{5-1-26}$$

가 된다. 이제 z를 계산해 보면,

$$z = \frac{\Delta\tau_o}{\Delta\tau_e} - 1 = \sqrt{\frac{1-2GM/c^2 r_o}{1-2GM/c^2 r_e}} - 1 = \sqrt{\frac{r_e(r_o - r_S)}{r_o(r_e - r_S)}} - 1 \tag{5-1-27}$$

이다. $r_e = r_S$에서 발하는 파는 무한대로 적색편이를 하게 된다. 즉 무한대로 시간 지연이 발생한다. 이를 그래프로 그려보면 그림 5-1-5가 된다.

이러한 적색편이 효과 때문에, 즉 시간 지연 효과 때문에 광도가 희미해지는데

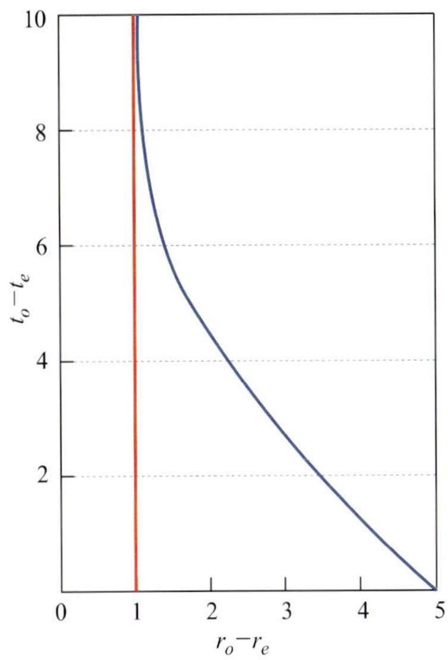

▶ 그림 5-1-4

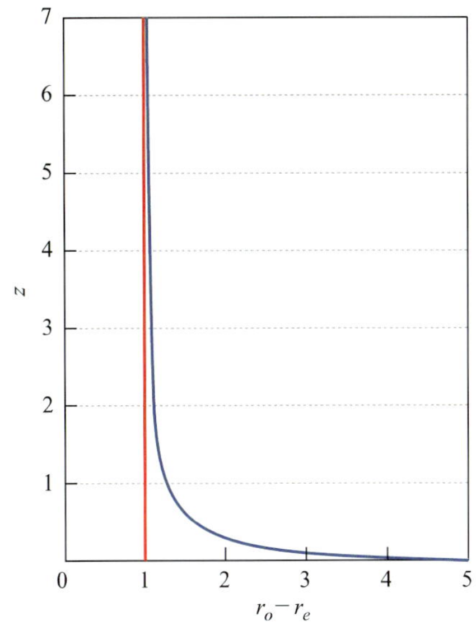

▶ 그림 5-1-5

$$\frac{l(t_o)}{l_1} = \frac{1}{(1+z)^2} = \frac{(r_e - r_S)r_o}{(r_o - r_S)r_e} \tag{5-1-28}$$

이고, $r_e \approx r_S$일 때 식 (5-1-24)에서

$$t_o \approx \frac{r_S}{c} \ln\left(\frac{r_o - r_S}{r_e - r_S}\right) \tag{5-1-29}$$

가 되기에,

$$\frac{l(t_o)}{l_1} \approx \frac{r_o}{r_S} \exp(-ct_o/r_S) \tag{5-1-30}$$

이고, 이를 등급으로 나타내면,

$$m - m_1 = 2.5\log(l_1/l(t_o)) = 1.089c\, t_o/r_S \tag{5-1-31}$$

가 된다. 태양만 한 별이 1등급에서 관측 가능한 22.7등급으로 희미해지는 데 걸리는 시간은 2.13×10^{-4} s 정도가 된다.

5-2 우주

우주의 운동을 유체(cosmic fluid)처럼 생각해 보자. 고유시간(proper time)은 이러한 유체와 같이 움직이는 동일좌표계(comoving coordinate)와 같이한 표준시계를 가지고 측정하게 된다. 이러한 우주를 다룰 때에는 우주원리(cosmological principle)를 인정하는데, 이는 우주 유체 안의 동일좌표계상의 모든 관측자는 동일한 우주의 역사를 경험하게 된다는 것이다. 따라서 우주는 균질(homogeneous)하고 등방적(isotropic)이다.

어떤 일정한 시각 $t = \text{const}$에서의 우주는 하나의 곡률(single curvature) $K(t)$를 가지게 되는데,

$$K(t) \equiv \frac{k}{R^2(t)}, \begin{cases} k = +1 & (\text{양의 곡률}) \\ k = 0 & (\text{편평한 공간}) \\ k = -1 & (\text{음의 곡률}) \end{cases} \tag{5-2-1}$$

로 나타낼 수 있다. 여기서 $R(t)$는 우주규모인자(cosmic scale factor)이다. 이제 거리 r을 $\sigma \equiv \frac{r}{R(t)}$로 나타내면, 공간 계량(spacial metric)은

$$\Delta s^2 = R^2(t)[\Delta\sigma^2/(1-k\sigma^2) + \sigma^2\Delta\theta^2 + \sigma^2\sin^2\theta\Delta\phi^2] \tag{5-2-2}$$

이 된다. 따라서 로버트슨-워커 계량(Robertson-Walker metric)은

$$\Delta\tau^2 = \Delta t^2 - R^2(t)[\Delta\sigma^2/(1-k\sigma^2) + \sigma^2\Delta\theta^2 + \sigma^2\sin^2\theta\Delta\phi^2] \tag{5-2-3}$$

이다. 어떤 시간 t의 고유거리는

$$D_p = R(t)\int_0^{\sigma}\frac{d\sigma}{\sqrt{1-k\sigma^2}} = \begin{cases} R(t)\sin^{-1}\sigma & (k=+1) \\ R(t)\,\sigma & (k=0) \\ R(t)\sinh^{-1}\sigma & (k=-1) \end{cases} \tag{5-2-4}$$

이고, 이를 그림으로 그려보면 그림 5-2-1과 같다.

이제 고유속도는 허블의 법칙(Hubble's Law)을 이용하면,

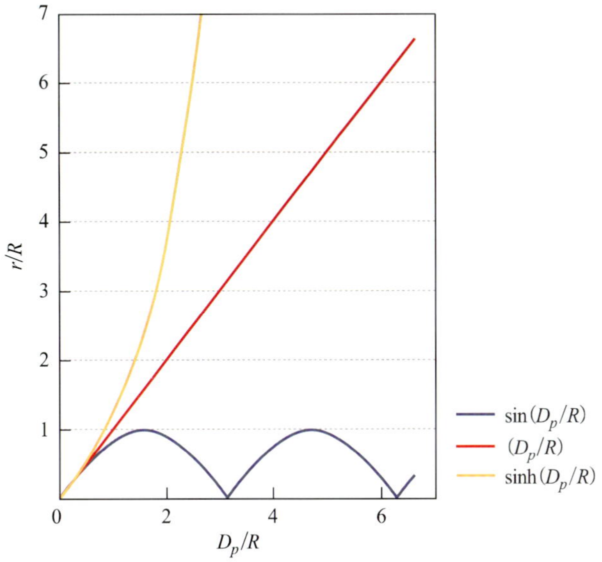

▶ **그림 5-2-1**

$$v_p = \dot{D}_p = \dot{R}(t)\int_0^{\sigma} \frac{d\sigma}{\sqrt{1-k\sigma^2}} \tag{5-2-5}$$

$$= \frac{\dot{R}(t)}{R(t)} D_p = H(t) D_p$$

이 된다.

적색편이

$\sigma = \sigma_e$에 위치한 번 은하로부터 현새$(t = t_o)$ $\sigma = 0$에 위치한 관측자에게 빛이 도달한다고 하자. t_e와 $t_e + \Delta t_e$ 때에 방출된 파의 정점이 t_o와 $t_o + \Delta t_o$ 때에 도착한다면, 식 (5-2-3)으로부터

$$0 = \Delta t^2 - R^2(t)\Delta\sigma^2/(1-k\sigma^2) \tag{5-2-6}$$

이기에

$$\int_{t_e}^{t_o} \frac{dt}{R(t)} = \frac{1}{c}\int_0^{\sigma_e} \frac{d\sigma}{\sqrt{1-k\sigma^2}} \tag{5-2-7}$$

$$\int_{t_e+\Delta t_e}^{t_o+\Delta t_o}\frac{dt}{R(t)}=\frac{1}{c}\int_0^{\sigma_e}\frac{d\sigma}{\sqrt{1-k\sigma^2}} \tag{5-2-8}$$

이 된다. 이 두 식은 같기에

$$\int_{t_e}^{t_o}\frac{dt}{R(t)}=\int_{t_e+\Delta t_e}^{t_o+\Delta t_o}\frac{dt}{R(t)} \tag{5-2-9}$$

이다. 따라서 $\frac{\Delta t_o}{R(t_o)}-\frac{\Delta t_e}{R(t_e)}=0$으로부터

$$\frac{\Delta t_o}{\Delta t_e}=\frac{R(t_o)}{R(t_e)} \tag{5-2-10}$$

을 얻는다. 이제 $\lambda_o=c\Delta t_o$, $\lambda_e=c\Delta t_e$이기에

$$\frac{\lambda_o-\lambda_e}{\lambda_e}=z=\frac{R(t_o)}{R(t_e)}-1 \tag{5-2-11}$$

이 된다. 즉 우주가 팽창하면서 전자기파는 적색편이(red shift) 된다.

물체의 지평선

우리가 관측할 수 있는 가장 멀리 있는 천체의 거리를 σ_{oh}이라 하면 식 (5-2-6)으로부터

$$\int_{t_{\min}}^{t_o}\frac{dt}{R(t)}=\frac{1}{c}\int_0^{\sigma_{oh}}\frac{d\sigma}{\sqrt{1-k\sigma^2}} \tag{5-2-12}$$

을 얻는다. 이 거리를 물체의 지평선(object Horizon 혹은 particle Horizon)이라 한다. 이제 식 (5-2-4)를 이용하여 다시 써 보면,

$$\sigma_{oh}=\begin{cases}\sin\left(c\int_{t_{\min}}^{t_o}\frac{dt}{R(t)}\right) & (k=1)\\ c\int_{t_{\min}}^{t_o}\frac{dt}{R(t)} & (k=0)\\ \sinh\left(c\int_{t_{\min}}^{t_o}\frac{dt}{R(t)}\right) & (k=-1)\end{cases} \tag{5-2-13}$$

이다. σ_{oh} 거리 너머의 물체는 우리가 관측할 수 없다. 만약 우주가 편평하거나 음으로 굽었다면 $R(t)$의 형태에 따라 σ_{oh}는 무한하다. 이러한 우주는 물체의 지평선이 없다. 원칙적으로 모든 우주는 지금 관측 가능하다. 양으로 굽은 우주에 대해서는 만약 $c\int_{t_{\min}}^{t_o}\frac{dt}{R(t)} \geq \pi$이면, 물체의 지평선은 없다. 그러면 관측되는 물체는 σ_{oh}의 값을 0에서 1로 다시 0으로의 값을 갖는다. 그래서 우리는 정반대(antipode)를 보고 그리고 전 우주(whole universe)를 본다.

사건의 지평선

지금 먼 거리에서 일어나고 있는 사건을 우리가 미래의 언젠가에 볼 수 있는 그 거리 σ_{eh}를 사건의 지평선(event Horizon)이라 부른다. 이러한 사건으로부터 온 빛은 우주가 종국에 도달하기 전에 우리에게 반드시 도착해야 한다. 이 거리를

$$\int_{t_o}^{t_{\max}}\frac{dt}{R(t)} = \frac{1}{c}\int_0^{\sigma_{eh}}\frac{d\sigma}{\sqrt{1-k\sigma^2}} \tag{5-2-14}$$

이라 하면,

$$\sigma_{eh} = \begin{cases} \sin\left(c\int_{t_o}^{t_{\max o}}\frac{dt}{R(t)}\right) & (k=1) \\ c\int_{t_o}^{t_{\max}}\frac{dt}{R(t)} & (k=0) \\ \sinh\left(c\int_{t_o}^{t_{\max}}\frac{dt}{R(t)}\right) & (k=-1) \end{cases} \tag{5-2-15}$$

이 된다. σ_{eh} 거리 너머에서 지금 일어나는 사건은 우리가 결코 볼 수가 없다. 편평하거나 음으로 굽은 우주의 경우에는 σ_{eh}는 무한대이다. 이에 반하여 양으로 굽은 우주가 $c\int_{t_o}^{t_{\max o}}\frac{dt}{R(t)} \geq \pi$인 경우에는 지금 일어난 어떠한 사건도 미래에 언젠가는 우리에게 보일 것이다.

우주동력학(Cosmic dynamics)

균질하고, 등방적인 우주의 계량은

$$0 = \Delta t^2 - R^2(t)\Delta\sigma^2/(1-k\sigma^2) \tag{5-2-16}$$

이다. 이제 이 시공간의 곡률(curvature) $K(t)$을 계산하도록 하자. $t = x^1$, $\sigma = x^2$으로 놓으면,

$$K(t) = -\frac{\ddot{R}(t)}{R(t)} \tag{5-2-17}$$

이다. 그런데 이 곡률은 $\rho(t)$와

$$K(t) = \alpha\rho(t)G^l c^m + \text{const} \tag{5-2-18}$$

관계를 하는데, $K(t)$의 차원이 $(time)^{-2}$이기에 $l = 1$, $m = 0$, $\alpha = \frac{4\pi}{3}$, $\text{const} = -\frac{\Lambda}{3}$

$$K(t) = \frac{4\pi}{3}\rho(t)G - \frac{\Lambda}{3} \tag{5-2-19}$$

이 된다. 이를 다시 쓰면,

$$\ddot{R}(t) = -\frac{4\pi}{3}\rho(t)GR(t) + \frac{\Lambda}{3}R(t) \tag{5-2-20}$$

이고 이 방정식이 아인슈타인의 일반상대론 장방정식(Einstein's general field equation)이다.

그런데 물질의 밀도는 $\rho(t)R^3(t) = \text{const}$이기에

$$\rho(t) = \frac{\rho(t_o)R^3(t_o)}{R^3(t)} \tag{5-2-21}$$

라 놓고, 식 (5-2-20)에 대입하면,

$$\ddot{R}(t) = -\frac{4\pi}{3}\frac{\rho(t_o)R^3(t_o)G}{R^2(t)} + \frac{\Lambda}{3}R(t) \tag{5-2-22}$$

이 된다. 이 방정식을 적분하면,

$$\dot{R}^2(t) = \frac{8\pi\rho(t_o)R^3(t_o)G}{3R(t)} + \frac{\Lambda}{3}R^2(t) - kc^2 \tag{5-2-23}$$

이다. 식 (5-2-23)은 에너지 방정식으로 오른쪽 두 번째 항이 암흑에너지와 관계된 항이

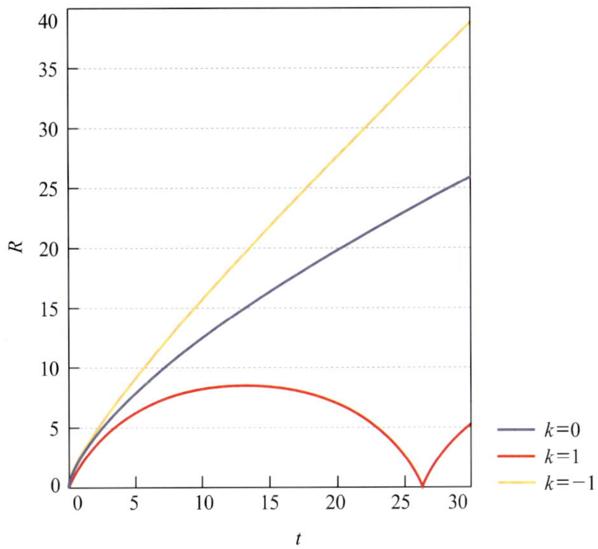

▶ 그림 5-2-2

며, 아인슈타인은 이 항을 이용하여 정적인 우주를 이야기하였다.

이제 식 (5-2-23)을 시간 척도의 역수의 제곱인 $G\rho(t_o)R^2(t_o)/c^2 = 1$의 값으로 비례화(scaling)하면 식은

$$\dot{R}^2(t) = \frac{8\pi}{3R(t)} + \frac{\Lambda}{3c^2}R^2(t) - k \tag{5-2-24}$$

가 된다. 이제 현재를 $t = 0$이라 하고, 그때의 $R(0) = 1$이라 하자. 그림 5-2-2는 $\Lambda = 0$일 때 k값에 따라 그린 그래프이다. k값에 따라 우주의 진화 모습이 다르다.

이제 식 (5-2-22), (5-2-23)에서 $\dfrac{8\pi G\rho(t_o)}{3}$의 값으로 시간을 비례화하여 다시 쓰기 위하여

$$\lambda = \frac{\Lambda}{8\pi G\rho(t_o)} \tag{5-2-25}$$

$$\chi = \frac{3kc^2}{8\pi G\rho(t_o)R^2(t_o)} \tag{5-2-26}$$

일 때, 이 식들은 각각

$$\ddot{R}(t) = -\frac{0.5}{R^2(t)} + \lambda R(t) \tag{5-2-27}$$

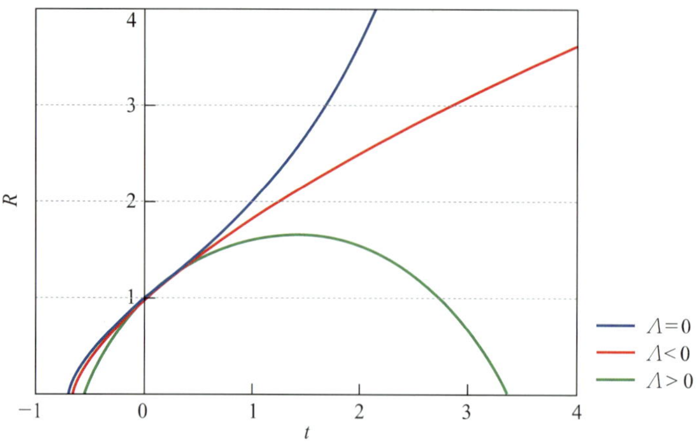

▶ 그림 5-2-3

$$\dot{R}^2(t) = \frac{1}{R(t)} + \lambda R^2(t) - \chi \tag{5-2-28}$$

이 된다. 그림 5-2-3은 $k=0$(즉 $\chi=0$)일 때, 즉 편평한 우주인 경우 Λ에 따른 그래프이다. $\Lambda>0$인 경우 우주는 가속하여 팽창한다. 이제 관측에 의하면 우리 우주는 암흑 물질이 25 %, 암흑에너지가 75 %라 한다. 이 값들을 이용하여 그래프를 그려보면 그림 5-2-4와 같다. $v(t)$는 팽창속도를 나타내며, 감속했다가 현재에는 가속상태에 있음을 보여준다. $R(t)$도 같은 모습을 보여준다. 또한 현재 $t=0$인 경우에는 암흑 물질과 암흑에너지가 1 : 3이지만 과거에는 물질이 우세하여 감속되었지만 현재에는 암흑에너지가 우세하여 가속됨을 보여준다. 따라서 식 (5-2-26), (5-2-27)은 시간에 따라 Λ, k값에 따라 이 값들이 우주 팽창에 있어 어떻게 기여하고 있는지를 보여준다.

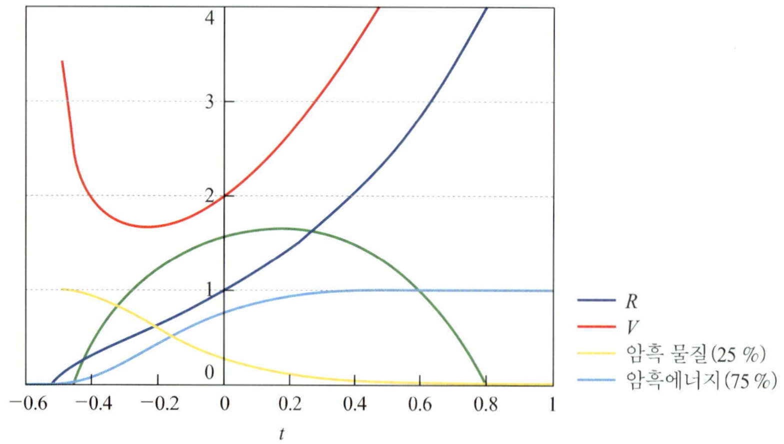

▶ 그림 5-2-4

CHAPTER

06 자기유체계

6-1 비선형 기체 역학

1차원 기체 역학

1) 리만 분석(Riemann's analysis)

1차원상에서의 질량 보존 방정식과 운동 방정식은 다음과 같다.

$$\frac{\partial \rho}{\partial t} + u\frac{\partial \rho}{\partial x} = -\rho\frac{\partial u}{\partial x} \tag{6-1-1}$$

$$\frac{\partial u}{\partial t} + u\frac{\partial u}{\partial x} = -\frac{1}{\rho}\frac{\partial p}{\partial x} \tag{6-1-2}$$

이제 기체의 엔트로피가 일정하고(s = 일정), 폴리트로프하다면,

$$\mathrm{d}p = v_s^2\, d\rho \tag{6-1-3}$$

$$\mathrm{d}\rho = \frac{\rho}{v_s}\left(\frac{2\mathrm{d}v_s}{\gamma-1}\right) \tag{6-1-4}$$

이 된다. 그러면 식 (6-1-1), (6-1-2)는

$$\frac{\partial}{\partial t}\left(\frac{2v_s}{\gamma-1}\right) + u\frac{\partial}{\partial x}\left(\frac{2v_s}{\gamma-1}\right) + v_s\frac{\partial u}{\partial x} = 0 \tag{6-1-5}$$

$$\frac{\partial u}{\partial t} + u\frac{\partial u}{\partial x} + v_s\frac{\partial}{\partial x}\left(\frac{2v_s}{\gamma-1}\right) = 0 \tag{6-1-6}$$

가 된다. 이 두 식을 서로 더하거나 빼면,

$$\left[\frac{\partial}{\partial t} + (u+v_s)\frac{\partial}{\partial x}\right]\left(u + \frac{2v_2}{\gamma-1}\right) = 0 \tag{6-1-7}$$

$$\left[\frac{\partial}{\partial t} + (u-v_s)\frac{\partial}{\partial x}\right]\left(u - \frac{2v_2}{\gamma-1}\right) = 0 \tag{6-1-8}$$

이 된다. 여기서 두 리만 불변량(Riemann invariants)을 다음과 같이 정의한다.

$$R_{\pm} = u \pm \frac{2v_s}{\gamma - 1} \qquad (6\text{-}1\text{-}9)$$

그러면 이 양은 (x, t) 평면에서 구배 특성 곡선(characteristic curve of gradient)인 $\frac{dx}{dt} = u \pm v_s$를 따라 일정하다($R_{\pm}$ = 일정). 이러한 특성 곡선은 흐름과 함께한 좌표계에서 음속으로 오른쪽, 왼쪽으로 진행한다.

2) 평이파(simple wave)

만약 R_-가 균일하다면(uniform), 즉 방해받지 않는 지역에서 오른쪽으로 나오는 모든 특성 곡선에서 동일한 값을 갖는다면, 이 값은 방해받지 않은 지역의 값과 같기에

$$u - \frac{2v_s}{\gamma - 1} = -\frac{2v_{so}}{\gamma - 1} \qquad (6\text{-}1\text{-}10)$$

이다. 그러면 R_+, R_- 모두 + 특성 곡선에서 일정해야만 한다. 따라서 u와 v_s 모두 + 특성 곡선에서 일정하다. 그리고 + 특성 곡선은 일정한 기울기인 $v = u + v_s$를 가진 직선이 된다.

이제 $\frac{dx}{dt} = v$ 직선에 v = 일정인 파는 $\frac{dv}{dt} = 0$, 즉

$$\frac{\partial v}{\partial t} + v\frac{\partial v}{\partial x} = 0 \qquad (6\text{-}1\text{-}11)$$

이다. 이 방정식을 무점성의(inviscid) 버거스 방정식(Burgers equation)이라 부른다. 이 방정식은 특성 곡선 방법(method of characteristics)으로 쉽게 풀린다. $v_o(x) = v(x, 0)$이며, 특성 곡선은 직선이다. $\frac{dv_o}{dx} > 0$인 지역에서는 특성 곡선이 미래로는 발산하고, $\frac{dv_o}{dx} < 0$인 지역에서는 특성 곡선이 수렴하여 어떤 지역에 충격파를 형성할 것이다.

파가 가파르게(steepening) 되는 모습을 다시 설명해 보자. x를 따라 그려진 v 그래프가 시간에 따라 v의 속도로 진행하는 모습을 상상해 보자. 파의 꼭대기(crest)는 가장 속도가 빨라 결국 오른쪽의 골을 따라잡을 것이다. 따라서 파는 불연속(discontinuity)을 형성하게 된다.

실제로 식 (6-1-9)의 해는

$$v(x, t) = v_o(x_o) \qquad (6\text{-}1\text{-}12)$$

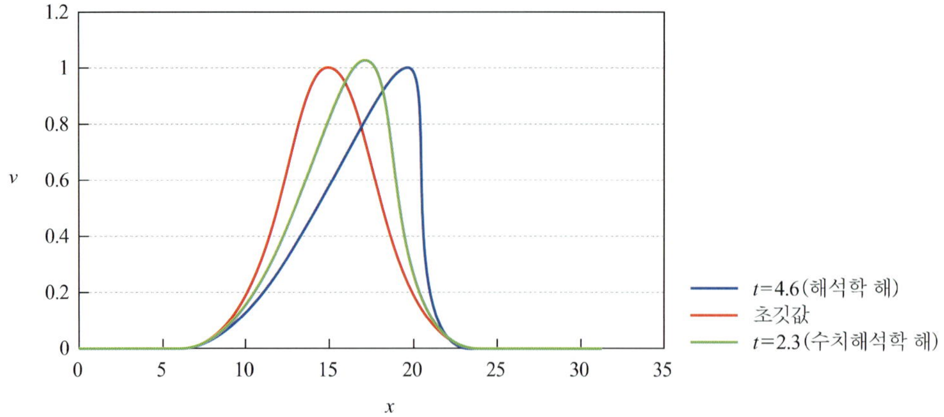

▶ **그림 6-1-1**

$$x = x_o + v_o(x_o)t \tag{6-1-13}$$

이다. 그런데 $\frac{\partial v}{\partial x} = \frac{\left(\frac{\partial v_o}{\partial x_o}\right)}{\left[1+\left(\frac{\partial v_o}{\partial x_o}\right)t\right]}$ 이다. 이 값은 $t = \frac{1}{\max\left(-\frac{\partial v_o}{\partial x_o}\right)}$ 에서 처음으로 발산한다.

그림 6-1-1은 $v_o = e^{-\frac{(x-15)^2}{15}}$ 인 경우, 식 (6-1-9)를 만족하며 시간에 따라 진행하여 $t = 2.3$일 때의 수치해석학 해와 $t = 4.6$일 때의 해석학적 해이다. $-\frac{\partial v_o}{\partial x_o}$의 값이 최대가 되는 시간이 $t \simeq 4.56$이기에 이 시간 근처의 그래프는 가파르게 되어 불연속인 충격파를 형성한다.

평이 비선형 파의 일반해(General analysis of simple nonlinear waves)

이상적인 MHD 방정식의 쌍곡선(hyperbolic) 구조는

$$\frac{\partial U}{\partial t} + A_i \frac{\partial U}{\partial x_i} = 0 \tag{6-1-14}$$

$$U = [\rho, p, U, B]^T \tag{6-1-15}$$

이다. 어떤 단위 벡터 n_i에 대한 이 방정식의 고유값(eigenvalue) $A_i n_i$가 실수이기에 이 방정식은 쌍곡선 구조를 갖는다. 고유값은 파의 속력으로 확인된다. 이에 해당하는 고유

벡터는 파의 형식으로 나타난다.

이제 x 방향으로 진행하는 평이파를 생각해 보자. 모든 물리량은 하나의 변수로 이루어진 함수이다. 1차원의 위상을 $\varphi(x,t)$이라 하면, $U=U(\varphi)$이기에

$$\frac{dU}{d\varphi}\frac{\partial\varphi}{\partial t}+A_x\frac{dU}{d\varphi}\frac{\partial\varphi}{\partial x}=0 \tag{6-1-16}$$

이다. 만약 $\dfrac{dU}{d\varphi}$가 고유벡터라면,

$$\frac{\partial\varphi}{\partial t}+v\frac{\partial\varphi}{\partial x}=0 \tag{6-1-17}$$

가 되고, 여기서 v는 이에 해당하는 파의 속력이다. 그러나 $v=v(\varphi)$이기에

$$\frac{\partial v}{\partial t}+v\frac{\partial v}{\partial x}=0 \tag{6-1-18}$$

인 무점성의 버거스 방정식이 된다. 파가 가파르게 되는 것은 평이파에서는 일반적이다. 그러나 파가 실제로 항상 가파르게 되지는 않는다. 전향력이나 부력에 의한 분산 효과 때문에 파가 비선형적으로 가파르게 됨을 방해한다.

충격파와 불연속면(Shocks and discontinuities)

1) 도약 조건(Jump conditions)

$x=0$에 정지해 있는 충격파면을 생각해 보자. 기체가 왼쪽에서 오른쪽으로 진행하지만 고정된 해를 찾아보도록 하겠다. 충격파의 왼쪽이 상류이며 충격받기 전의 물질이다. 보존형의 방정식이 다음과 같기에

$$\frac{\partial Q}{\partial t}+\nabla\cdot F=0 \tag{6-1-19}$$

1차원에서의 고정해는

$$\frac{dF_x}{dx}=0 \tag{6-1-20}$$

이다. 즉 밀도 플럭스인 F_x가 충격파의 양면에서 같은 값이다. 즉

$$[F_x]_1^2 = F_{x2} - F_{x1} = 0 \tag{6-1-21}$$

이다. 이제 질량이 보존되기에

$$[\rho u_x]_1^2 = 0 \tag{6-1-22}$$

이다. 모멘트가 보존되기에 $\Pi = p + \dfrac{B^2}{2\mu_o}$ 일 때

$$\left[\rho u_x^2 + \Pi - \frac{B_x^2}{\mu_0}\right]_1^2 = 0 \tag{6-1-23}$$

$$\left[\rho u_x u_y - \frac{B_x B_y}{\mu_0}\right]_1^2 = 0 \tag{6-1-24}$$

$$\left[\rho u_x u_z - \frac{B_x B_z}{\mu_0}\right]_1^2 = 0 \tag{6-1-25}$$

이다. 또한 $\nabla \cdot B = 0$으로부터

$$[B_x]_1^2 = 0 \tag{6-1-26}$$

이다. 또한 $\dfrac{\partial B}{\partial t} + \nabla \times E = 0$으로부터

$$[u_x B_y - u_y B_x]_1^2 = -[E_z]_1^2 = 0 \tag{6-1-27}$$

$$[u_x B_z - u_z B_x]_1^2 = [E_y]_1^2 = 0 \tag{6-1-28}$$

이다. 즉 흐름에 수직인 B와 흐름에 평행한 E는 연속된다. 총에너지는

$$\left[\rho u_x\left(\frac{1}{2}u^2 + \Phi + \omega\right) + \frac{1}{\mu_0}\left(B^2 u_x - (u \cdot B)B_x\right)\right]_1^2 = 0 \tag{6-1-29}$$

이다. 모멘트 방정식은

$$\frac{\partial}{\partial t}(\rho u_i) + \nabla \cdot \left(\rho u_i u + \Pi e_i - \frac{B_i B}{\mu_0}\right) = 0 \tag{6-1-30}$$

인데, 중력을 포함한다 해도 충격파 관계에는 아무런 차이가 없다. 왜냐하면 퍼텐셜 Φ는

항상 연속이기 때문이다.

엔트로피는 다음과 같은 보존형의 방정식을 갖는다.

$$\frac{\partial}{\partial t}(\rho s)+\nabla\cdot(\rho s u)=0 \tag{6-1-31}$$

그러나 충격파 안에서 에너지의 발산이 엔트로피의 원천이 되므로 엔트로피 플럭스는 충격파를 가로질러 연속적이지 않다.

2) 비자기 충격파(Non-magnetic shocks)

자기장이 없는 수직의 충격파면을 생각해 보자. $v_y=v_z=0$이기에 랭킨-후고니오트 관계는

$$[\rho u_x]_1^2=0 \tag{6-1-32}$$

$$[\rho u_x^2+p]_1^2=0 \tag{6-1-33}$$

$$\left[\rho u_x\left(\frac{1}{2}u_x^2+\omega\right)\right]_1^2=0 \tag{6-1-34}$$

이다. 폴리트로프 기체에 대하여

$$\omega=\left(\frac{\gamma}{\gamma-1}\right)\frac{p}{\rho} \tag{6-1-35}$$

이다. 이제 상류의 마하수를 $M_1=\dfrac{u_{x1}}{u_{s1}}$ 이라 정의하면,

$$\frac{\rho_2}{\rho_1}=\frac{u_{x1}}{u_{x2}}=\frac{(\gamma+1)M_1^2}{(\gamma-1)M_1^2+2} \tag{6-1-36}$$

$$\frac{p_2}{p_1}=\frac{2\gamma M_1^2-(\gamma-1)}{(\gamma+1)} \tag{6-1-37}$$

$$M_2^2=\frac{2+(\gamma-1)M_1^2}{2\gamma M_1^2-(\gamma-1)} \tag{6-1-38}$$

이 된다. 그림 6-1-2는 $M_{x1}=0.5\sim 7$일 경우의 식 (6-1-34), (6-1-35), (6-1-36)의 값의 변

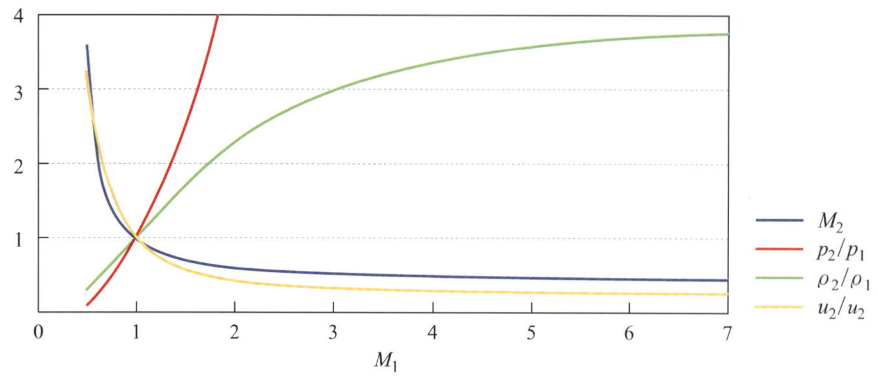

▶ **그림 6-1-2**

화를 그린 것이다. 이를 보면, $M_1 > 1$일 때 $M_2 < 1$이고, $\rho_2 > \rho_1$, $p_2 > p_1$인 압축 충격파를 이룬다. 그런데 $M_1 < 1$일 때 $M_2 > 1$이면, $\rho_2 < \rho_1$, $p_2 < p_1$인 희박 충격파를 이룬다. $M_1 = 1$, $M_2 = 1$인 경우는 충격파를 이루지 않는다. 그런데 충격파를 지나면서 엔트로피가 변하는데, 압축 충격파의 경우는 엔트로피 변화가 +로, 희박 충격파의 경우는 −로 된다. 따라서 단지 압축 충격파만이 물리적으로 이치에 맞다. 즉 희박 충격파는 열역학 제2법칙 때문에 제외된다.

아주 강한 충격파인 경우에는, 즉 $M_1 \gg 1$인 경우에는

$$\frac{\rho_2}{\rho_1} = \frac{u_{x1}}{u_{x2}} \to \frac{\gamma+1}{\gamma-1} \tag{6-1-39}$$

$$\frac{p_2}{p_1} \gg 1 \tag{6-1-40}$$

$$M_2^2 \to \frac{\gamma-1}{2\gamma} \tag{6-1-41}$$

가 된다. 압축비인 ρ_2/ρ_1인 일정하게 되는데, $\gamma = 5/3$인 경우 이 값은 4가 된다.

방해받지 않는(상류의) 기체에 대하여 충격파의 속도는 $u_{shock} = -u_{x1}$이다. 따라서 강한 충격파의 경우, 하류의 물리량은 각각

$$\rho_2 = \left(\frac{\gamma+1}{\gamma-1}\right)\rho_1 \tag{6-1-42}$$

$$u_{x2} - u_{x1} = \left(\frac{2}{\gamma+1}\right)u_{\text{shock}} \tag{6-1-43}$$

$$p_2 = \left(\frac{2}{\gamma+1}\right)\rho_1 u_{\text{shock}}^2 \tag{6-1-44}$$

이 된다. 식 (6-1-43)은 강한 충격파가 지나가면서 운동에너지에 의해 발생한 열에너지에 의한 값이다.

3) 비스듬한 충격파(Oblique shocks)

u_y 혹은 u_z가 0이 아니라면,

$$[\rho u_x u_y]_1^2 = [\rho u_x u_z]_1^2 = 0 \tag{6-1-45}$$

이 성립하는데, ρu_x가 충격파를 가로질러 연속이기에 $[u_y]_1^2 = 0$, $[u_z]_1^2 = 0$이다. 모멘트와 에너지 방정식은 보존되고, 랭킨-후고니오트 관계가 성립한다.

4) 접하는 불연속(Tangential discontinuity)

불연속면을 가로질러서는 $u_x = 0$으로 흐름이 없는 접촉면(interface)이다. 여기서는 $[p]_1^2 = 0$이다. 만약 $[u_y]_1^2 = [u_z]_1^2 = 0$이면, 이 면을 접촉 불연속면(contact discontinuity)이라 부른다.

5) 자기 충격파(MHD shock)

자기장이 있을 때에는 여러 도약 조건들이 허용된다. 즉 3가지의 MHD 파(Alfven, slow, fast)와 연관된 불연속면이 존재한다. 흐름과 평행한 B는 연속할 필요가 없기에, 충격파를 지나가면서 3종류의 MHD 파가 켜지거나(switch on) 혹은 꺼지거나(switch off) 하는 것이 가능하다. 흐름과 평행한 B에 접한 불연속면이 전류판(current sheet)이다. 이는 6-5절에서 다루려 한다.

6-2 구형의 폭발파: 초신성

초신성은 $E = 10^{51}$ erg에 해당하는 에너지가 성간 물질로 발해져 구형의 폭발파(spherical blast waves)를 만든다. 이러한 폭발파는 주변의 기체를 끌어모으며 진행하며 강한 충격파를 형성한다. 성간 매질의 압력을 p_o라 할 때, 폭발의 압력은 $p \gg p_o$이다. 이러한 상태의 팽창을 세도브-테일러(Sedov-Taylor) 상태의 팽창이라 부른다.

방정식

구형의 폴리트로프 기체가 균일하게 흐르면

$$\left(\frac{\partial}{\partial t}+u\frac{\partial}{\partial r}\right)\rho = -\frac{\rho}{r^2}\frac{\partial}{\partial r}(r^2 u) \tag{6-2-1}$$

$$\left(\frac{\partial}{\partial t}+u\frac{\partial}{\partial r}\right)u = -\frac{1}{\rho}\frac{\partial p}{\partial r} \tag{6-2-2}$$

$$\left(\frac{\partial}{\partial t}+u\frac{\partial}{\partial r}\right)\ln(p\rho^{-\gamma}) = 0 \tag{6-2-3}$$

이 된다. 이 방정식들은

$$\frac{\partial}{\partial t}\left(\frac{1}{2}\rho u^2+\frac{p}{\gamma-1}\right)+\frac{1}{r^2}\frac{\partial}{\partial r}\left[r^2\left(\frac{1}{2}\rho u^2+\frac{\gamma p}{\gamma-1}\right)u\right]=0 \tag{6-2-4}$$

라고 쓸 수 있다.

이제 충격파가 $r=R(t)$에 위치한다면, 충격파의 속도는 $\dot{R}$가 된다. 위의 방정식은 $0<r<R$에서 강한 충격파 조건과 함께 풀 수 있다. 이 조건은

$$\rho = \left(\frac{\gamma+1}{\gamma-1}\right)\rho_0 \tag{6-2-5}$$

$$u = \frac{2\dot{R}^2}{\gamma+1} \tag{6-2-6}$$

$$p = \frac{2\rho_0\dot{R}^2}{\gamma+1} \tag{6-2-7}$$

이다. 폭발의 총에너지는

$$E = \int_0^R \left(\frac{1}{2}\rho u^2+\frac{p}{\gamma-1}\right)4\pi r^2 dr \tag{6-2-8}$$

이 된다.

차원 분석(Dimensional analysis)

우리가 다루고 있는 문제의 해는 총에너지인 E와 주변의 밀도 ρ_o에 따라 달라진다. 이제 이 두 물리량의 차원을 따져보면

$$[E] = ML^2 T^{-2} \tag{6-2-9}$$

$$[\rho_0] = ML^{-3} \tag{6-2-10}$$

이다. 이 변수들은 어떤 특정한 길이 척도를 정의하지는 않는다. 그렇기에 이러한 폭발은 '자체 닮음(self-similar)'하다. 차원분석을 통해 보면 이 폭발은 시간을 포함하기 때문에 시간에 의존하는 특정한 길이 척도를 알려 준다. 따라서 이 폭발에 의한 충격파의 반지름은

$$R = \alpha \left(\frac{E t^2}{\rho_0} \right)^{1/5} \tag{6-2-11}$$

이다. 여기서 α는 무차원의 상수로 나중에 결정될 것이다.

닮음 해(Similarity solution)

이러한 폭발의 자체 닮음을 무차원 닮음 변수인 $\xi = \frac{r}{R(t)}$로 나타낼 수 있다. 이 해는 다음과 같은 형태를 갖는다. 즉

$$\rho = \rho_0 \tilde{\rho}(\xi) \tag{6-2-12}$$

$$u = \dot{R} \tilde{u}(\xi) \tag{6-2-13}$$

$$p = \rho_0 \dot{R}^2 \tilde{p}(\xi) \tag{6-2-14}$$

여기서 $\tilde{\rho}(\xi)$, $\tilde{u}(\xi)$, $\tilde{p}(\xi)$는 무차원 함수이다.

무차원 방정식(Dimensionless equations)

이제 식 (6-2-12), (6-2-13), (6-2-14)를 식 (6-2-1), (6-2-2), (6-2-3)에 넣어 정리하면,

$$(\tilde{u}-\xi)\,\tilde{\rho}' = -\frac{\tilde{\rho}}{\xi^2}(\xi^2\tilde{u}) \tag{6-2-15}$$

$$(\tilde{u}-\xi)\,\tilde{u}' - \frac{3}{2}\tilde{u} = -\frac{\tilde{p}'}{\tilde{\rho}} \tag{6-2-16}$$

$$(\tilde{u}-\xi)\left(\frac{\tilde{p}'}{\tilde{p}} - \frac{\gamma\tilde{\rho}'}{\tilde{\rho}}\right) - 3 = 0 \tag{6-2-17}$$

이 된다. 초기 조건으로 $\xi = 1$일 때,

$$\tilde{\rho} = \frac{\gamma+1}{\gamma-1} \tag{6-2-18}$$

$$\tilde{u} = \frac{2}{\gamma+1} \tag{6-2-19}$$

$$\tilde{p} = \frac{2}{\gamma+1} \tag{6-2-20}$$

이다. 또한 식 (6-2-8)에 대입하면

$$1 = \frac{16\pi}{25}\alpha^5 \int_0^1 \left(\frac{1}{2}\tilde{\rho}\widetilde{u^2} + \frac{\tilde{p}}{\gamma-1}\right)\xi^2\,d\xi \tag{6-2-21}$$

이 된다. 이를 이용하여 α의 값을 구한다.

적분(integral)

에너지 방정식인 식 (6-2-4)에 r^2을 하여 보면

$$\frac{\partial Q}{\partial t} + \frac{\partial F}{\partial r} = 0 \tag{6-2-22}$$

형태가 된다. 각 물리량의 차원을 살펴보면,

$$[Q] = \left[\frac{E}{r}\right] \tag{6-2-23}$$

$$[F] = \left[\frac{E}{t}\right] \tag{6-2-24}$$

이다. 따라서 무차원의 형태로 써 보면,

$$Q = \rho_0 R^2 \dot{R}^2 \widetilde{Q}(\xi) \tag{6-2-25}$$

$$F = \rho_0 R^2 \dot{R}^3 \widetilde{F}(\xi) \tag{6-2-26}$$

이 된다. 이를 식 (6-2-4)에 넣어 다시 쓰면

$$-\xi \widetilde{Q}' - \widetilde{Q} + \widetilde{F}' = 0 \tag{6-2-27}$$

이 되고 이는

$$\frac{d}{d\xi}(\widetilde{F} - \xi \widetilde{Q}) = 0 \tag{6-2-28}$$

이 된다. 이제

$$Q = r^2 \left(\frac{1}{2} \rho u^2 + \frac{p}{\gamma - 1} \right) \tag{6-2-29}$$

$$F = r^2 \left(\frac{1}{2} \rho u^2 + \frac{\gamma p}{\gamma - 1} \right) u \tag{6-2-30}$$

이기에

$$\widetilde{Q} = \xi^2 \left(\frac{1}{2} \tilde{p} \tilde{u}^2 + \frac{\tilde{p}}{\gamma - 1} \right) \tag{6-2-31}$$

$$\widetilde{F} = \xi^2 \left(\frac{1}{2} \tilde{p} \tilde{u}^2 + \frac{\gamma \tilde{p}}{\gamma - 1} \right) \tilde{u} \tag{6-2-32}$$

이다. 따라서 $\widetilde{F} - \xi \widetilde{Q} =$ 일정이다. 그런데 $\xi = 0$에서 이 값은 0이 된다. 따라서 $\widetilde{F} = \xi \widetilde{Q}$ 이 된다. 즉

$$\tilde{p} = \frac{(\gamma - 1) \tilde{\rho} \tilde{u}^2 (\xi - \tilde{u})}{2(\gamma \tilde{u} - \xi)} \tag{6-2-33}$$

이다. 이제 $\tilde{u} = v\xi$ 라 놓으면,

$$(v - 1) \frac{d \ln \tilde{\rho}}{d \ln \xi} = - \frac{dv}{d \ln \xi} - 3v \tag{6-2-34}$$

$$(v-1)\frac{dv}{d\ln\xi}+\frac{1}{\tilde{\rho}\xi^2}\frac{d}{d\ln\xi}\left[\frac{(\gamma-1)\tilde{\rho}\xi^2 v^2(1-v)}{2(\gamma v-1)}\right]=\frac{3}{2}v \tag{6-2-35}$$

이 된다. 이 두 식에서 $\tilde{\rho}$를 제거하면,

$$\frac{dv}{d\ln\xi}=\frac{v(\gamma v-1)[5-(3\gamma-1)v]}{\gamma(\gamma+1)v^2-2(\gamma+1)v+2} \tag{6-2-36}$$

이 되는데, 이를 뒤집으면,

$$\frac{d\ln\xi}{dv}=-\frac{2}{5v}+\frac{\gamma(\gamma-1)}{(2\gamma+1)(\gamma v-1)}+\frac{13\gamma^2-7\gamma+12}{5(2\gamma+1)[5-(3\gamma-1)v]} \tag{6-2-37}$$

이다. 이 해는

$$\xi\propto v^{-2/5}(\gamma v-1)^{(\gamma-1)/(2\gamma+1)}\times[5-(3\gamma-1)v]^{-(13\gamma^2-7\gamma+12)/5(2\gamma+1)(3\gamma-1)} \tag{6-2-38}$$

이다. 또한

$$\frac{d\ln\tilde{\rho}}{dv}=-\frac{1}{v-1}-\frac{3v}{v-1}\frac{d\ln\xi}{dv} \tag{6-2-39}$$

$$=\frac{2}{(2-\gamma)(1-v)}+\frac{3\gamma}{(2\gamma+1)(\gamma v-1)}-\frac{13\gamma^2-7\gamma+12}{(2-\gamma)(2\gamma+1)[5-(3\gamma-1)v]}$$

이기에

$$\tilde{\rho}\propto(1-v)^{-2/(2-\gamma)}(\gamma v-1)^{3/(2\gamma+1)}[5-(3\gamma-1)v]^{(13\gamma^2-7\gamma+12)/(2-\gamma)(2\gamma+1)(3\gamma-1)} \tag{6-2-40}$$

이다. 이제 $\gamma=5/3$인 경우,

$$\xi\propto v^{-2/5}\left(\frac{5v}{3}-1\right)^{2/13}(5-4v)^{-82/195} \tag{6-2-41}$$

$$\tilde{\rho}\propto(1-v)^{-6}\left(\frac{5v}{3}-1\right)^{9/13}(5-4v)^{82/13} \tag{6-2-42}$$

이다. $\xi=1$일 때에 $v=2/(\gamma+1)=3/4$, $\tilde{\rho}=(\gamma+1)/(\gamma-1)=4$이기에

$$\xi=\left(\frac{4v}{3}\right)^{-2/5}\left(\frac{20v}{3}-4\right)^{2/13}\left(\frac{5}{2}-2v\right)^{-82/195} \tag{6-2-43}$$

$$\tilde{\rho} = 4(4-4v)^{-6}\left(\frac{20v}{3}-4\right)^{9/13}\left(\frac{5}{2}-2v\right)^{82/13} \tag{6-2-44}$$

이 되고, 식 (6-2-33)에 의하여

$$\tilde{p} = \frac{3}{4}\left(\frac{4v}{3}\right)^{6/5}(4-4v)^{-5}\left(\frac{5}{2}-2v\right)^{82/15} \tag{6-2-45}$$

이 된다. 여기서 $0 \le \xi \le 1$, $\frac{3}{5} \le v \le \frac{3}{4}$이다. 식 (6-2-21)의 α의 값은 대략 1.152이다. 그림 6-2-1은 $\gamma = 5/3$인 경우의 $\tilde{\rho}(\xi)/\tilde{\rho}(1)$, $\tilde{u}(\xi)/\tilde{u}(1)$, $\tilde{p}(\xi)/\tilde{p}(1)$이다. $\xi = 1$이 충격파 지역이다.

응용

$E \sim 10^{51}$ erg의 초신성이 $\rho_o \sim 2\times10^{-24}\ \mathrm{g\,cm^{-3}}$의 성간 매질 안에 폭발하여 $t \sim 1{,}000$년이 되면, $R \simeq 5.1$ pc, $\dot{R} \simeq 2{,}000$ km/s가 된다. 그림 6-2-2는 1945년 뉴멕시코에서 핵실험한 폭발 모습으로 $E \sim 7.1\times10^{21}$ erg, $\rho_o \sim 1.2\times10^{-3}\ \mathrm{g\,cm^{-3}}$이다. 따라서 $t \simeq 0.01$ s에 $R \simeq 140$ m, $\dot{R} \simeq 5.7$ km/s이었다.

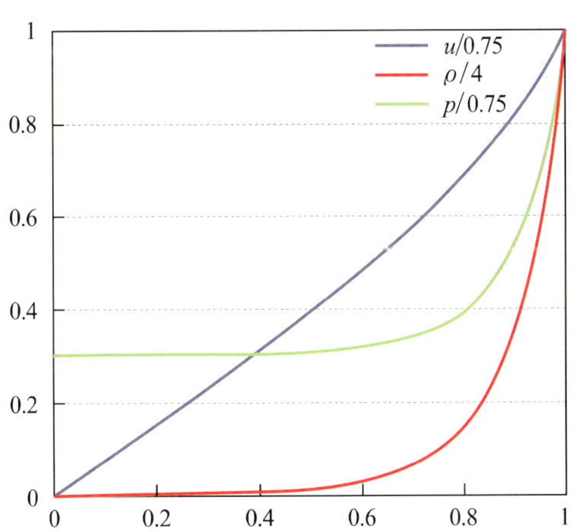

▶ 그림 6-2-1

▶ 그림 6-2-2

$$v_s^2 = \gamma K \rho^{\gamma-1} \tag{6-3-14}$$

인데, 여기서 ρ를 제거하면,

$$v_s^{\gamma+1} = \gamma K \left(\frac{|\dot{M}|}{4\pi r^2 M} \right)^{\gamma-1} \tag{6-3-15}$$

이다. 베르누이 방정식은

$$\frac{1}{2} v_s^2 M^2 + \frac{v_s^2}{\gamma-1} = B + \frac{GM_*}{r} \tag{6-3-16}$$

이기에 여기에 식 (6-3-15)를 대입하면

$$(\gamma K)^{\frac{2}{(\gamma+1)}} \left(\frac{|\dot{M}|}{4\pi} \right)^{2\frac{(\gamma-1)}{(\gamma+1)}} \left[\frac{M^{\frac{4}{(\gamma+1)}}}{2} + \frac{M^{-2\frac{(\gamma-1)}{(\gamma+1)}}}{\gamma-1} \right] = Br^{4\frac{(\gamma-1)}{(\gamma+1)}} + GM_* r^{-\frac{(5-3\gamma)}{(\gamma+1)}} \tag{6-3-17}$$

이 된다. 이 그래프는 $f(M) = g(r)$의 형태이다. $1 < \gamma < 5/3$이고 $B > 0$이라면, $f(M)$은 $M = 1$에서 최소이고, $g(r)$은 $r = \dfrac{(5-3\gamma)}{4(\gamma-1)} \dfrac{GM_*}{B}$에서 최솟값을 갖는다. 바로 이 위치가 음속점(sonic point)이다. 이 그래프는 $|\dot{M}|$의 값이 어떤 특별한 값을 가질 때에만 음속점을 지나는 부드러운 선을 그린다.

그림 6-3-1은 $\gamma = 4/3$인 경우, $0 < r/r_s < 2$, $0 < M < 2$의 그래프이다. 이 경우에 식

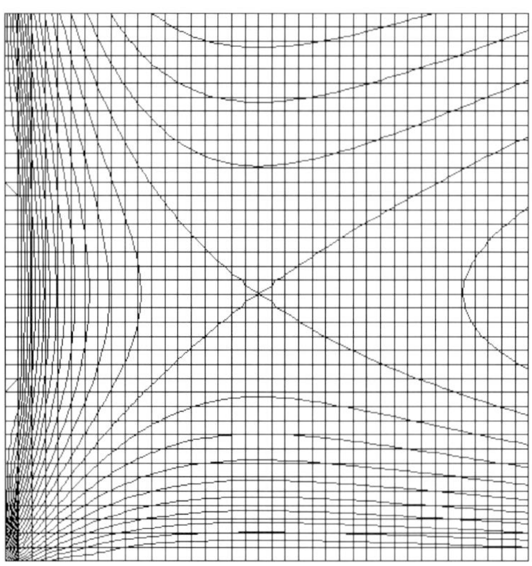

▶ **그림 6-3-1**

(6-3-17)은

$$\frac{\frac{3}{4}\left(\frac{r}{r_s}\right)^{4/7}+\left(\frac{r}{r_s}\right)^{-3/7}}{\frac{M^{12/7}}{2}+\frac{3}{M^{2/7}}}=C \tag{6-3-18}$$

이 된다. 여기서 $C=(\gamma K)^{6/7}\left(\frac{|\dot{M}|}{4\pi}\right)^{2/7}\frac{r_s^{3/7}}{GM_*}$이다. $C=0.5$일 때, 그래프는 $(r_s, 1)$에서 X 형태를 갖는다.

$r/r_s \ll 1$인 경우, 아음속의 해는 유체정역학적인 대기를 나타내고, 초음속의 해는 자유낙하의 해를 나타낸다. 그러나 $r/r_s \gg 1$인 경우에는 아음속의 해는 $p=$일정 해와 비슷하고, 초음속의 해는 $u=$일정, 즉 $\rho \propto r^{-2}$인 해와 비슷하다.

항성풍

항성풍에 해당하는 해는 그림 6-3-1에서 $r<r_s$에서는 아음속이고, $r>r_s$에서는 초음속으로 되는 해가 타당하다. 파커(Parker, 1958)가 처음으로 태양풍에 이 모델을 적용하였다.

부착 흐름

본디(Bondi, 1952)는 구형의 기체 흐름을 생각했는데, 무한대(p_o, ρ_o)에서는 흐름의 속도가 0이다. 따라서 $B=v_{so}^2/(\gamma-1)$이다. 이에 타당한 해는 그림 6-3-1에서, $r\to\infty$에서는 아음속에서 $r\to 0$으로 갈수록 초음속으로 변하는 해이다. 만약 중심의 천체가 별과 같이 단단한 표면을 가지고 있다면 부착 흐름은 표면 위로 충격파를 형성한다.

이러한 흐름에 타당한 해에 해당하는 부착률은

$$\dot{M}=4\pi r_s^2\rho_s v_{ss}=4\pi r_s^2\rho_o v_{so}\left(\frac{v_{ss}}{v_{so}}\right)^{(\gamma+1)/(\gamma-1)}=f(\gamma)\dot{M}_B \tag{6-3-19}$$

이다. 여기서

$$\dot{M}_B=\frac{\pi G^2M^2\rho_o}{v_{so}^3}=4\pi r_a^2\rho_o v_{so} \tag{6-3-20}$$

$$f(\gamma) = \left(\frac{2}{5-3\gamma}\right)^{(5-3\gamma)/2(\gamma-1)} \tag{6-3-21}$$

이며, $r_a = \dfrac{GM}{2v_{so}^2}$ 이다. 이 반지름을 부착 반지름이라 하며, 이 반지름 안에서 흐름이 초음속이 된다.

참고로 $\lim\limits_{\gamma\to1} f(\gamma) = e^{3/2}$, $\lim\limits_{\gamma\to5/3} f(\gamma) = 1$ 이다. $\gamma = 5/3$ 인 경우 음속점은 존재하지 않는다.

6-4 축대칭 회전 자기 흐름: 천체물리학적 제트에 응용

부착원반으로부터의 항성풍이나 제트는 회전과 자기장이 중요한 역할을 하는 바깥으로의 흐름이다. 이를 다루는 MHD 방정식에서 원통좌표(R, ϕ, z)를 이용하고, 시간에 대하여 변하지 않으며 $\left(\dfrac{\partial}{\partial\phi} = 0\right)$ 축대칭 $\left(\dfrac{\partial}{\partial\phi} = 0\right)$인 흐름을 생각할 것이다.

축대칭 자기장

축대칭 자기장을 고려하면 자기장은

$$\frac{1}{R}\frac{\partial}{\partial R}(RB_R) + \frac{\partial B_z}{\partial_z} = 0 \tag{6-4-1}$$

을 만족한다. 그런데

$$B_R = -\frac{1}{R}\frac{\partial\psi}{\partial z} \tag{6-4-2}$$

$$B_z = \frac{1}{R}\frac{\partial\psi}{\partial R} \tag{6-4-3}$$

이다. 여기서 $\psi(R, z)$는 자기 플럭스 함수이다. 이는 자기 벡터 퍼텐셜과 $\psi = RA_\phi$ 관계한다.

$R =$ 일정, $z =$ 일정인 원 안에 포함된 자기 플럭스는

$$\int_0^R B_z(R', z)\, 2\pi R'\, dR' = 2\pi\psi(R, z) \tag{6-4-4}$$

이다. 그런데 $\vec{B}\cdot\nabla\psi=0$이기에 ψ는 자기장 선(magnetic field line) 혹은 자기 표면(magnetic surface)이 된다. 이제 자기장을

$$\vec{B}=\nabla\psi\times\nabla\phi+B_\phi e_\phi=\left[-\frac{1}{R}e_\phi\times\nabla\psi\right]+\left[B_\phi e_\phi\right] \tag{6-4-5}$$

라 쓸 수 있는데, 첫 번째 항은 자기장의 극방향(poloidal) 항이고, 두 번째 항은 수평한 방향의 항이다. 즉

$$\vec{B}=\overrightarrow{B_P}+B_\phi e_\phi \tag{6-4-6}$$

이다. 그런데 $\nabla\cdot\vec{B}=\nabla\cdot\overrightarrow{B_P}=0$이다. 이와 유사하게 속도도

$$\vec{u}=\overrightarrow{u_P}+u_\phi e_\phi \tag{6-4-7}$$

로 표시할 수 있다.

질량 싣기와 각속도

이상적인 MHD 방정식에서 시간에 무관한 전기유도(steady induction) 방정식은

$$\nabla\times(\vec{u}\times\vec{B})=0 \tag{6-4-8}$$

이다. 이는

$$\vec{u}\times\vec{B}=-\vec{E}=\nabla\Phi_e \tag{6-4-9}$$

이다. 여기서 Φ_e는 정전기(electrostatic) 퍼텐셜이다. 이제 위 식은 식 (6-4-7)을 이용하여

$$\vec{u}\times\vec{B}=(\overrightarrow{u_p}+u_\phi e_\phi)\times(\overrightarrow{B_P}+B_\phi e_\phi)=\left[e_\phi\times(u_\phi B_p-B_\phi u_p)\right]+\left[\overrightarrow{u_p}\times\overrightarrow{B_p}\right] \tag{6-4-10}$$

이 된다. 그런데 축대칭이기에 $\dfrac{\partial\Phi_e}{\partial\phi}=0$이다. 따라서

$$\overrightarrow{u_p}\times\overrightarrow{B_p}=0 \tag{6-4-11}$$

이다. 즉 극방향 속도는 수평방향 자기장과 평행하다. 따라서

$$\rho\overrightarrow{u_p} = k\overrightarrow{B_p} \quad (6\text{-}4\text{-}12)$$

이다. 여기서 k는 질량 플럭스와 자기 플럭스의 비로 질량 싣기(mass loading)이다.

질량보존 정상(steady) 방정식은

$$0 = \nabla \cdot (\rho\vec{u}) = \nabla \cdot (\rho\overrightarrow{u_p}) = \nabla \cdot (k\overrightarrow{B_p}) = \overrightarrow{B_p} \cdot \nabla k \quad (6\text{-}4\text{-}13)$$

이다. 따라서

$$k = k(\psi) \quad (6\text{-}4\text{-}14)$$

가 된다. 즉 k는 자기 표면을 따라 일정한 값을 가진다.

이제

$$\vec{u}\times\vec{B} = e_\phi \times (u_\phi\overrightarrow{B_p} - B_\phi\overrightarrow{u_p}) = \left(\frac{u_\phi}{R} - \frac{kB_\phi}{R\rho}\right)\nabla\psi \quad (6\text{-}4\text{-}15)$$

이다. 여기에 외적(curl)을 취하면,

$$0 = \nabla\left(\frac{u_\phi}{R} - \frac{kB_\phi}{R\rho}\right)\times\nabla\psi \quad (6\text{-}4\text{-}16)$$

이 된다. 즉

$$\frac{u_\phi}{R} - \frac{kB_\phi}{R\rho} = \omega \quad (6\text{-}4\text{-}17)$$

로 이 값은 자기 표면을 따라 일정한 값을 갖는데, 각속도의 값을 갖는다. 따라서 속도는

$$\vec{u} = \frac{k\vec{B}}{\rho} + R\omega e_\phi \quad (6\text{-}4\text{-}18)$$

가 된다. 즉 흐름의 속도는 ω의 각속도로 회전하는 좌표계에서 자기장의 방향과 평행하다. 즉 흐름은 회전하는 줄에 구슬이 꿰어 있듯이 자기장을 따라 흐른다고 생각하면 쉽다.

엔트로피

정상상태의 열에너지 방정식은

$$\vec{u}\cdot\nabla s = 0 \quad (6\text{-}4\text{-}19)$$

이기에 $\overrightarrow{B_p}\cdot\nabla s=0$이다. 따라서 $s=s(\psi)$이다. 즉 자기 표면을 따라 일정한 값을 가진다.

각운동량

수평방향의 운동 방정식은

$$\rho\left(\overrightarrow{u_p}\cdot\nabla u_\phi+\frac{u_R u_\phi}{R}\right)=\frac{1}{\mu_o}\left(\overrightarrow{B_p}\cdot\nabla B_\phi+\frac{B_R B_\phi}{R}\right) \tag{6-4-20}$$

이다. 이는 $\frac{1}{R}\rho\overrightarrow{u_p}\cdot\nabla(Ru_\phi)-\frac{1}{\mu_o R}\overrightarrow{B_p}\cdot\nabla(RB_\phi)=0$이 되고 결국

$$\frac{1}{R}\overrightarrow{B_P}\cdot\nabla\left(kRu_\phi-\frac{RB_\phi}{\mu_0}\right)=0 \tag{6-4-21}$$

이 된다. 따라서

$$Ru_\phi=\frac{RB_\phi}{\mu_o k}+l \tag{6-4-22}$$

가 된다. 여기서 $l=l(\psi)$이며 각운동량으로 자기 표면을 따라 일정한 값을 갖는다. 바깥으로 흐르는 흐름에서 이 값은 단위질량당 각운동량이 제거되는 양이다. 그러나 토크의 일부는 자기장에 의하여 옮겨진다.

알프벤 표면

마하수와 비슷하게 극방향(poloidal) 알프벤수를

$$A=\frac{u_p}{v_{ap}} \tag{6-4-23}$$

으로 정의하면,

$$A^2=\frac{\mu_0\rho u_p^2}{B_p^2}=\frac{\mu_0 k^2}{\rho} \tag{6-4-24}$$

이 된다. 따라서 자기 표면을 따라 $A\propto\rho^{-1/2}$이다. 이제 식 (6-4-17)과 (6-4-22)를 고려해 보면,

$$\frac{u_\phi}{R} = \frac{kB_\phi}{R_\rho} + w \tag{6-4-25}$$

$$Ru_\phi = \frac{RB_\phi}{\mu_0 k} + l \tag{6-4-26}$$

식으로부터

$$u_\phi = \frac{R^2 w - A^2 l}{R(1-A^2)} = \left(\frac{1}{1-A^2}\right) Rw + \left(\frac{A^2}{A^2 - 1}\right)\frac{l}{R} \tag{6-4-27}$$

이 된다. $A \ll 1$인 경우 $u_\phi \approx Rw$이다. 즉 흐름은 자기 표면과 함께 일정한 속도로 회전한다. 그러나 $A \gg 1$인 경우, $u_\phi \approx \frac{l}{R}$이다. 즉 흐름은 각운동량이 보전된다. $A = 1$이 되는 $R = R_a(\psi)$를 알프벤 위치(Alfvén point)라고 한다. 서로 다른 자기 표면에 대한 알프벤 위치의 궤적(locus)을 알프벤 표면(Alfvén surface)이라 한다. 이 표면은 $l = R_a^2 w$이다. 일반적으로 바깥으로의 흐름은 밀도가 높은 상태에서 작은 속도로 출발한다. 여기서는 $A \ll 1$이다. 이제 자기장의 바닥이 $R = R_o$에 위치해 있을 때, 이 바닥이 회전하는 속도가 $u_\phi / R = \Omega_o$이라면 이 각속도가 ω와 비슷하다. 이제 바깥으로의 흐름은 자기장을 따라 가속되어 알프벤 표면을 지나 초 알프벤 흐름이 된다. 즉 $A > 1$가 된다. 만약 질량 손실이 $\dot{M}$이라면, 각운동량 손실은 $\dot{M}l = \dot{M}R_a^2 \Omega_o$이다. 그러나 유체동력학 흐름에서는 각운동량 보존에 의하여 각운동량 손실은 $\dot{M}R_o^2 \Omega_o$가 된다. 따라서 알프벤 표면의 거리가 자기장 바닥의 반지름 길이보다 크다면 아주 효과적으로 각운동량이 제거된다. 이러한 방식으로 항성풍에서 각운동량 손실이 일어나는 현상을 자기 감속(magnetic braking)이라 부른다.

베르누이 방정식

정상상태 흐름의 총에너지 방정식은

$$\nabla \cdot \left[\rho \vec{u}\left(\frac{1}{2}u^2 + \Phi + w\right) + \frac{\vec{E} \times \vec{B}}{\mu_0}\right] = 0 \tag{6-4-28}$$

이다. 이제

$$\vec{u} = \frac{k\vec{B}}{\rho} + R\omega e \tag{6-4-29}$$

$$\vec{E} = -\vec{u} \times \vec{B} = -R\omega e_{\phi} \times \vec{B} = -R\omega e_{\phi} \times \overrightarrow{B_P} \tag{6-4-30}$$

이다. 따라서 그런데 $(\vec{E} \times \vec{B})_P = \vec{E} \times (B_{\phi} e_{\phi}) = -R\omega B_{\phi} \overrightarrow{B_P}$이기에

$$\nabla \cdot \left[k\overrightarrow{B_P} \left(\frac{1}{2}u^2 + \Phi + w \right) - \frac{R\omega B_{\phi}}{\mu_o} \overrightarrow{B_P} \right] = 0 \tag{6-4-31}$$

$$\overrightarrow{B_P} \cdot \nabla \left[k \left(\frac{1}{2}u^2 + \Phi + w - \frac{RwB_{\phi}}{\mu_0 k} \right) \right] = 0 \tag{6-4-32}$$

$$\frac{1}{2}u^2 + \Phi + w - \frac{R\omega B_{\phi}}{\mu_0 k} = \epsilon \tag{6-4-33}$$

을 얻을 수 있다. 여기서 $\epsilon = \epsilon(\psi)$는 자기 표면을 따라 일정한 값이다. 다른 형태의 불변량을 정의해 보면

$$\begin{aligned} \epsilon' &= \epsilon - l\omega \\ &= \frac{1}{2}u^2 + \Phi + w - \frac{R\omega B_{\phi}}{\mu_0 k} - \left(u_{\phi} - \frac{RB_{\phi}}{\mu_0 k} \right)\omega \\ &= \frac{1}{2}u^2 + \Phi + w - Ru_{\phi}\omega \\ &= \frac{1}{2}u_p^2 + \frac{1}{2}(u_{\phi} - Rw)^2 + \Phi^{cg} + w \end{aligned} \tag{6-4-34}$$

가 되는데

$$\Phi^{cg} = \Phi - \frac{1}{2}w^2 R^2 \tag{6-4-35}$$

로 놓고, 이는 자기 표면과 연관된 원심력-중력 퍼텐셜이다. 이 퍼텐셜은 ω로 움직이는 좌표계에서 일정한 값을 가진다. 이러한 좌표계에서 흐름은 자기장과 평행하기에 자기장은 아무런 일을 하지 않는다. 즉 $\vec{J} \times \vec{B} \perp \vec{B}$ 이기에 $\vec{J} \times \vec{B} \perp (\vec{u} - R\omega e_{\phi})$이기 때문이다.

부착원반의 표면에서의 가속

얇은 부착원반으로부터의 흐름을 생각해 보자. 원반의 각운동 속도가 케플러 운동을 한다고 하면

$$\Omega = \left(\frac{GM}{R^3} \right)^{1/2} \tag{6-4-36}$$

가 된다. 만약 흐름이 매우 밀도가 높고 거의 정지 상태에서 출발한다면($A \ll 1$)

$$\omega \approx \Omega \tag{6-4-37}$$

이다. 즉 자기 표면의 각속도는 거의 자기장 바닥의 부착원반의 각속도와 비슷하다. 알프벤 지역에서는

$$\epsilon' \approx \frac{1}{2}u_p^2 + \Phi^{cg} + \omega \tag{6-4-38}$$

이다. 항성풍의 경우와 같이 만약 기체가 뜨겁다면(즉 거의 탈출속도에 해당하는 온도이면) 바깥 흐름은 열 압력에 의하여 흐르게 된다. 여기서의 관심은 동력학적인 흐름이 가능하냐는 것이다. 온도가 낮은 흐름의 경우에는 엔탈피가 거의 흐름에 기여를 하지 못한다. 따라서 흐름이 원반 위로 가속되는지의 여부는 자기장을 따라 원심력-중력 퍼텐셜의 변화에 따라 달라진다.

질점의 운동을 생각해 보자. 그리고 자기장의 바닥 위치가 $R = R_o$에 있다 하자. 그러면 자기장의 각속도는 식 (6-4-36)에서

$$\omega = \Omega_o = \left(\frac{GM}{R_o^3}\right)^{1/2} \tag{6-4-39}$$

가 된다. 이제

$$\Phi^{cg} = -GM(R^2 + z^2)^{-1/2} - \frac{1}{2}\frac{GM}{R_0^3}R^2 \tag{6-4-40}$$

이다. 이제 $C = -\dfrac{\Phi^{cg}}{(GM/R_o)}$, $R_o = 1$이라 하면,

$$(R^2 + z^2)^{-1/2} + \frac{R^2}{2} = C \tag{6-4-41}$$

가 된다. 그런데 $R = 1$일 때 $z = 0$이기에, $C = 3/2$이다. 따라서

$$(R^2 + z^2)^{-1/2} + \frac{R^2}{2} = \frac{3}{2} \tag{6-4-42}$$

이다. 이를 정리하면

$$z^2 = \frac{(2-R)(R-1)^2(R+1)^2(R+2)}{(3-R^2)^2} \tag{6-4-43}$$

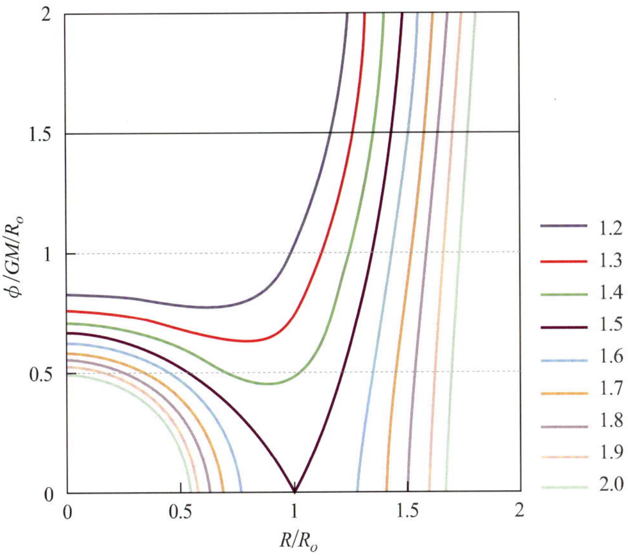

▶ **그림 6-4-1**

이다. 그림 6-4-1은 $C=1.2\sim2.0$에 따른 그래프이다. 식 (6-4-42)는 $C=3/2$에 해당한다. 자기장의 바닥 근처(1, 0)에서는 $z^2\approx3(R-1)^2$이기에 $z\approx\pm\sqrt{3}(R-1)$이다. 만약 자기장의 방향이 원반의 수직과 30° 이상이 되면 퍼텐셜이 밖으로 갈수록 더 낮아지기 때문에 열 압력의 도움 없이도 흐름은 가속된다. 이를 자기원심력 가속이라 한다. 이러한 가속이 진행되려면 자기장은 반경 반향(r 방향)으로 충분히 뻗어야 한다.

자기장에 의한 각운동량 제거

반지름 R_o에 질량 부착률이 $\Delta\dot{M}_{acc}$일 때, 각운동량은 $R_o^2\,\Omega_o\,\Delta\dot{M}_{acc}$이다. 만약 자기 제트로 나가는 질량 방출을 $\Delta\dot{M}_{jet}$이라 하면, 제트로 인해 제거되는 각운동량은 $l\Delta\dot{M}_{jet}=R_a^2\,\Omega_o\,\Delta\dot{M}_{jet}$가 된다. 원반으로의 부착은 바깥으로 흐르게 하기에

$$\frac{\dot{M}_{acc}}{\dot{M}_{jet}}\sim\frac{R_a^2}{R_0^2} \tag{6-4-44}$$

관계를 얻게 된다. 만약 알프벤 반지름이 자기장 바닥의 반지름보다 크면, 자기 지레 팔 (magnetic lever arm) 때문에 자기 제트에 의하여 각운동량이 효율적으로 제거된다.

6-5 자기장이 있는 경우의 충격파 조건

자기장이 유체의 흐름과 수직인 경우

이 경우의 도약 조건은

$$\rho_2 v_2 = \rho_1 v_1 \tag{6-5-1}$$

$$p_2 + \frac{B_2^2}{2\mu} + \rho_2 v_2^2 = p_1 + \frac{B_1^2}{2\mu} + \rho_1 v_1^2 \tag{6-5-2}$$

$$\left(p_2 + \frac{B_2^2}{2\mu}\right) v_2 + \left(\rho_2 e_2 + \frac{1}{2}\rho_2 v_2^2 + \frac{B_2^2}{2\mu}\right) v_2 \tag{6-5-3}$$

$$= \left(p_1 + \frac{B_1^2}{2\mu}\right) v_1 + \left(\rho_1 e_1 + \frac{1}{2}\rho_1 v_1^2 + \frac{B_1^2}{2\mu}\right) v_1$$

$$B_2 v_2 = B_1 v_1 \tag{6-5-4}$$

이다. 여기서 $e = \dfrac{p}{\rho(\gamma - 1)}$이다. 정상상태한 흐름에서는 $\nabla \times \vec{E} = 0$으로부터 $E_2 = E_1$이 된다. 그러나 자기장이 유체의 흐름에 붙어있게 되어 있다면 $\vec{E} + \vec{v} \times \vec{B} = 0$이기에 $E_2 = -B_2 v_2$, $E_1 = -B_1 v_1$이 되어 식 (6-5-4)가 얻어진다.

이제 $x = \dfrac{\rho_2}{\rho_1}$, 충격파의 마하수를 $M_1 = \dfrac{v_1}{c_{s1}}$, 플라스마 베타를 $\beta_1 = \dfrac{p_1}{\left(\dfrac{B_1^2}{2\mu}\right)} = \dfrac{2c_{s1}^2}{\gamma v_A^2}$, $v_A = \dfrac{B_1}{\sqrt{\mu \rho_1}}$라고 정의하면

$$\frac{v_2}{v_1} = \frac{1}{x} \tag{6-5-5}$$

$$\frac{B_2}{B_1} = x \tag{6-5-6}$$

$$\frac{p_2}{p_1} = \gamma M_1^2 \left(1 - \frac{1}{x}\right) + \frac{1}{\beta_1}(1 - x^2) \tag{6-5-7}$$

이 된다. 여기서 x는

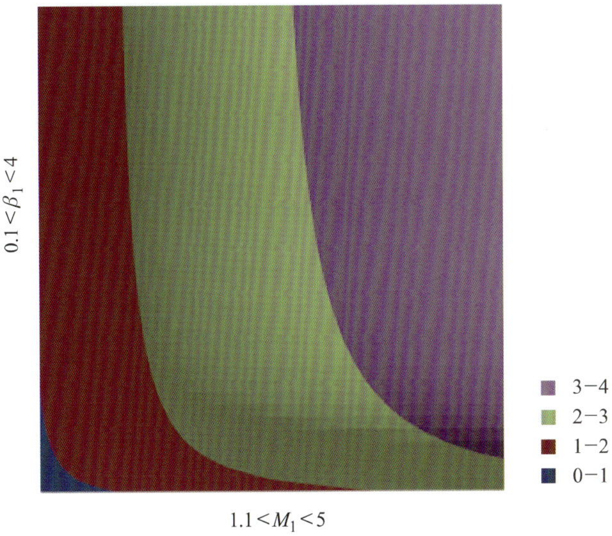

▶ **그림 6-5-1**

$$f(x) = 2(2-\gamma)x^2 + (2\beta_1 + (\gamma-1)\beta_1 M_1^2 + 2)\gamma x - \gamma(\gamma+1)\beta_1 M_1^2 = 0 \qquad (6\text{-}5\text{-}8)$$

의 양의 근, 즉

$$x = \frac{-(2\beta_1 + (\gamma-1)\beta_1 M_1^2 + 2)\gamma + \sqrt{(2\beta_1 + (\gamma-1)\beta_1 M_1^2 + 2)^2\gamma^2 + 8\gamma(2-\gamma)(\gamma+1)\beta_1 M_1^2}}{4(2-\gamma)} \qquad (6\text{-}5\text{-}9)$$

이다. 그림 6-5-1은 $\gamma = 5/3$인 경우, $0.1 \le \beta_1 \le 4$, $1.1 \le M_1 \le 5$의 x값에 대한 등고선(contour)이다. 초음속이고 β_1의 값이 클수록 $x \to 4$로 접근한다. 즉 $1 < x < \dfrac{\gamma+1}{\gamma-1}$ 사이의 값을 갖는다. 또한 자기장은 충격파의 압축을 방해한다.

이 파가 충격파이기에 압축적이어야 하고, $x \ge 1$이다. 따라서 $f(1) \le 1$이어야 한다. 이는 $M_1^2 \ge 1 + \dfrac{2}{\gamma\beta_1}$이 되어야 함을 의미한다. 이는 유체의 흐름 속도가 $v_1^2 \ge c_{s1}^2 + v_{A1}^2$, 즉 빠른 자기음향 속도(fast magnetoacoustic speed)인 $\sqrt{c_{s1}^2 + v_{A1}^2}$ 보다 빨라야 한다.

비스듬한 충격파

이 충격파는 자기장의 수직과 θ의 각을 이루는 유체의 흐름을 고려한다. 이때의 도약 조건은

$$\rho_2 v_{2x} = \rho_1 v_{1x} \tag{6-5-10}$$

$$p_2 + \frac{B_2^2}{2\mu} - \frac{B_{2x}^2}{\mu} + \rho_2 v_{2x}^2 = p_1 + \frac{B_1^2}{2\mu} - \frac{B_{1x}^2}{\mu} + \rho_1 v_{1x}^2 \tag{6-5-11}$$

$$\rho_2 v_{2x} v_{2y} - \frac{B_{2x} B_{2y}}{\mu} = \rho_1 v_{1x} v_{1y} - \frac{B_{1x} B_{1y}}{\mu} \tag{6-5-12}$$

$$\left(p_2 + \frac{B_2^2}{2\mu}\right) v_{2x} - \frac{B_{2x}\left(\overrightarrow{B_2} \cdot \overrightarrow{v_2}\right)}{\mu} + \left(\rho_2 e_2 + \frac{1}{2}\rho_2 v_2^2 + \frac{B_2^2}{2\mu}\right) v_{2x} \tag{6-5-13}$$

$$= \left(p_1 + \frac{B_1^2}{2\mu}\right) v_{1x} - \frac{B_{1x}\left(\overrightarrow{B_1} \cdot \overrightarrow{v_1}\right)}{\mu} + \left(\rho_1 e_1 + \frac{1}{2}\rho_1 v_1^2 + \frac{B_1^2}{2\mu}\right) v_{1x}$$

$$B_{2x} = B_{1x} \tag{6-5-14}$$

$$v_{2x} B_{2y} - v_{2y} B_{2x} = v_{1x} B_{1y} - v_{1y} B_{1x} \tag{6-5-15}$$

가 된다. $\frac{B_x^2}{\mu}$ 와 $\frac{B_x B_y}{\mu}$ 는 $x=$일정 평면과 $y=$일정 평면에 작용하는 장력(tension)이다. $\rho v_x v_y$는 충격파 표면을 가로지르는 ρv_y의 전달률(transport rate)이다. $\frac{B_x\left(\vec{B} \cdot \vec{v}\right)}{\mu}$는 자기장력(magnetic tension)에 의한 일률이고, $\left(p + \frac{B^2}{2\mu}\right) v_x$는 자기압의 일률이며, $\left(\rho e + \frac{1}{2}\rho v^2 + \frac{B^2}{2\mu}\right) v_x$는 에너지(내부에너지, 운동에너지, 자기에너지) 전달률이다.

이제 $x = \frac{\rho_2}{\rho_1}$이라 하면,

$$\frac{v_{2x}}{v_{1x}} = \frac{1}{x} \tag{6-5-16}$$

$$\frac{v_{2y}}{v_{1y}} = \frac{v_1^2 - v_{A1}^2}{v_1^2 - x v_{A1}^2} \tag{6-5-17}$$

$$\frac{B_{2x}}{B_{1x}} = 1 \tag{6-5-18}$$

$$\frac{B_{2y}}{B_{1y}} = \frac{(v_1^2 - v_{A1}^2)x}{v_1^2 - x v_{A1}^2} \tag{6-5-19}$$

$$\frac{p_2}{p_1} = x + \frac{(\gamma - 1) x v_1^2}{2 c_{s1}^2}\left(1 - \frac{v_2^2}{v_1^2}\right) \tag{6-5-20}$$

이 되고, x는

$$(v_1^2 - xv_{A1}^2)\left\{xc_{s1}^2 + \frac{1}{2}v_1^2\cos^2\theta\left[x(\gamma-1)-(\gamma+1)\right]\right\} \qquad (6\text{-}5\text{-}21)$$
$$+\frac{1}{2}v_{A1}^2 v_1^2 \sin^2\theta\, x\left\{[\gamma + x(2-\gamma)]v_1^2 - xv_{A1}^2[(\gamma+1)-x(\gamma-1)]\right\} = 0$$

인 관계를 갖는다. 여기서 $v_{1x} = v_1\cos\theta$이다. 이 방정식은 세 근을 갖는다. 즉 느린 충격파(slow shock), 중간파(혹은 알프벤파), 빠른 충격파(fast shock)이다. 만약 $x \to 1$이면, 세 가지 파로 변하는데, $v_1^2 = v_{A1}^2$인 알프벤파, $v_{1x}^4 - (c_{s1}^2 + v_{A1}^2)v_{1x}^2 + c_{s1}^2 v_{A1}^2\cos^2\theta = 0$인 빠른 자기음향파와 느린 음향파가 된다.

이제 $x > 1$이 되면, $\dfrac{p_2}{p_1} > 1$이 되며, $\dfrac{B_{2y}}{B_{1y}} > 0$이다. 그런데 식 (6-5-19)에서 분모가 양수(음수)이면, 분자도 양수(음수)가 되어야 한다. 즉 분모가 양수이면, $v_1 > v_A$이고, 따라서 분자도 양수이기에 $v_1 > \sqrt{x}\,v_A$가 된다. 따라서 $B_{2y} > B_{1y}$가 되어 충격파를 지나면서 충격파의 수직에서 θ가 증가하는 방향으로 자기장이 굴절된다. 이를 빠른 충격파라 한다. 이 충격파가 형성되려면 파의 속도가 $v_1^2 > c_{s1}^2 + v_{A1}^2$, 즉 빠른 자기음향 속도보다 커야 발생한다. 이제 분모가 음수이면 분자도 음수가 되고, 따라서 $v_1 < v_A$이 된다. 이때에는 $B_{2y} < B_{1y}$이기에 충격파를 지나면서 θ가 감소하는 방향으로 굴절한다. 이 충격파가 형성되려면 파의 속도가 $v_1 < v_A$이어야 하는데, 그렇지만 느린 자기음향 속도보다는 커야 발생한다. 또한 충격파를 지나면서 $v_{2x} < v_{1x}$가 되기에 속도는 감소한다. 그런데 느린 충격파의 경우는 $v_{2y} < v_{1y}$로 y 방향의 속도로 느려진다. 반면에 빠른 충격파의 경우는 $v_{2y} > v_{1y}$로 속도가 빨라진다.

$B_x \to 0$으로 되면, 자기장은 거의 수직이 되어 빠른 충격파는 위의 수직 충격파와 같다. 이에 반하여 느린 충격파의 경우에는 $v_{2x} = v_{1x} = B_{2x} = B_{1x} = 0$이 되는, 접하는 불연속으로 된다. 따라서 여기서의 도약 조건은 v_y와 B_y 어떤 값을 가져도 되지만 반드시 총압력은 같아야 한다. 즉

$$p_2 + \frac{B_2^2}{2\mu} = p_1 + \frac{B_1^2}{2\mu} \qquad (6\text{-}5\text{-}22)$$

이다. 마지막으로 $B_{2x} = B_{1x} \neq 0$이고 $v_{2x} = v_{1x} = 0$인 경우, 즉 자기장은 경계를 지나지만, 흐름은 없는 경우이다. 이때에는 속도, 자기장, 압력은 연속이지만, 밀도와 온도는

$p_2 = p_1$을 지키면서 불연속이다. 이러한 경계를 접촉 불연속면이라 한다.

아주 흥미로운 특별한 경우가 있는데, $x \neq 0$면서 $v_1 = v_{A1}$이면, 식 (6-5-19)에서 $B_{2y} = 0$이 된다. 그런데 $B_{1y} \neq 0$이다. 이러한 충격파를 꺼지는(switch-off) 충격파라 한다. $\overrightarrow{v_1}$과 $\overrightarrow{B_1}$이 서로 평행하기에, $v_{1x} = \dfrac{B_{1x}}{\sqrt{\mu\rho_1}}$이 된다. 따라서 식 (6-5-21)은

$$\left(\frac{2c_{s1}^2}{v_{A1}^2} + \gamma - 1\right)x^2 - \left(\frac{2c_{s1}^2}{v_{A1}^2} + \gamma(1+\cos^2\theta)\right)x + (\gamma+1)\cos^2\theta = 0 \tag{6-5-23}$$

이 된다. 이 방정식의 한 근은 1보다 크다. 만약 $\dfrac{c_{s1}^2}{v_{A1}^2} > \dfrac{1}{2}$이면, x는 θ가 0에서 $\dfrac{\pi}{2}$로 증가함에 따라 1에서 $1 + \left(\dfrac{2c_{s1}^2}{v_{A1}^2} + \gamma - 1\right)^{-1}$로 증가한다. 반면에 $\dfrac{c_{s1}^2}{v_{A1}^2} < \dfrac{1}{2}$인 경우에는 θ가 0에서 $\dfrac{\pi}{2}$로 증가함에 따라 $(\gamma+1)\left(\dfrac{2c_{s1}^2}{v_{A1}^2} + \gamma - 1\right)^{-1}$에서 $1 + \left(\dfrac{2c_{s1}^2}{v_{A1}^2} + \gamma - 1\right)^{-1}$로 증가한다.

자기장을 따라서 생성된 충격파의 경우에는 $\theta = 0$, $B_{1y} = 0$

$$(v_1^2 - x v_{A1}^2)^2 \left\{ x c_{s1}^2 + \frac{1}{2} v_1^2 [x(\gamma-1) - (\gamma+1)] \right\} = 0 \tag{6-5-24}$$

가 된다. 여기서 $\left\{ x c_{s1}^2 + \dfrac{1}{2} v_1^2 [x(\gamma-1) - (\gamma+1)] \right\} = 0$은 느린 충격파의 경우이다. 빠른 충격파의 경우는

$$x = \frac{v_1^2}{v_{A1}^2} \tag{6-5-25}$$

가 된다. 이를 켜지는(switch-on) 충격파라 한다. $x > 1$이기에 충격파의 속도가 알프벤 속도보다 클 때 발생한다. $B_{2x} = B_1$이고, 식 (6-5-11), (6-5-13)에서 p_2를 제거하면

$$\frac{B_{2y}^2}{B_{2x}^2} = (x-1)\left\{(\gamma+1) - (\gamma-1)x - \frac{\gamma p_1}{\left(\dfrac{B_1^2}{2\mu}\right)}\right\} \tag{6-5-26}$$

이 된다. 이 값이 항상 음이기에

$$1 < x \leq \frac{\gamma + 1 - 2c_{s1}^2/v_{A1}^2}{\gamma - 1} \tag{6-5-27}$$

이다. 만약 $v_{A1} \gg c_{s1}$이면 $x \rightarrow \dfrac{\gamma+1}{\gamma-1}$로 수렴한다. 이제 $v_{A1} > c_{s1}$인 경우, x가 1로부터 증가함에 따라 자기장의 꺾임(deflection)도 0에서 $x = \dfrac{\gamma - c_{s1}^2/v_{A1}^2}{\gamma-1}$에서 $\dfrac{4(1-c_{s1}^2/v_{A1}^2)^2}{(\gamma-1)^2}$인 최대치로 증가한 다음 $x = \dfrac{\gamma+1-2c_{s1}^2/v_{A1}^2}{\gamma-1}$에서 0으로 감소한다.

마지막으로 $v_1 = v_{A1}$인 경우 식 (6-5-21)에서 $x=1$이 되는 경우가 있다. 위 식들에서 $\dfrac{v_{2x}}{v_{1x}} = \dfrac{B_{2x}}{B_{1x}}$, $p_2 = p_1$, $B_{2y}^2 = B_{1y}^2$을 얻는다. $\overrightarrow{B_2} = \overrightarrow{B_1}$ 으로부터

$$B_{2y} = -B_{1y},\ B_{2x} = B_{1x} \tag{6-5-28}$$

$$v_{2y} = -v_{1y},\ v_{2x} = v_{1x} \tag{6-5-29}$$

즉 중간파(intermediate wave)를 얻는다. 접선 방향의 자기장이 180°로 바뀌기에 회전 불연속이라고도 부른다. 밀도와 압력이 변하지 않기에 충격파는 아니다. 충격파와는 달리 이 부분은 저항손실(ohmic dissipation)에 의하여 시간에 따라 넓어진다.

6-6 자기장이 있는 경우의 레일리-테일러 불안정

이상적인 자기 유체 방정식

자기 확산(magnetic diffusivity)과 점성(viscosity)이 0일 때

$$\frac{\partial \vec{B}}{\partial t} = \nabla \times (\vec{v} \times \vec{B}) \tag{6-6-1}$$

$$\rho \frac{d\vec{v}}{dt} = -\nabla p + \vec{j} \times \vec{B} + \rho \vec{g} \tag{6-6-2}$$

$$\frac{\partial \rho}{\partial t} + \nabla \cdot (\rho \vec{v}) = 0 \tag{6-6-3}$$

$$\vec{j} = \nabla \times \vec{B}/\mu \tag{6-6-4}$$

$$\nabla \cdot \vec{B} = 0 \tag{6-6-5}$$

$$\frac{d}{dt}\left(\frac{p}{\rho^{\gamma}}\right)=0 \tag{6-6-6}$$

이 된다. 만약 평형이 시간에 대하여 일정하다면,

$$0=-\nabla p_o+\overrightarrow{j_o}\times\overrightarrow{B_o}+\rho_o\vec{g} \tag{6-6-7}$$

$$\overrightarrow{j_o}=\nabla\times\overrightarrow{B_o}/\mu \tag{6-6-8}$$

$$\nabla\cdot\overrightarrow{B_o}=0 \tag{6-6-9}$$

가 된다. 이제 평형이 불안정하면,

$$\rho=\rho_o+\rho_1,\ \vec{v}=\overrightarrow{v_1},\ p=p_o+p_1,\ \vec{B}=\overrightarrow{B_o}+\overrightarrow{B_1},\ \vec{j}=\overrightarrow{j_o}+\overrightarrow{j_1} \tag{6-6-10}$$

이고,

$$\frac{\partial\overrightarrow{B_1}}{\partial t}=\nabla\times(\overrightarrow{v_1}\times\overrightarrow{B_o}) \tag{6-6-11}$$

$$\rho_o\frac{\partial\overrightarrow{v_1}}{\partial t}=-\nabla p_1+\overrightarrow{j_1}\times\overrightarrow{B_o}+\overrightarrow{j_o}\times\overrightarrow{B_1}+\rho_1\vec{g} \tag{6-6-12}$$

$$\frac{\partial\rho_1}{\partial t}+\nabla\cdot(\rho_o\overrightarrow{v_1})=0 \tag{6-6-13}$$

$$\overrightarrow{j_1}=\nabla\times\overrightarrow{B_1}/\mu \tag{6-6-14}$$

$$\nabla\cdot\overrightarrow{B_1}=0 \tag{6-6-15}$$

$$\frac{\partial p_1}{\partial t}=\frac{\gamma p_o}{\rho_o}\frac{\partial\rho_1}{\partial t}-p_o(\overrightarrow{v_1}\cdot\nabla)\ln\left(\frac{p}{\rho^{\gamma}}\right)=0 \tag{6-6-16}$$

을 만족한다. 평형상태에서의 변이를 $\vec{\xi}=\vec{r}-\overrightarrow{r_o}$이라 하면

$$\overrightarrow{v_1}=\frac{\partial\vec{\xi}}{\partial t} \tag{6-6-17}$$

$$\overrightarrow{B_1}=\nabla_o\times(\vec{\xi}\times\overrightarrow{B_o}) \tag{6-6-18}$$

$$\rho_1=-\nabla\cdot(\rho_o\vec{\xi}) \tag{6-6-19}$$

이다. 식 (6-6-14), (6-6-15), (6-6-18), (6-6-19)를 식 (6-6-12)에 대입하면

$$\rho_o \frac{\partial^2 \vec{\xi}}{\partial t^2} = F(\vec{\xi}(\overrightarrow{r_o}, t)) \tag{6-6-20}$$

이 된다. 여기서

$$\begin{aligned} F(\vec{\xi}) &= -\nabla p_1 + \rho_1 \vec{g} + \overrightarrow{j_1} \times \overrightarrow{B_o} + \overrightarrow{j_o} \times \overrightarrow{B_1} \\ &= -\nabla p_1 + \nabla \cdot (\rho_o \vec{\xi})\vec{g} + \left[\nabla \times \left\{\nabla \times \left(\vec{\xi} \times \overrightarrow{B_o}\right)\right\}\right] \times \overrightarrow{B_o}/\mu \\ &\quad + \left(\nabla \times \overrightarrow{B_o}\right) \times \left\{\nabla \times \left(\vec{\xi} \times \overrightarrow{B_o}\right)\right\}/\mu \end{aligned} \tag{6-6-21}$$

이 된다. 이제 $\vec{\xi}(\overrightarrow{r_o}, t) = \vec{\xi}(\overrightarrow{r_o})e^{i\omega t}$이라면

$$-\omega^2 \rho_o \vec{\xi}(\overrightarrow{r_o}) = F(\vec{\xi}(\overrightarrow{r_o}, t)) \tag{6-6-22}$$

이다. 일반적으로 식 (6-6-16)은

$$p_1 = \frac{\gamma p_o}{\rho_o}\rho_1 - p_o(\vec{\xi} \cdot \nabla)\ln\left(\frac{p}{\rho^\gamma}\right) = 0 \tag{6-6-23}$$

이 되는데 ρ_o, p_o, B_o가 모두 일정한 균일한 평형상태라면 식 (6-6-21)은

$$F(\vec{\xi}) = \rho_o c_s^2 \nabla(\nabla \cdot \vec{\xi}) - \nabla \cdot (\rho_o \vec{\xi})\vec{g} + \rho_o v_A^2 \left[\nabla \times \left\{\nabla \times \left(\vec{\xi} \times \widehat{B_o}\right)\right\}\right] \times \widehat{B_o} \tag{6-6-24}$$

가 된다. 여기서 $c_s = \left(\frac{\gamma p_o}{\rho_o}\right)^{1/2}$, $v_A = B_o/(\mu\rho_o)^{1/2}$이다.

레일리-테일러 불안정

$z = 0$ 면에 대하여 $p_o^{(+)} = B_o^{(-)^2}/2\mu$로 압력 평형일 때에 만약 y 방향으로 요동(oscillation)이 발생한다면

$$\overrightarrow{v_1} = e^{i\omega t} v_1(z) e^{iky} \tag{6-6-25}$$

가 된다. z 방향으로의 변환이 x, y 방향으로의 변환보다 급하므로 식 (6-6-12)를 시간에

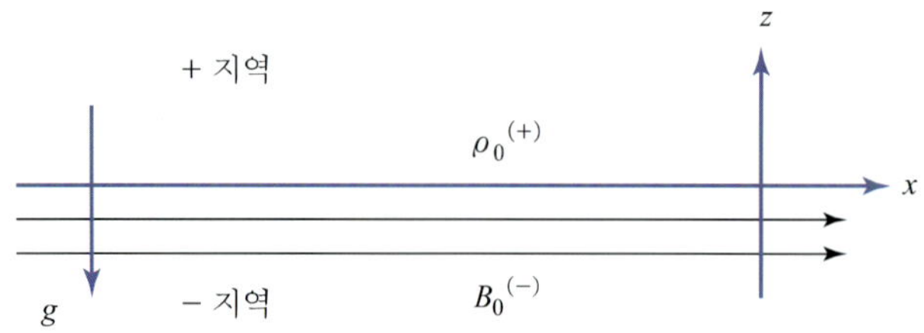

▶ **그림 6-6-1**

대하여 미분하면

$$\rho_o \frac{\partial^2 v_{1z}}{\partial t^2} = -\frac{\partial}{\partial t}\left(\frac{\partial p_1}{\partial z}\right) - \frac{\partial j_{1y}}{\partial z} B_{ox} - j_{ox}\frac{\partial B_{1y}}{\partial z} - \frac{\partial \rho_1}{\partial z} \mathrm{g} \tag{6-6-26}$$

이 된다. 식 (6-6-11), (6-6-13), (6-6-14), (6-6-15)로부터

$$\frac{\partial \rho_1}{\partial t} = -\frac{d}{dz}(\rho_o v_{1z}) \tag{6-6-27}$$

$$j_{1y} = \frac{1}{\mu}\frac{\partial B_{1x}}{\partial z} \tag{6-6-28}$$

$$\frac{\partial B_{1x}}{\partial t} = 0 \tag{6-6-29}$$

이 된다. 이제 식 (6-6-26)은 위 식들의 도움을 받아

$$-\rho_o \omega^2 v_{1z} = -i\omega \frac{dp_1}{dz} + g\frac{d}{dz}(\rho_o v_{1z}) \tag{6-6-30}$$

이 된다. 그런데 $z=0$ 근처에서 적분하면

$$0 = -i\omega[p_1] + g[\rho_o v_{1z}] \tag{6-6-31}$$

가 된다. 여기서 $[p_1] = p_1^{(+)} - p_1^{(-)}$을 의미한다. 이제 $\nabla \cdot \overrightarrow{v_1} = 0$이 성립하므로 식 (6-6-25)를 이용하면,

$$\frac{dv_{1z}}{dz} + ikv_{1y} = 0 \tag{6-6-32}$$

이 되고, y 방향의 식 (6-6-12)에 식 (6-6-25)를 대입하면,

$$i\omega\rho_o v_{1y} = -ikp_1 \quad (6\text{-}6\text{-}33)$$

을 얻는다. 따라서

$$p_1 = -\frac{i\omega\rho_o}{k^2}\frac{dv_{1z}}{dz} \quad (6\text{-}6\text{-}34)$$

가 된다. 식 (6-6-34)를 식 (6-6-31)에 대입하면

$$0 = -\frac{\omega^2}{k^2}\left[\rho_o\frac{dv_{1z}}{dz}\right] + g\left[\rho_o v_{1z}\right] \quad (6\text{-}6\text{-}35)$$

가 된다. 이제 $\rho_o^{(-)} = 0$이기에

$$0 = -\frac{\omega^2}{k^2}\rho_o^{(+)}\left(\frac{dv_{1z}}{dz}\right)^{(+)} + g\rho_o^{(+)}v_{1z}^{(+)} \quad (6\text{-}6\text{-}36)$$

이 된다.

이제 초기 평형(B_o, ρ_o, p_o)이 균일하고, $\nabla\cdot\overrightarrow{v_1} = 0$가 유지된다고 가정하면, $\frac{\partial B_1}{\partial t} = 0$, $\frac{\partial\rho_1}{\partial t} = 0$이 되기에 $v_1 = B_1 = \rho_1 = 0$이 된다. 따라서 식 (6-6-12)는

$$\rho_o\frac{\partial\overrightarrow{v_1}}{\partial t} = -\nabla p_1 \quad (6\text{-}6\text{-}37)$$

이 된다. 이제 이 식에 외적을 취하면 식 (6-6-37)은 $\nabla\times\overrightarrow{v_1} = 0$이 된다. 따라서 $\nabla\times\left(\nabla\times\overrightarrow{v_1}\right) = \nabla\left(\nabla\cdot\overrightarrow{v_1}\right) - \nabla^2\overrightarrow{v_1} = 0$이기에 $\nabla^2\overrightarrow{v_1} = 0$이 된다. 따라서

$$\frac{d^2 v_{1z}}{dz^2} - k^2 v_{1z} = 0 \quad (6\text{-}6\text{-}38)$$

이 된다. 따라서 식 (6-6-38)의 해는

$$v_{1z} = \begin{cases} e^{-kz}, & z > 0 \\ e^{kz}, & z < 0 \end{cases} \quad (6\text{-}6\text{-}39)$$

이다. 즉 $z\to\pm\infty$로 감에 따라 $v_{1z} = 0$이 된다. 따라서 $z = 0$ 계면(interface)에서 $v_{1z}^{(\pm)} = 1$이 되고, $\frac{dv_{1z}^{(\pm)}}{dz} = \mp k$가 된다. 이제 식 (6-6-36)은

$$\omega^2 = -gk \tag{6-6-40}$$

가 된다. 즉 y 방향으로 $e^{\sqrt{gk}t}$로 자란다. 파장이 짧을수록 이 불안정은 빠르다. 즉 $-z$ 방향으로 $|\delta z|$만큼 파문(ripple)이 생기면, $(+)$ 지역의 압력이 $p_o^{(+)}$보다 $\rho_o g|\delta z|$ 만큼 증가하므로, 이 압력에 의하여 파문은 빠르게 자란다.

그림 6-6-1에서 더 일반적인 경우는

$$\overrightarrow{v_1} = e^{i\omega t} v_1(z) e^{i(k_x x + k_y y)} \tag{6-6-41}$$

이며, $z=0$ 계면에서

$$0 = -\frac{\omega^2}{k^2}\rho_o^{(+)}\left(\frac{dv_{1z}}{dz}\right)^{(+)} - \frac{k_x^2}{k^2}\frac{B_o^{(-)^2}}{\mu}\left(\frac{dv_{1z}}{dz}\right)^{(-)} + g\rho_o^{(+)}v_{1z}^{(+)} \tag{6-6-42}$$

이 된다. 따라서

$$\omega^2 = -gk + \frac{k_x^2 B_o^{(-)^2}}{\mu\rho_o^{(+)}} \tag{6-6-43}$$

이 된다. 여기서 $k^2 = k_x^2 + k_y^2$이다. 자기장의 방향($k_y = 0$)으로는 $k_{crit} = \dfrac{g\mu\rho_o^{(+)}}{B_o^{(-)^2}}$이라면, 이 불안정은 $0 < k < k_{crit}$, 즉 긴 파장에서 불안정하고, $k > k_{crit}$, 즉 짧은 파장에서는 안정하다.

이제 그림 6-6-1에서 $(+)$ 지역과 $(-)$ 지역의 자기장이 균일하다면 ($B_o^{(+)} = B_o^{(-)}$),

$$\left(-\frac{\omega^2}{k^2}\rho_o^{(+)} + \frac{k_x^2}{k^2}\frac{B_o^{(+)^2}}{\mu}\right)\left(\frac{dv_{1z}}{dz}\right)^{(+)} - \left(-\frac{\omega^2}{k^2}\rho_o^{(-)} + \frac{k_x^2}{k^2}\frac{B_o^{(-)^2}}{\mu}\right)\left(\frac{dv_{1z}}{dz}\right)^{(-)} \tag{6-6-44}$$

$$= -g\left(\rho_o^{(+)}v_{1z}^{(+)} - \rho_o^{(-)}v_{1z}^{(-)}\right)$$

이 된다. 따라서

$$\omega^2 = -gk\frac{\rho_o^{(+)} - \rho_o^{(-)}}{\rho_o^{(+)} + \rho_o^{(-)}} + \frac{2k_x^2 B_o^2}{\mu\left(\rho_o^{(+)} + \rho_o^{(-)}\right)} \tag{6-6-45}$$

가 된다.

만약 $B_o = 0$인 경우, 밀도가 무거운 유체가 위에 있다면($\rho_o^{(+)} > \rho_o^{(-)}$), $\omega^2 < 0$이기에

중력에 의하여 아래로 떨어질 것이다. 또한 $B_o^{(+)}=0$, $\rho_o^{(-)}=0$인 경우, 식 (6-6-42)는 식 (6-6-40)으로 된다. 이제 $k_c=\dfrac{g\mu\left(\rho_o^{(+)}-\rho_o^{(-)}\right)}{2B_o^2}$라면, $0<k<k_c$에서 불안정하고, $k>k_c$에서 안정하다. 즉 긴 파장에서는 자기 장력이 중력을 이기기에 충분하지 않지만, 짧은 파장에서는 충분히 중력을 이기고 불안정할 수 있다. 가장 빠른 자람 모드(growing mode)는 $\dfrac{1}{2}k_c$일 때이다. $\omega_o^2=gk_c\dfrac{\rho_o^{(+)}-\rho_o^{(-)}}{\rho_o^{(+)}+\rho_o^{(-)}}$이라면 $\dfrac{\omega}{\omega_o}=\Omega$, $\dfrac{k}{k_c}=\kappa$라 하면 식 (6-6-42)는 $\Omega^2=-\kappa+\kappa^2$이 되기에 $\kappa=1/2$일 때, 즉 $\dfrac{1}{2}k_c$일 때 $\Omega^2=-1/4$, 즉 $\omega=i\omega_o/2$로 가장 빠른 모드이다.

찾아보기

ㅈ

ㅊ

ㅋ

ㅌ

ㅍ

ㅎ

기타

천체물리학의 이해 CD 목록

Chapter 01

1-1_암석의 나이 측정

암석의 나이 측정

1-4_차등 중력

힐 반지름

1-5_일반 상대론에 의한 수성 궤도의 세차 운동

상대론적 세차운동

수성 근일점 이동 예제

1-6_태양계 성운 원반구조 및 미행성체 형성

미행성체 형성

1-7_태양계 성운 먼지 원반의 중력 불안정 및 행성 형성

원반의 중력 불안정

oligachic 성장

핵 부착 모델

Chapter 02

2-2_성간운 수축

원반을 만드는 흐름

회전 퍼텐셜

2-3_비리얼 정리

비리얼 정리(별의 수축)

2-7_별의 진화

간단한 별 모형, polytrope

이론적 진화 경로

2-9_안시쌍성의 궤도 구하기

안시쌍성

안시쌍성 궤도

2-11_백색왜성의 냉각 시각

백색왜성의 냉각 시각

2-12_비구형 행성상 성운의 팽창

RGE 항성풍

2-13_전리파면: HII 거품

HII 거품

HII 영역

Chapter 03

3-2_별 세기(태양계 주변의 별들의 공간분포)

별의 개수 세기

star count

3-3_별들의 속도분포

별의 Z 분포

Z 분포(자료)

3-4_우리 은하 중심까지의 거리를 어떻게 알 수 있었을까?

구상성단_은하중심

Chapter 04

Chapter 05

Chapter 06

엑셀을 이용한

천체물리학의 이해

2012년 9월 5일 제1판 1쇄 인쇄
2012년 9월 10일 제1판 1쇄 발행

저 자 ◎ **최 승 언**

발행자 ◎ **조 승 식**

발행처 ◎ (주) 도서출판 **북스힐**
서울시 강북구 수유2동 240-225

등 록 ◎ 제 22-457 호

TEL (02) 994-0071(代)

FAX (02) 994-0073

E-MAIL bookswin@unitel.co.kr
www.bookshill.com

값 20,000원

잘못된 책은 교환해 드립니다.

ISBN 978-89-5526-285-8